幸福
文化

閱覽

FEUILLE NEXT

本書滿載著圖片與文字，當您快速翻閱，還能看見食譜佔滿一章節。可能您會猜想，這是本食譜書嗎？坦白說：它並不是。它實際上是由無數個茫然未知的探險堆砌成的一座橋樑，最終讓我得以將概念化為真實。

懷抱著滿腹熱情與美夢，我們想將獨特且原創的料理與理念向世界分享。但我們的處境，猶如困在離岸不遠的孤島，無人可接收到我們的訊息，潛規則、偏見還有未知如暗潮般洶湧，使我們的夢想載浮載沉，無法順利觸及真實世界的岸沿。為了生存，有些人們會義無反顧地踏上經營餐廳之路，那就像一場充滿險阻而難以回頭的泛舟之旅。

在此之中，有人成功越過波濤洶湧的河流，而更多人卻落入失敗與深淵。對我來說，真正的成功，從來不是汲汲營營維持著外在，或是在業界出類拔萃而引來傳媒關注的目光。而是在料理背後，我們如何克服日復一日的挑戰，又如何將腦中的靈感做成令人滿意的餐點，直到端上桌那刻，傳遞給用餐者一致的滿意感受，這才是我所追求最真實的理想成就。

2018 年夏天，我終於有機會體驗這一切，從那刻起，我不再是個做白日夢的人。放下恐懼與不安、不顧反對和阻擋下，堅持向前邁進。我詳細記錄了籌備過程中的足跡與挑戰，直到最後將 FEUILLE NEXT 餐飲活動，真實呈現在大眾面前。

FEUILLE NEXT 是一間信仰著高度透明的實驗餐廳，同時開啟了遊戲餐食（Fun dining）的新紀元。在這裡，我們鼓勵您打開全部感官去體驗餐點，除了品嘗，食材將會帶您參與它們背後的故事。這本書揭露 FEUILLE 從無到有的過程，寫下最核心卻罕見的觀點。從構思快閃活動初始，無論是從籌備企劃、執行策略、物料採購、招募員工與訓練，以及選擇宣傳的途徑等，收錄 FEUILLE FOOD LAB 所有的日常挑戰。

親身走過這段旅程，帶給我深具價值的啟發。我冀望通過 FEUILLE NEXT 的故事，帶給讀者找到屬於自己的悸動，甚至讓您想在家動手嘗試，以書中食譜製作餐點款待到訪的嘉賓！

INTO FEUILLE NEXT · 秘境之森：

一場以食為名的感官探險之旅

TIM Y. T. HO 何以廷

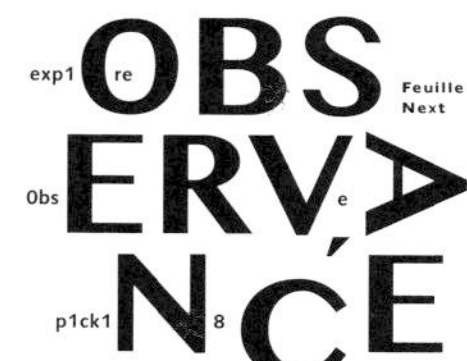

FEUILLE NEXT

『這是一部紀錄 FEUILLE NEXT 從無到有的旅程故事，
揭開餐飲活動背後，最核心卻鮮少公開的尋索與突破之路。』 Tim H.

獻給摯愛的母親，她奉獻全部生命，

成就孩子們幸福，也成就了今日的我。

Sea
Hot Spring
Woods
Sea

Ode to
Feuille Next
Vegetarian
Farm
Lotus Pond
Sea

CONTENTS

揭序

PROLOGUE

「我曾是一名探索者，現在依舊是。但我不再從群星和書本中尋覓，而是開始聆聽我血液中澎湃不已的簌簌低語。」－－赫曼．赫賽

FEUILLE 快閃活動的念頭，其實出現在我心中許久，甚至長達數年。想法雖然未曾停止，但以前的我只仰望星空，幻想著某個機緣能突然降臨，神奇地為我將缺件的齒輪補上，讓活動能夠跨越萬難後順利進行。

事實證明，那只是癡人說夢而已。隨著年齡與閱歷增長，我已經深深體悟，在真實世界中，為了接近理想必須踏出具體的步伐，未經一番寒徹骨，怎換來梅花撲鼻香？但我認為，衡量餐飲活動是否成功，與金錢收入無關，而是感受赫賽描述的「聆聽我血液中澎湃不已的簌簌低語」。直覺和理性評估告訴我，必須放手一博，因為這將標誌我全新烹飪模式的里程碑，更重要的是，過程累積的寶貴經驗與知識，都能成為日後自我探索與突破的營養。

去年聖誕，偶然間獲得一本由 Phaidon 出版，名為《Cook It Raw》（鮮食烹製）的書。它記錄了一場廚師的年度盛會，每年受邀者齊聚一堂，共同對料理進行分享、交流與學習。《Cook It Raw》不是美食美酒嘉年華，它不但沒有品牌贊助商，更與狂歡或奢華饗宴無關。參與的廚師，在聽取當地食材和傳統製作方式的簡介後，便開始在當地蒐集食材，而無論找到什麼，都得用這些素材完成料理。特別的是，廚師面對的烹飪挑戰，毫無前例可循、也沒有任何人有相關經驗，彼此雖是業界享譽盛名的廚師，在活動之中，仍可能在一群頂尖同業中，眾目睽睽下接受難以置信的「料理失敗」。

書籍的精髓正中我心，它揭示出一切源於此，即是以最純粹、坦白而赤裸，不帶偏見的心謙卑學習。而 FEUILLE 快閃活動，將定名為更貼切的《FEUILLE NEXT》，它與《Cook It Raw》的屬性非常相近。因為在很多面向，FEUILLE 面對著也是毫無前例的挑戰、也沒有任何人有相關經驗、更沒有贊助資源和資金挹注，是成是敗，很快都會在即將招募來的廚師與同仁面前，眾目睽睽下揭曉。因此我需要用盡全力，搾取自己每一分毫的知識與經驗，甚至超越我的能力範圍，為《FEUILLE NEXT》設計一條可行的路，但目前我唯一有把握完成的，只有烹飪而已。

本書紀錄了我的親身之旅，從最初的概念，到進行中的籌備動作，一路牽引著《FEUILLE NEXT》來到餐飲活動的五月份，直到落幕並展望後續。在書中，涵蓋了一些摘錄，說明我的料理靈感源自何方，也分享《FEUILLE NEXT》秉持的烹飪哲學，以及這場活動的菜單、還有完整食譜配方，我會盡最大努力，將活動背後的一切都全然公開。

我堅信，將我做的事情開誠佈公非常重要，世界也會以各種形式為我帶來反饋。很榮幸我和我的夥伴有這個機會，對可能未曾謀面的您，真摯地向您坦露我的旅程片段。通常幾乎不會有人落書記載這段過程，更何況毫不修飾忠實呈現，因為多半擔心，書中自曝的不完美會被負面解讀，導致餐廳形象蒙上陰影。但無論 6 月時，《FEUILLE NEXT》的前景如何，我都將砥礪前行，盡最大努力紀錄我的親身經歷與您分享。我親愛的讀者，我將帶領您，走進《FEUILLE NEXT》最深層的內核，感受它在孕育時最初的心跳脈搏。

推薦序－來自摯友的分享

FOREWORD – A LIFE EXCERPT

打開冰箱的那一刻，正式為我揭開跟主廚 Tim 認識的緣分。

約莫 10 年前，在澳洲打工渡假之初，我借居在一位好心的朋友家中。日常下廚總是無可避免會打開冰箱，但冷凍庫中存放著一落落擺放整齊的盒裝料理，只要稍微覆熱就能立即享用這份家常美味！這引起我強烈的好奇心，到底這些料理是誰做呢？聽說，這些料理出自一位哥哥之手，趁著陪伴家人的期間悉心備製的，還聽說這位哥哥不僅精於料理，還學習過飛航技術，持有私人飛行員執照，我心想，他一定是位心地善良、活潑外向，舉手投足間散發著陽光閃耀的暖男，說不定還帶著精實的肌肉和胸膛，必需要好好結識一番！說不定某天我們一行人，可以乘著他駕駛的飛機，翱翔天際環遊世界。

回到台灣後，終於有機會認識這位久仰大名的哥哥了。

但第一次相見，卻出乎我意料！猛一看，他的臉色蒼白面無表情，身型瘦弱還惜字如金，幽幽地從我身邊飄過，氣質顯得非常「空靈」。當他回應我的招呼時，始終帶著克制的禮貌，散發出距離感的氣息。他跟我腦海裡幻想的樣貌完全不一樣啊！不是應該是暖男嗎？怎麼會是陰沉的冷男？

隨著日子一天天過去，認識逐漸加深。因緣際會下，多次從他身上獲得許多幫助，並且他幾乎都是無私的奉獻與付出，無論做木工、裝水電、裝潢設計到 3D 模擬圖、水電配置圖，全都由他親手繪製，甚至露天擺攤或場佈搬運到三更半夜都有他參與的身影。與他切身接觸的工作人員頻頻誇讚，終於讓他那曖曖內含光的才華與熱情，逐漸顯露出光芒。每年、每天，我都能在他身上有新的發現，但觀察他展現在這小小的朋友圈中的特質，我心裡不禁暗自為他擔憂，他有過於客氣的禮貌，以及一般人難以察覺的細膩與堅持，當他遭遇苦痛或困惑時，往往選擇獨自面對，不輕易讓人察覺，也形同間接婉拒了朋友們的應援之手，獨享孤獨。

關於他對料理創作的熱情，無形中也積累了多年。我是通過一碗工序繁複的龍蝦湯，感應到他投注在創作中的那份孤獨，從靈魂深處激盪出一道充滿熱忱與驚豔的料理。這可不是一道家常口味的湯品而已，他善用了烹飪技法與層次鋪陳。在他一臉平靜與鎮定的神色中，卻暗藏了奔放與活躍的靈感思緒，歷經無數次的失敗與嘗試，加上一連串繁複工序，最終成就了一道道宛如藝術創作，值得細細觀賞、品味的料理，從傳統美食到甜點，再延伸到不受侷限的創意料理。

儘管我們已籌備了一間廚房，但卻一直沒有打算創建一家餐廳。有時想分享一些料理創作，便會以無對外開放的餐會來邀約呈現，感謝大家都很捧場，因此逐漸累積了一群擁護愛戴者。在大家不斷的鼓勵與遊說下，2018 年我們終於下定決心，將我們的料理對外開放，通過整整 3 個月的快閃活動式餐會，讓大眾能前來品 Tim 的創作。餐點中蘊含著無數從旅程中汲取的養分，以及對食物與環境深沉真摯的情感，也通過料理講述著探索自我與突破的故事。最後一直沒機會跟 Tim 說，作為你的朋友，我們以你為榮，你是我們的驕傲！也謝謝你用料理，豐富我的生活，使每一天的必要飲食都變得精彩可期。

Miss A

關於

FEUILLE FOOD LAB

FEUILLE 的誕生，並非出於遠大理想或宏偉的念頭。一切僅出自單純想製作營養而美味豐盛的餐點，款待每個轆轆飢腸的人，我個人也非常能感受食物給予精神上的溫暖，恰好我又喜歡烹飪料理，所以極其享受這份愜意的時光。

人們對餐食聚會總是殷切期盼並充滿熱忱，我想像參與其中的每個人，雙手都忙著拿穩滿載新鮮農產的提袋，熱絡地討論要製作什麼餐點與飯後甜食。正是這份真摯情感，促使我描繪出飲食實驗室的輪廓。餐廳裡，杯盤餐具噹啷作響，遠處依稀傳來廚房鍋具鏗鏘撞擊，背景是柔和的閒聊絮語，輕音樂將各式聲響包覆，融為一首和諧旋律，宛如畫家點筆洗彩的水杯，隨著輕柔的渦漩，將繽紛色彩揉合成一道溫潤的奶色調。我總微傾著頭，閉眼感受，任憑著呼吸隨白噪音放緩，沈浸在這份氛圍中。

饗食本身就是一種難以言喻的幸福，若用餐時，週邊所有元素都能完美搭配到位，演繹出流暢的整體氛圍，將更使人久久難以忘懷。我們都曾有過被美食震懾的感受，無論是外型驚豔或口感讚嘆，當下總引起我們好奇，迫切地想研究藏了什麼美味關鍵？但身為廚師，我知道創作動人時刻背後，是沒有秘方與捷徑。只有日復一日重複演練，達到近乎完美的苛求。再往前推，還包含靈感落地前，必經歷無數次試錯實驗，累積夠多的失敗，才可能接近成功一點。至少我是如此，FEUILLE 的創作場景也源自於此。

烹飪，只要給我鍋爐和火焰，就能立即著手料理，但僅止於即興料理。若想創造出富含深度與工藝的餐餚，同時為我們習慣拋棄、浪費的食材賦予生命，增添更高層次風味與味蕾體驗，我需要更多。譬如自製肉乾、栗子泥或冷凍覆盆子，許多環節是無法單靠爐具就能完成，我需要一個具有專業設備的空間，一個我朝思暮想，能讓人遠離干擾、聚精會神投入實驗創作，埋首於食材與靈感間盡情探索，鑽研我們日常所需的營養食物。

遺憾的是，這沒有想像中容易。正當我們的生活隨都市化演進，繁華而便捷的城市，離間了我們與自然的聯繫，人與食物棲地日漸遙遠，取而代之，是和智慧手機和電子設備更加密切。我們和這些沒有生命的塑料，每日緊密牽絆、形影不離，宛如親密愛人，可惜結局註定是場單戀。我們也越來越像機器人，日常所需的食物或用品，看似都生長於虛擬網絡中，只要一通電話幾個按鈕，就能自動抵達家門，我們不再思考它們來自何方？生長在哪？我感覺被囚禁在與自然失聯的牢籠，更無法望著電腦屏幕，就感受食物賦予的創作靈感。

我幾乎遺忘最後一次看到農田或身處荒野是何時？又是在哪聽見青草隨著淘氣風兒，撥動發出颯颯聲響？回憶中我將林間鮮採的野生漿果，在身上稍微擦拭後便一口吞下，喉頭瞬間充滿那純樸的酸甜滋味；還有在野外升起營火，橘色火焰為我在夜裡驅寒，炙燒食物香氣縈繞鼻腔，連回味起來都帶有香氣與畫面。

我難掩激動向自己吶喊，我得破除這習以為常的束縛，打破窒礙難行的僵局，迅速將自己從禁錮的牢籠中釋放。靈感不該被重複濫用，必須回到源頭，重建依存連繫。通過我們擇食攝取的食物，感受它從第一眼到最後一口，隨著咀嚼進入身體化為能量，為我啟動靈感之泉的活水再次湧現。我想拋開拘束，像個孩子般無畏泥濘，在森林小徑中自在逗留、暢快探索！

意識到這點，定位更加清晰。我將重建自己與食材和自然環境的連繫，採取低碳足跡的在地食材作為烹飪選料，並盡力以自然無修飾的方式，忠實呈現食物於棲地的場景。再循思緒延伸，確立我的探索標的，以微觀，聚焦於覺察食材與棲地間，體現它們精密微妙的依存關係。

餐飲服務，從此不再只是端盤遞餐而已，而是還原食材的原始氛圍，引誘您在餐點之中，啟動感官進行覺察與探險，並為您交付更深入、帶有互動性質的用餐體驗。

FEUILLE FOOD LAB，於此誕生。

謙卑的野心

The HUMBLE AMBITION

食物之於我，就像靈魂與我共生，由摯愛的母親，在我孩提階段便播下啟蒙的種芽。不過，卻開啟我以異於常人的視角看待食物，懂事之後，我發現正當其他人使用繪筆或雕塑展現藝術天賦時，我卻以「食物」當素材。多年來我不曾間斷、持續反思，食物還潛藏著什麼可塑性？隨著科技日新月異，生活體驗大幅轉變，然而在我們日常生活佔居要角的飲食，卻並未隨著科技躍進而發生轉變，那麼，如何運用新的模式，通過改變烹飪手段或視覺變化，進一步提升我們對用餐的體驗？

「是呀，升級它！如果您願意，生活必須的餐飲需求都能全然升級！成為有如親臨舞台，感受深刻、震撼的觀劇體驗。」這想法出現在我剛完成學位，正準備前往布拉格遊覽之際，宛如一份賀禮為我點出迷津。當時我還不知道這趟旅途將進一步帶領我，尋獲迷霧中的引路星芒。布拉格之旅和我妹妹同行，我負責安排路線；她負責規劃景點。博物館、美術館和大教堂，都是這次的亮點之一，其中還包含了戲院行程，戲劇展演似乎能大幅提升我們的文化體驗。

在她搜尋布拉格景點時，「黑光劇」躍屏而出循滑鼠點進網頁，畫面黑成一片，突然出現螢光人形翩然起舞，動作流暢又毫無破綻，彷彿是漂浮在無重力環境中跳舞。我一陣疑惑，但強烈的好奇心和興奮感，驅使我立即註冊搶票。此刻，我感覺自己回到小時候的課堂上，老師突然地提問，而我恰好知道答案，高舉著雙手揮舞著，大喊「選我！選我！」，急迫想說出答題的機會，這種迫不及待想參與的心情，而且我絕對不要錯過這次機會！

這天終於到來，我們的座位離主舞台不遠。熄燈開演那刻，音樂震撼的律動，瞬間鑽入呼吸、融入脈搏，滲透進血液裡的每顆細胞。接著映入眼簾的是蝴蝶跟隨著旋律進入舞台，在黑幕對比下他們顯得更加絢麗奪目。螢光舞者隨著音樂起伏，拍動著栩栩如生的蝶翼，展現出生動而頑強的生命力。在紫外線燈照下，表演者扭曲著身體，以意象開始講述這場奇幻故事。

劇場鋪陳細膩，有節氣與晝夜，甚至還有細微的天氣變化，緊緊繫住我們的目光。很快的，我就深深沉入劇情之中，場景所描繪的悲傷痛苦，我都能感同身受無法自拔。當我察覺到皮膚有水沾濕，我還對自己的情緒起伏感到非常意外，震驚地自問：「難道我入戲到，沒有發現自己流眼淚？」正當我還陷在疑惑中，主角的遭遇彷彿感動天地，一道激光閃電，伴隨震耳欲聾的雷聲緊接而來，舞台瞬間陷入大雨滂礴。或許您會認為這是聲光效果，但並非如此，身為觀眾的我們，真實參與了被雨淋濕的劇情。這一刻起，觀眾不只是被動觀賞，而是有意識地參與其中，在戲劇與觀眾的交互作用下，組成一齣完整的表演藝術。無論風吹、雨淋，我們都與舞台上的演員接收著相同感受。像其中一幕，來到女孩踢足球的夢境，四處彈跳的巨大足球就從劇場後方出現，將我們撞個正著，而觀眾們紛紛在座位上伸長雙手，扮演起「強迫中獎」的守門員。另一幕是噩夢，巨型蜘蛛闖入女孩的夢境，我們就隨即被成群的巨大蜘蛛，以毛茸茸的觸腳略過皮膚，甚至還有些爬到我們座位旁，近距離停留。

這種特別的觀劇體驗如此震撼，這些可提取經驗與創意，在無形之中化為一顆種籽，深植在我心深處。在很多事情上，每當我們正開始感到習以為常之時，生活總會在下個路口埋藏驚喜！我們必須悉心留意、保持警惕，並刷新視野，挖掘出平凡生活中的非凡瑰寶。這就是創造力的能量，它能點石成金、能將星火燎原，還能將荒漠轉變為濕潤濕地，或將人生中的問號變成一道驚嘆號！

在劇場落幕後，我感到激勵振奮，甚至暗自向自己許下承諾，我要為用餐者交付更深刻的餐飲體驗！「吃」絕不只是夾取食物放入口中的過程，而應該創造更有意識地參與，重新定義「用餐者、食材、餐食」的交互關係，並在彼此的互動中共同塑造一個完整的體驗。

自那之後，我的視野充滿無窮盡的靈感畫面！它們萌於景；藏於底。在照片裡、古老畫作、人行道竄出的小草、土壤中凋萎的枯葉，甚至海邊的沙灘椅。我更加沉醉於將它們反覆嘗試，創作為真實料理，勝過日復一日烹製著熟練，卻一成不變的菜色料理。多年來，這些靈感點點滴滴，匯流入腦海中的水庫，至今已達水位高點，是時候該開啟實踐的閘門，放它們奔騰流洩了。這刻我能做的，顯然是將創作毫無保留對外分享，以答謝這份奇異恩典，同時，唯有公開分享，我才能收穫大眾真實聲音。儘管我其實已透過幾場品嘗餐會來分享創作，但都以私人邀約為主，這類小型餐會的供餐形式，往往因不符成本效益，故在執行上也面臨諸多困難。但只要有付諸實踐，總能收穫著明確而具體的學習機會，把握每次學習，終將能爭取進化與蛻變的契機。

由於先前提過 FEUILLE FOOD LAB 的營運模式，不是以全年營業為基礎，儘管烹飪型態已相當明確，但仍然存在極大困難。

首先，為確保供餐能流暢進行，人力充足是必不可少。但難處是，員工多半另有全職工作，日程緊湊，無法支援短期營運的待命需求。因此，FEUILLE 的晚餐，必須早於數週前預訂，且不接受調整異動，使得顧客與員工的時間缺乏靈活性。

其次，員工的培訓時數不足，由於每人的學習狀態因人而異，若想維持品質穩定，需要大量磨合與重複練習。除了專注細節不能倉促馬虎外，在供餐期間，維持團隊間的協作默契和步調，有時甚至比熟背食譜和技巧來得更加重要。針對前一項難處，可採取增加訓練時間，使同仁儘早熟悉執行項目，但仍無法保證在未來日子裡，員工還能牢記正確的流程與烹調方法。

第三，原料取得的途徑充滿蜿蜒與挑戰，部分食材看似近在眼前，卻難以取得。例如盛開的韭菜花就是夏季很常見的素材，但由於國內消費習慣，業者不會等到韭菜花盛開才採收，儘管我盡力嘗試在工作室中直接栽種，但花朵的獲取狀況仍非常難以掌控。農業契作也是一個途徑，但客製栽種需大量採購，按目前的供餐比例，我們暫無法消化超出的產量。民眾的採購偏好，會大幅左右市面流通的農產品項與供應結構。另一方面，大量供貨的農產商，也會根據商品的週轉率和獲利決定銷售狀況，使消費者能獲取到的品項大受侷限。因此，即使能在田野看見大部分的農作物，卻始終看得到買不到。而每當特定節日來臨，大量的貨架會突然更換為節慶商品，諸如月餅、烤肉串、新年禮盒或年糕等，導致一些調味品、辛香料無預警斷貨，變得非常稀缺難以取得。另一項值得注意的有趣現象是，儘管超市很多，傳統市場仍有一群忠實客群，並且和超市相比，傳統市場也的確提供更多元的農產選擇，質量也相對更好。年齡層是區隔購物型態的主要因素，年輕族群偏好在超市採買，面對飢餓採取速戰速決。反之，熟齡客群則特別偏好傳統市場，儘管傳統市場的攤商仍有多數不符衛生安全規範，例如基本的 HACCP 規範，而鮮魚肉販或屠宰肉品，普遍缺乏適當的保鮮與製冷設備，不過依舊不影響購買意願。

最後，由於 FEUILLE FOOD LAB，主軸定位在分享遊戲餐食的探索趣味。但現有的團隊人數，以及料理研發所需的時間因素，我們暫時無法一次接待更多顧客。我的餐點設計基於 FEUILLE 的九項烹飪哲學而生，以仿製與驚喜元素為用餐增添互動體驗，也因此額外需要開發許多情境道具，這些物件都是無處可買的物品，為了打造，為了打造完全符合 FEUILLE 餐點需求的道具，諸如核桃、牡蠣、蛋殼等仿製模型，從設計到製作都要我親力親為，無形中也增耗不少時間。

我一直強調 FEUILLE FOOD LAB，不是傳統形式的餐廳。目前的營運模式使我有時間為每次登場的品嚐餐會，帶來菜單上的新選項，這源自我個人偏好，我習慣每天攝取不重複的餐食，並非常想將這份概念延伸到 FEUILLE 的餐點創新與大家分享。另一項關於 FEUILLE 採取非全職營運的原因是，我需要空檔時間容納採集靈感的旅程。旅行一直佔據我生命的重要一環，尋訪他鄉擷取養分，是為 FEUILLE 形塑出餐點的風味、輪廓與質地的途徑，並一路積存餐點背後的故事。

為了克服這些困難與兼顧營運考量，實踐遊戲餐食的探索主軸，並持續擷取靈感，實現創作，FEUILLE 必然得踏出轉型的下一步，「NEXT」。

「FEUILLE NEXT」正在籌備，即將登場的項目！我們將對外舉辦快閃形式的餐會活動，展開為期 13 週的全時段營運。屆時將招募全職的廚師與服務人員，安排正式培訓、參與學習、項目實作與供餐服務，一但項目啟動，所有服務同仁都將參與 FEUILLE 的每個日常任務與挑戰，近距離接觸烹飪哲學與核心價值觀，與 FEUILLE 共同成長。屆時也將有更大的餐廳空間可供訂席預約、日期選擇也更加多元，還會推出我向自己承諾要推出的搭餐飲品，提升餐飲完整性。「FEUILLE NEXT」將提供兩種季節性菜單，方便顧客進入我們菜單裡的秘境森林自在探險。

在接下來的幾個月中，孕育「FEUILLE NEXT」，是 FEUILLE FOOD LAB 的首要任務，我將為 FEUILLE 的森林，悉心栽下第一株樹苗，即使 FEUILLE 的大門目前雖還緊閉，但此時，我們已經出發，踏上夢想的實踐行旅！

探秘 FEUILLE 烹飪哲學

DECODING FEUILLE FOOD LAB'S COOKING PHILOSOPHY

對我而言，「飲食」不僅能物理性使我們飽腹，它還帶有令人沈迷不已的藝術特質。餐飲可以像一齣電影，使人輕鬆歡愉，而有時還能感受到撼動感官的用餐體驗，宛如觀賞一齣獲獎無數的歌劇配著香檳，一邊感受戲劇感的震撼，同時啜飲一口金黃色的酒液，任憑香檳氣泡在舌尖上，恣意地翻騰著每顆味蕾神經。但是，要創作出一份給人藝術震撼的餐點佳餚，需要的卻不僅僅是餐點設計、採買食材或烹飪技巧，而是扎實付出刻骨銘心的努力。現代社會並不乏名流大廚，但要能做到鶴立雞群、脫穎而出，需要的不僅是能製作色香味俱全的料理本領，在他們背後暗藏的，才是真正成就他們走向與眾不同的關鍵要素。而我相信，這份與眾不同的關鍵，就是他們的料理直通性靈，通過創作料理為途徑，引領用餐者漫步走入他們的人生故事。

或許是一段旅程甚至蛻變，藉由料理闡述著自我生命的淬煉過程。這份感知就有如美術館中展示的藝術創作，創作者刻劃的意涵之深，遠超我們所能感知到的層次。但當藝術邂逅了，能夠傾聽其創作深意與靈魂的對象時，這些深刻的洞察者們能獲得的，便不僅是品嘗餐桌上的佳餚，而是取得一場跨越時空的無聲交流，收穫屬於自己的心得領悟。

我始終堅信，「美食」闡述著不僅是食物，也能是一種帶娛樂性質的展演藝術，我仍在持續探索食物究竟還藏有什麼可塑性？可惜的是大眾對餐飲的期望，並不如評估展演藝術的優劣那般指標鮮明。以電影為例，我們會依演技、劇情有明確的指標進行評比，像科幻片則看重特效與動畫表現；回到餐飲，卻普遍追求能好吃、能飽，兩相比較，我們對餐飲的慾望顯得特別容易滿足。如果僅在食物上追求美味，卻區隔了將用餐體驗變得有趣、難忘，那美味提升的程度仍會相當受限。

尋思至此，我何不試著將展演藝術與餐飲結合？將餐盤化身舞台，我是主廚兼編導，以食物做演員，一步步引領用餐者走進劇場化的餐飲體驗。因此，我決定加強人們在用餐體驗的各項環節，設計一些劇場元素讓體感更加深刻，我需要羅列一些指導方針與依循哲學，幫助我聚焦找到關鍵節點以及鋪排驚奇的要素，錨定一顆專屬自己的指路星，領我在巡航中開拓探索。

尋索之路的指南與要素，都不是依靠靈感乍現就得以實現，反之思緒經常空枯匱乏。當想法枯竭時，我便啟程，來到山嵐林木間徒步行旅，從大自然接收靈感的光合作用。在都市翻越森林的路途間，植栽風景呈現顯著的過度差異，我留意到人工栽種的農產，種類都相當有限，然而當我進入日照有限的森林深處時，是宛如仙境般品種多元的繁茂世界！突然，我閃現了關於「稀有」和「常見」的靈感。

要在廣陌的林間搜集素材，需要耗費大量的時間精力，才能偶然在某個角落間邂逅，與市售的常見品項相比，森林裡的物種正因沒有被量產，而顯得罕見而稀有。由「稀有」與「常見」所延伸的烹飪議題，也在餐飲領域爭論不休：是應追求食材原味最大化，而採取最低烹調為原則？還是以施加繁複工序，只提取出想保留的風味特徵？有鑑於此，更重要的是必須對素材建立充分熟稔的理解，進而識別出合適的判斷。無論是保留食材原味，或對風味施加修剪，取捨總是單線的，但我想交織這兩種型態，顛覆出一條全新的烹飪模式！我預期在我的料理中，除了保有食物「原始」風味外，再添加必要的施作程序，以「模擬」的形式呈現原狀與原貌，為這兩種議題，增加相對的可能性。

當我們徒步森林時，是一場浸潤全身的體驗，我們可以輕鬆舉臂，擁抱兩側的參天大樹，當太陽斜照時，光線濾過枝葉投影成一塊塊光影，呼應著自然界各處不同的生態。動植物擇鄰而居，在大地間自尋一片專屬的容身棲所；每塊棲地的生態相互依附，維持著精密細膩的供需平衡。在此方寸之間，總是能收穫著別無他處的依存元素，譬如環境潮濕提供了合適苔蘚生長的環境，而苔蘚又進一步創造利於蘑菇繁殖的條件，蘑菇又引來森林蝸牛取食，「生態」便如此往復循環相互滋養著。當我們留心紀錄，時而仰望環顧、止步微觀，觀察迥異的土地紋理、雨後林徑的泥濘水坑、生長及膝的蕨類植被、灌木叢間的簇簇白花與路癱巨木，通過靜觀，皆能自得一份獨一無二的森林場景。沿此視角遠眺，斑斕場景盡收眼底，譬如來到高緯度山林，會看見高寒物種甚至雪景，沿著融雪入河，眾河匯聚奔流出海，環顧岸邊盡是濱海的潮間生態，這些元素都是大自然的存在，也是我的靈感來源，靈感取材自然，無處不在。

被寂靜的林木環抱時，我的思緒已翻山越嶺遊歷各處，採擷各種千變萬化的元素與靈感，同時回溯我親手觸摸過的食材感受，回想它們展現出各自鮮明特性，有的柔軟、有的多纖、有的爽脆多汁。由於人們偏好富有多層口感的味蕾感受，因此「質地」在料理中是一種尤其重要的元素，口感也經常被視為評判餐點優劣的指標。以經典尋常的凱薩沙拉為例，看似由原料簡單組合而成，實際上卻做工繁複、講究嚴謹。生菜要足夠新鮮挺拔，才能呈現爽脆口感、麵包丁的每個切面、每粒麵粉都要充分烘烤，不可受潮，才能展現酥脆咬勁、焦香的培根絲與乳酪絲正面對決，兩者都是去除水分的蛋白質，但在硬度上互別苗頭形成鮮明對比。

一道看似常見的沙拉，一口咬下，嘴裡交響著各式質地發出的聲音，交織成豐富且多層的口感體驗！此刻，我猜想書籍前的您，應該正讀著文字，回想著品嘗凱薩沙拉的經驗，真令人滿足～基於我們記憶中的經驗認知，對上述提到的口感都會表示認同，並且唯有這些質地都具備，才稱得上一份合格的凱薩沙拉。但是，怎麼做才能強化用餐者對凱薩沙拉的品嘗體驗呢？我藉森林中獲取的經驗為類比，或許創造一個讓用餐者身歷其境，切身浸潤在食材原料的環境氛圍中，由此加深口腹之餘的感官體驗。

將餐桌移到生菜萵苣生長的田園之中，耳邊傳來沙拉爽脆的環境音效，空氣中瀰漫著陣陣蘋果木燻烤培根的香氣，通過巧妙運用劇場元素增強感官刺激，就能大幅將餐點的體驗，從口腹的滿足，推至全身浸潤的更高層面，留下久久難以忘懷的驚艷記憶，難忘，主要是因初次體驗，人體的嗅覺、視覺、聽覺感官都會參與存儲這份刺激。善用「感官」與「場景」，應能為用餐者升級品嘗菜餚的新體驗，更能引領我開啟融合情境元素的餐點設計。

再想像一下，我們在森林間野餐，隨意就地採集了新鮮的蘑菇與食用鮮蔬、花朵，親手為野餐的三明治增添可口誘人的點綴，您肯定會感到更加滿足。我察覺到，當人們親自參與餐點製作的一環，便能收穫額外的「樂趣」與成就感，因此，在 FEUILLE 的飲食體驗中，我們會引導用餐者進入場景，與餐點產生實質互動，在過程中欣賞、觀察，加深與餐點連結與歸屬，在回憶中留下紀錄，然後品嘗、感受餐點緩緩進入身體，直到完全與我們融為一體。

「仔細觀察自然，您將會對萬物有更深的了解。」
－－艾伯特．愛因斯坦

為所有尋道者留下一道線索，即使闡述的方向因人而異，但靜觀仍是追尋自我與探究萬物的終極途徑。縱情山野使身心平靜，草木扶疏，伴我聆聽著奔騰於血液的簌簌低語，血脈化為根系，蔓爬在無邊無際的森林。我以徒步旅行足踏大地，林徑為我啟迪方向，時而平緩時而蜿蜒，人生亦如是。

我帶著疑問在旅程中尋道，在徒步間感受自然的教誨，它無聲卻闡明一切，揭示一扇開啟心領神會的大門：「原始、模仿、稀有、平凡、棲息地、觀感、景、質感、玩耍」九項要素構建出我的烹飪哲學，也揭示出我心深處最底層，期望闡述、傳達的旋律。

在講求高效的商業社會下，我們的步調越發緊湊、時間卻不斷碎片化。對部分人來說，能前往森林放逐一天似乎顯得遙不可及。我想，如果人們無法恣意前往森林，那我就謙卑地將它帶至餐桌。藉由大自然的療癒能量，為您在晚餐中洗滌忙碌的身心，以紓壓與放鬆，為繁忙的一日劃下句點，這是我想為您做的！

航向 FEUILLE NEXT

The PLANNING for FEUILLE NEXT

「計畫，是將自己置入未來的時空情境中，凝視動態的連鎖因子，
回推修訂出符合當下時間維度的具體任務。」 - - Tim H

回到最初，我內心一直都對料理充滿熱情，在正式籌備FEUILLE 之前，我甚至從未想過或許某天我可能步入經營餐廳之路。

即便如此，我從多年前就開始默默地為這層未知預做準備，在腦中演練各式情景提筆紀錄，無論商業提案、服務手冊、公司政策等文書，僅是多年累積的冰山一角。每當我作為消費者尋訪餐廳，尤其是知名餐館時，都會特別觀察他們的軟硬體配置。環境氛圍、裝潢類型、服務人員臨場反應是否有標準規範？餐廳經理又如何做出回應與場控？帶著疑問之心去洞察，總能收穫巨大價值。

藉由觀察事件的發生與結果，能有效幫助我回推出「訓練」、「實踐」和「心理建設」三項指標，通過落實這三個面向，建構出訓練有素的涵養，進而能在客人面前展現出臨危不亂的高素質狀態。

基於我許諾過「FEUILLE NEXT」的一切都將透明公開，以下我將分享核心的執行經驗。這僅基於我為這個議題的延伸分享，並非籌備餐廳的全部樣貌，實際執行的比分享出的這些多更多，但卻已揭露出「FEUILLE NEXT」核心之一的神秘面紗。

將自己置入未來的時空情境中，想像這個場景，您是這間餐廳的擁有者，當您坐在角落深處，放眼望去整間餐廳空無一人，連廚房都能盡收眼底。再想像一下，當下必須發生什麼契機？才能將餐廳獨特、原創的資訊散播於門外，直到接觸到某位對象，點燃了他的好奇，引發一探究竟的慾望，促使他滿懷期待地推開餐廳大門，成為您的第一位顧客。

為了實現這個契機，必須仰賴資訊傳播，例如舉辦媒體試餐會。以試餐會為例，得要雇用廚師與服務人員、進行培訓、開發對應菜單、預備所需的食材配料、合適的倉儲空間、完善的機台設備等，以及薪酬費用與預定開幕的時程表。

從一個點展開相關面向，進一步依據因果關係，理出先後順序。當第一位顧客踏入餐廳那刻起，按下暫停，快速倒帶，將時間定格後畫面如此清晰，展現出需要採取何等策略，才能觸發源頭的連鎖效應，我不斷重複演繹這過程尋找答案。

現階段，我已經完成開發食譜的任務，同時也掌握了具體的對象群。然而，大部分的前置準備工作，仍是錨定於您最終計畫所要提供的服務內容，進入未來的時空情境中，凝視動態的連鎖因子，回推修訂出符合當下時空維度的具體任務。因此無論未來如何，我堅信努力終會留下痕跡，依循痕跡總能漸入佳境！

回顧

早在 2017 年 9 月，我便決定隔年 5 月要舉辦一場 「FEUILLE NEXT」快閃品嘗活動，期間除了將花費長達 1 個月的時間進行員工培訓，還穿插了其他龐雜瑣事得多頭並行。我為這項計畫，製作了一份有如書籍目錄般，分層嚴謹的整體計畫工作表，以利掌握每個重點環節、任務節點與時限，協助後續推展順利。

計劃工作準備表主要分為幾類，但大抵分為軟、硬體兩大類。硬體是那些固定又明確的存在，像是餐廳的裝潢類型、廚房設備等，相較於軟體而言，硬體是清晰且具體的項目。而軟體則呈現著變動性高而複雜的屬性，但其重要性卻不容忽視。軟體，是一種需要持續關注、反覆查察、協調優化的機制，如「人力資源與培訓計畫」範疇的「員工招聘程序」，後頭展開的執行進度，就是前文所述在軟體中必須持續關注、循環調整的例子。我的計劃工作準備程序視圖如下（圖表 1）

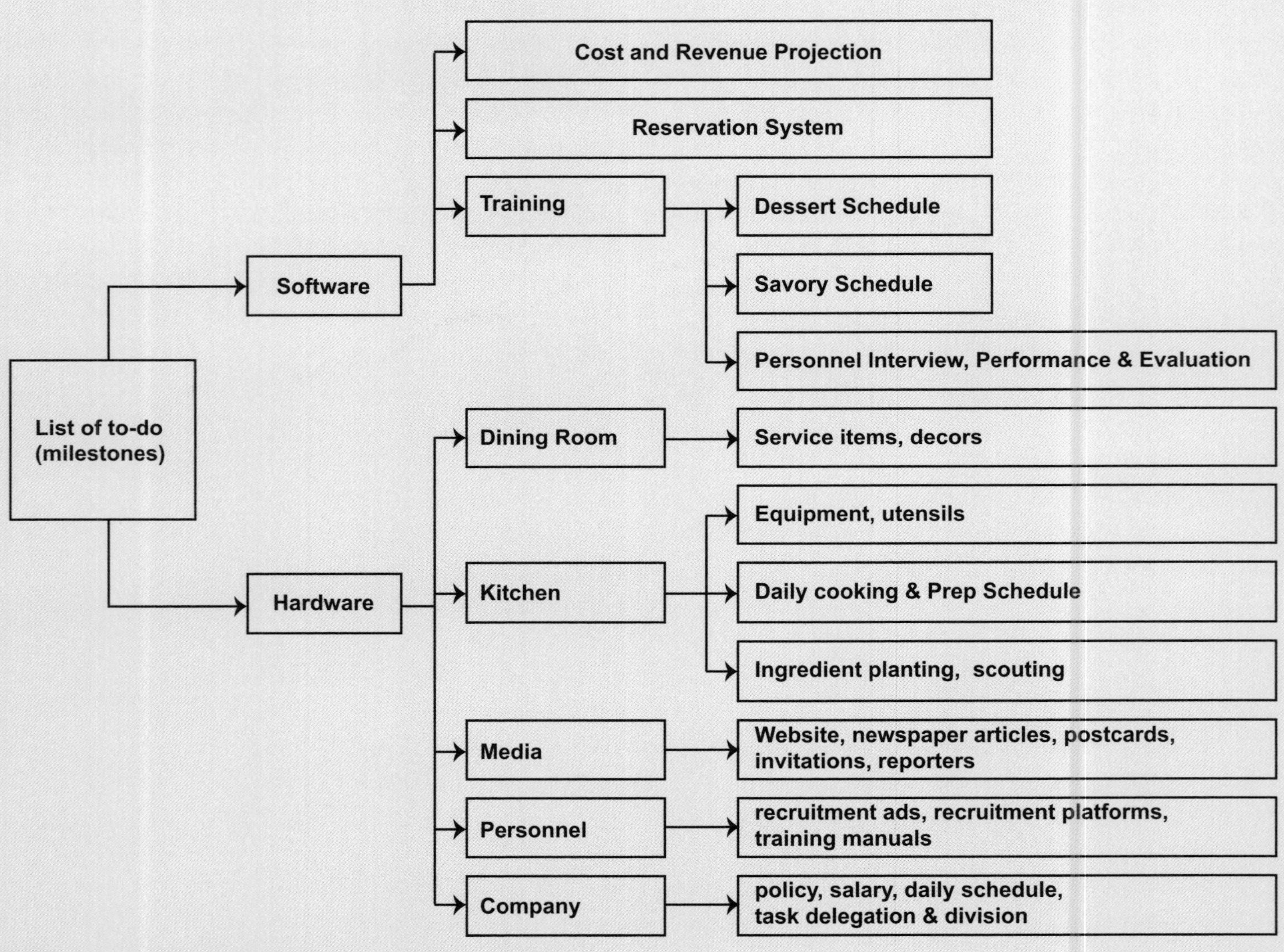

圖表 1　計畫工作準備程序視圖

任務時間表

針對每項需明確具體展開的任務，設立出明確的時間表與里程碑。進而評估每項任務難度，並為了確保能妥善達成任務，預留分配足夠的應變時間。（圖表 2）

Tasks	Remarks	February 1--3	4--10	11 -- 17	18 -- 24	25 -- 28	March 1 -- 3	4 -- 10	11 -- 17	18 -- 24	25 -- 31
1. Order soil, planter box, seeds & lighting	order online at PC Home			12 -- 14							
2. Pick up the painting	choose a given day in the period given			12 -- 28							
3. Order plates & cutleries & glasses	including props for each dish					26 -- 28					
4. Buy coffee & boutique items	plan items to purcase					26 -- 28					
5. Buy furniture (coffee tables)						26 -- 3					
6. Ikea visit (office table,chair, mason jars, pots, pans, candles, metal shelf)						27 -- 4					
6.1. Equipment purchase	kitchen aid mixer, water filters					26 -- 28					
7. Office Electronics (printer & computer)						25 -- 28					
8. Buy dry tree décor	white cedar tree (d~ 10 cm)					28 -- 3					
9. Interior plants, planters, ferns	ceramic planters, hanging planters					28 -- 3					
10. Plant the vegetations, including murals	indoor trees, plan murals to purchase						2 -- 4				
11. Work on interior decors, order lighting, paintings								5 -- 6			
12. Carpenter work on interiors							1 -- 10				
13. Clean the studio								7			
14. Reorganize the studio								8			
15. Secure food purveyors	compile the list, day trip visit on 9, 10, 11							9 -- 11			
16. Bread practice	make bread at the beginning of each day								12 -- 31		
17. Dessert making + chocolate tempering	3 dessert preps / day, practice on 14, 15, 16								12 -- 16		
18. Petite-four	test on 19, 20 + dessert practice on 21, 22, 23									19 -- 23	
19. Fermenting juice	ferment base batch - apple cider; on 19th, make 6 juices								12 -- 19		

圖表 2　具有時限的任務時間表

上述的時間表截圖，揭示出我們必須趕在 4 月前要完成的工作項目。4 月，是我們即將如火如荼展開培訓的月份，但在此之前，圖表中的這些項目，都是屬於硬體的行動面與前置工作，也就是說，這些項目全都必須準時完備，否則將連帶使後續任務受到嚴重推遲，甚至影響整場活動是否能如期登場。

回想這段天昏地暗，追趕進度的窘迫時刻，只有兩個人力扛起眾多待辦，我們身兼數職，扮演起畫家、園丁、木匠與設計師等不同角色。還記得有一回，正當我一面準備種植料理用的香草植物，手忙著在混合土壤時，還一邊向朋友解說，油漆牆面前得先塗一層防水塗料。這真是記憶中最美妙的時刻。結束漫長一天，我們會到附近啤酒餐廳小酌用餐，在沙發上抒展著困頓疲憊的雙腿，飢渴的大肆享用著酥炸魷魚圈佐明太子醬，再喝上一大杯沁心涼的蜂蜜啤酒，療癒瞬間滿點，瞬間解除一身的疲勞。我們會聊著下一長串的待辦事項，直到聲音隨時間漸漸沒入深夜靜靜躺入夢鄉之中。

培訓時間表

隨著硬體逐漸到位，緊接著是安排廚師與服務人員的培訓任務，通過不間斷的傳授與練習，直到能精準掌控料理的製作時間。僅管我已明定 4 月為「教育訓練月」，但實際能進行培訓的日程，卻不足 1 個月的時間，由於最後兩週已排定作為媒體記者招待會，屆時將有如一場月底的驗收，廚師們必須在沒有我引導的狀態下，獨立完成餐點的製作流程。我根據料理類型，規劃出每日的教學進度，並將執行細項劃入週間的特定時段中，呈現出這份「每週規劃學習任務表」。（圖表 3）

Date	16	17	18	19	20	21	22
Day	M	T	W	R	F	Sa	Sun
Time		Prep Day	Service Day	Prep Day	Service Day	Dessert Demo for other key chefs	
0750 - 0800	Food Safety Classes	READINESS		READINESS			
0800 - 0810		MEETING: assign to teams of 4, each on the same dish, rotate down the list		Rotation on other dishes		Demo & practice on Dessert	
0810 - 0900		Complete cultured butter		Prep fermented juice for 26th x 10 (2L)	READINESS 850 -900	Petite-four	
1000		5 (estimate 3 hours) hours to complete all the Pre-preps based on *assigned dishes, key chefs make & assistants to learn and assist; washing & cleaning	READINESS	5 (estimate 3 hours) hours to complete all the Pre-preps based on *assigned dishes, key chefs make & assistants to learn and assist; washing & cleaning	MEETING: complete all dishes	Bread	
1100			MEETING: complete all dishes		3 hours to complete all the Day-preps, assistants to learn & assist, work on herb kits, mis-en-place, washing & cleaning	Complete fermented juice, new batch of apple cider juice	
1200			3 hours to complete all the Day-preps, assistants to learn & assist, work on herb kits, mis-en-place, washing & cleaning		Assistant Cook Lunch 1200 - 1230		
1250 - 1300		17 dishes (Type A) in total		17 dishes (Type B) in total	Lunch & Clean Up 1230 -1330		
1300 - 1330		Assistant Cook Lunch		Assistant Cook Lunch	Additional Mis-en-place		
1400		Lunch		Lunch			
1400 - 1430		Clean- Up	Cook Lunch	Clean - Up	MEETING		
1430 - 1530				Lunch & Clean Up		Service for prepped items @ 1500; 2 hours to complete	
1530				Mock- Up			
1600							
1700				Dinner Service for prepped items @ 1700; 3 hours to complete			
1730 - 1750							
1750 - 1800							
1800							
1900							
2000							

圖表 3　每週規劃學習任務表

菜單細節

2017 年，在我決定籌備「FEUILLE NEXT」後不久，我曾告假前往德國法蘭克福。旅行是為了抽離，讓我更專注的投入於計劃之中，因為待在自己安逸的環境總會慣性分心，就像特別想專注的時刻，目光總會不自覺地停駐在地上的頭髮、電腦上的落塵等，身為一個完美主義者，我不得不立即消滅那干擾思緒的雜質，待一切都恢復整潔、身心重獲舒暢，才能繼續專注於工作之中。出國使我能擺脫平日的紛擾，專注心念，投入到執行項目之中，發揮高效的產出，在出國期間，我陸續完成了多篇為宣傳需求撰寫的文章、評估了餐點的必備用品，諸如需要訂製的造型器皿、各式餐具（圖表 4 ），以及需要尋求來源的各式香草等（圖表 5 ）。

Dish	Plate Description	MANUAL CONCEPT	Sample Picture	Remarks	Place of Order / Purchase
PARTICIPATON					Existing flat rimmed plate
					Japanese white plate
CAULDRON	a wooden bowl, a jug for suace, and a mortar for LN2 preparatio		 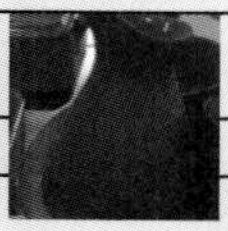	wooden bowl d ~ 80 mm	Nannan: wooden bowl
					Tai Rei: pouring jug
					Crate & barrel: mortar, pestle
CRUDE ONION	a circuar plate for a slate rock & small rocks + a saucer for fermented cream	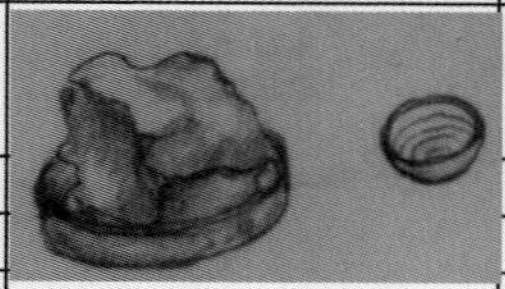	 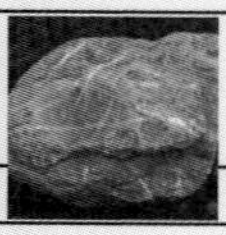	plate w ~ 180 mm	Custom
				bowl w ~ 100 mm	
MOSSY	an earthen bowl with rough exterior for the moss and rocks + a saucer for sauce	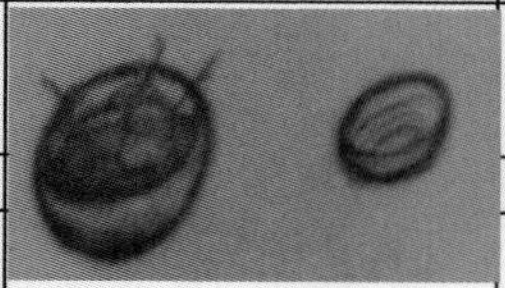			Custom Plat, rough Exterior
				iron pot d ~ 50mm, w~130mm	Existing plate
SCALLOP	a deep iron skillet pot filled with rocks, scallop, cockle, and mussel shells for décor		  		
QUAIL EGG	rock plate and a hay bird's nest		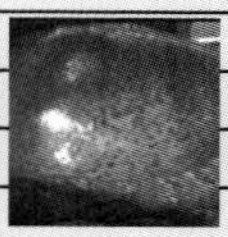 		Yu Jia Long
BARK	a piece of wooden bark for service	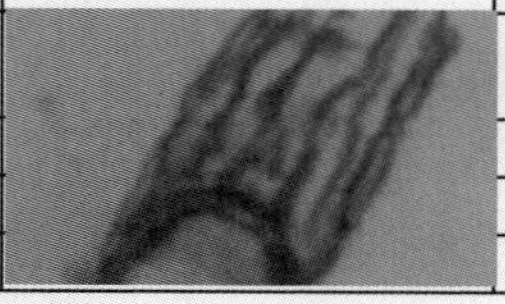	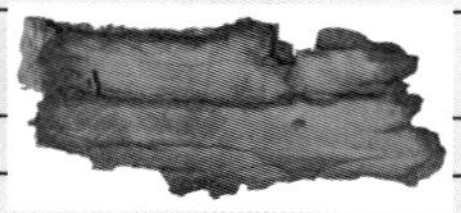		Forage

圖表 4　餐皿規劃列表

香草植物列表

香草植物，是勾勒出餐點風味的重要一環。它不僅是畫龍點睛的要角，要是缺少它們，餐點風味也會面目全非。我在設計食譜中大多採用在地原料或當季素材的香草，但它們經常被認為是農場裡的雜草，實際卻蘊含著極大的營養價值，像是夏季馬齒莧。

其他也包含人行道兩旁常見的酢漿草，它則帶有類似香果的風味，以及不分四季地盛開的馬纓丹，在校園旁的樹籬間經常能發現她的芳蹤。

Dish	Name (English)	Location	Season
Cauldron	dill* & flower	Jin Fu Farm	Oct-May Flower: Mar-April 
	lavender flowers*(variety:Fernleaf Lavender)	Grow on-site	June
	succculent	Grow on-site	May-july
	wild mint	Jin Fu Farm & Grown on-site	June-Sep
Crude Garlic	purslane	Grow on-site and forage	June 
	argula & flower	Puli Farm	All Flower:May,June
	stevia & flower	Puli Farm & Grow on-site	May-Oct 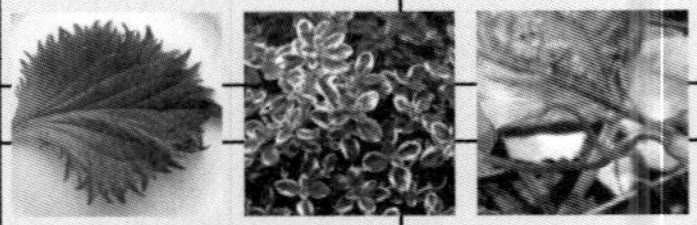
	yellow wood sorrel		All Season
Mossy	nettle / perilla	Grow on-site	March-Aug 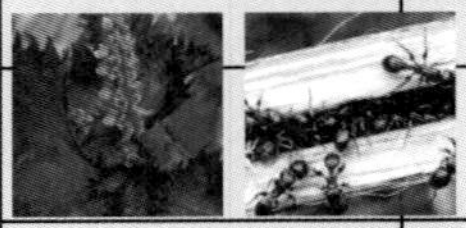
	lemon thyme*	Order from specialist	All Season
	sorrel floral buds 		
	red shiso floweer	Order from specialist & on-site	July-Sep
	forest ants*		All Season
Rustic Scallop	kaffir lime leaf*	Specialist & on-site	All Season 
	marjoram**	Grow on-site	
	starfruit flower		April-Sep
	forget-me-not	Forage if possible	April,May
	alysum, Lobularia maritima	Farmers to grow, Jin Fu Farm	Aprl-June
	sage flowers	Cultivate on-site	March-June 
Wooden Bark	pine / verbena*	Cultivate on-site	Summer,Fall
	common bracken tips	Forage if possible	Mar-Nov
	yellow sorrel buds		All Season

圖表 5 各式香草來源列表

烹飪準備追蹤表

除了與烹飪原料直接相關的基本元素外，每道餐點的製作工序，也涵蓋並延伸了諸多子項目與不同的製作時程，必須要建立出更完善的追蹤表來系統化管理，幫助我條理分明的管理烹飪任務，以及追蹤各項搭配的預備項目。

我仔細盤點各個項目，細細列出待準備的子項目，並依據各種製作方式加以分類，諸如高湯、醃製、脫水乾燥等，通過總覽大表能快速掌握各項任務，也能輕易區隔出複雜度或需求時間，指派給不同廚師分頭進行製作。（圖表 6）

LN2 Prep	Freeze	Stock	aromatic oil	Vinaigrette/ Sauces	Gels / Fluid gel	Pickling	CaO Treatment	Make	Dehydrate	Cook / Bake / Sous vide	Cut/Prep
The Misty Cauldron											
granita	apple juice granita - 1		dill oil - 1		wheat grass gelee - 1			whey & osmanthus water		blanch aloe vera	aloe vera brunoise
wood bowl								strain yogurt - 1			
Crude Garlic Onion											
				ferment cream - 3		daikon vinegar marinate		tempura batter			garlic onion
											daikon radish slices
Mossy with Morels											
Moss											
				moss dipping yogurt				moss sponge	leaves - 1		
								strain yogurt - 1			
Morel mushroom											
		garlic chicken stock - 1				shimeji m/ r pickling liquids - 1				morel cooking liquids & glaze	morel m/r
								taro & krema stuffing		taro with cooking liquuids	peel taro
											shimeji m/r caps

圖表 6　依據製程與準備方法分類的烹飪準備追蹤表

這份總覽擴及在供餐期間每道餐點搭配的香草類型、餐盤類別以及預備動作，甚至精確表明廚師的準備動作。而表格中的數字，則是顯示出該項目需要提前完成的天數，「-1」即表示需於在供餐日前一天完成，以此類推。

預算規劃

為了實現「FEUILLE NEXT」，我竭盡所能的計畫並設計各種流程，善用文件與表格讓目標更加可管理。但「預算」卻遠超出我能掌控的範圍，營運成本、各項採購，以及工作人員的津貼與薪酬，這些數字有如將我矇起雙眼，一把將我推向車潮洶湧的十字街口。

世界之大一切皆有機會，但我的世界只侷限在資本範圍內才有實現機會。也許一切成功輝煌的幕後，都基於創立時持有多少預算，決定了多少限制所搭建而成，餐廳尤其如此。餐廳整合了跨產業的特性，包含裝潢設計、空間擺飾、物料管理，就像經營公司般，得兼顧複合型的元素，特別是如果每個項目都要求高質量、高規格，那麼預算便特別難以兼顧，如不持續留意經常會迅猛暴增。介於餐廳裝潢氣派與廚房裡那些我真心嚮往的昂貴食材間，我經常陷入激烈矛盾，兩者互不相讓、死活廝殺，戰敗那方多半不是輸給對方，而是觀眾席那位名為「預算」的致命一擊。

為了在有限預算中做最大化運用，預估運營的總成本（圖 1），並確保至少 3 個月內不要山窮水盡，我也擬定了一些對策如下：首先：確認菜單售價，預估收入與滿座比率間的關聯（圖 2），導出為吸引團客所提供的價格激勵策略（圖 3）。其次：進行 3 個月內的模擬銷售預測（圖 4）。

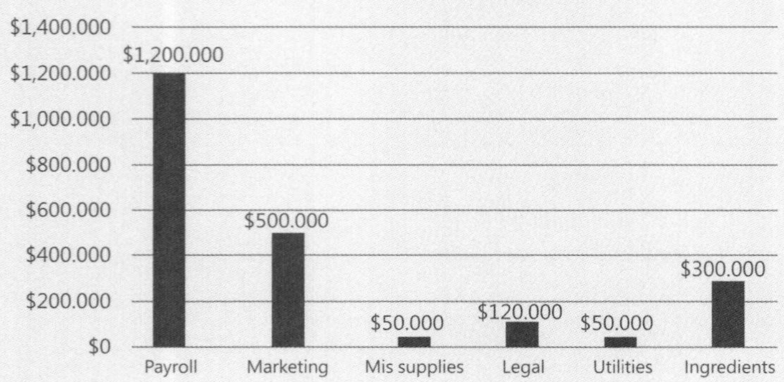

圖 1　期間進行「FEUILLE NEXT」快閃品嘗活動的總計畫成本

* 薪金總額與行銷佔總成本最主要部分
* 薪金總額同時包含醫療保險

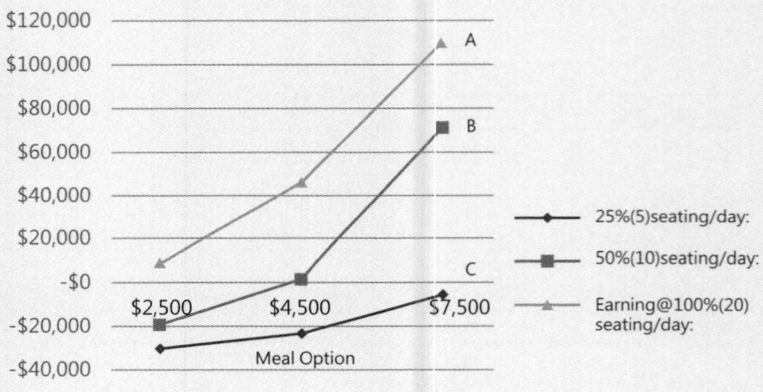

圖 2　菜單售價與滿座比率間的損益平衡關係

* 根據上圖，為實現收支平衡，最佳選擇為促進「餐點選項 B」：人均消費 NT4500 元、並每日滿座率達 50%，或 10 個座位。

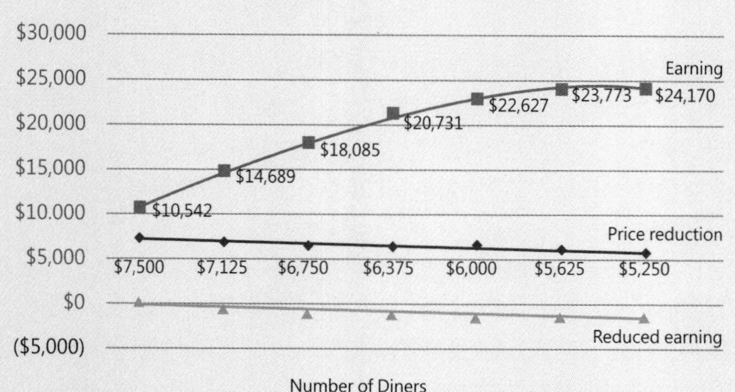

圖 3　收入與用餐人數增加的折扣關聯

* 隨價格下降，收益斜率趨於平緩。

* 根據圖表顯示，團客折扣的激勵策略，最適至多為 5-6 位用餐者。

最後：依據預設菜單售價的預估收益，以及每天需求訂席率，攤算出損益點（圖 2）。為求更加精確，還詳細精算了月度支出、員工薪金，並根據我們的損益平衡預估，追求最大幅度地降低誤差值。

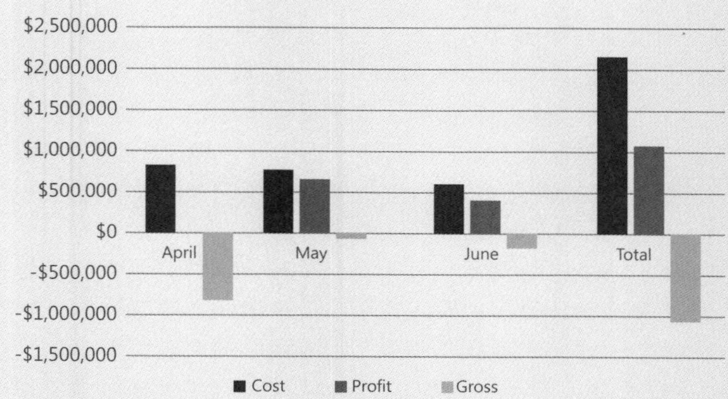

圖 4　三個月期間的預估成本與收益

* 預估的成本和收益，與我們為「FEUILLE NEXT」實際操作相當接近。

* 雖然計畫總收入呈現負值收入，但我認為成功並不定義在金錢收益。

文書作業對熱愛創作料理的我，實在不是令人享受的工作環節，但這些前置盤點卻有如英雄電影中的影武者，他們不著痕跡神秘守護，在面對惡勢力時將猛然現身，成為保衛防護的最後一道防線。

媒體曝光

媒體曝光是我感到最變化莫測又難以掌控的領域。由於我的預算緊迫，幾乎無法負荷再增加的額外成本，尤其在公關公司提出高達 6 位數的驚人報價後，我必須緊急研擬一個主動出擊的策略！

數位時代浪潮下，不同年齡層青睞的媒體平台各有不同，在抉擇合適投放的平台前，我必須先掌握我們潛在顧客的基本輪廓，除了印製文宣與邀請卡等基本品外，我們也通過第三方社群服務，協助推廣我們的「FEUILLE NEXT」；同時也和美食部落客合作，分享我們的餐點與品嘗體驗。籌備期間中我們也和行銷公司合作，在 2018 年 1 月至 4 月間協助撰寫發佈新聞稿；計畫在 5 月正式開幕前，舉辦兩場主要的媒體曝光宣傳：一場是小型發佈會，藉由這場活動發布「FEUILLE NEXT」資訊，並使參與者親自體驗我們與眾不同的餐後茶點，現場也會提供限量餐券優惠來募集顧客。第二是媒體招待會，由記者體驗部分餐點並進行媒體提問。

由於所有的媒體平台都有各自的曝光侷限性，多半都是投放時間越長，能觸及的群體便越廣。換句話說，期望成效越好、觸及人數越多，就必須不斷投入資金、沒有盡頭。後來我們多半仰賴親朋好友協助分享宣傳，通過最傳統而直接的方式，面對面溝通、分享理念、拜訪咖啡廳與書店，曝光我們的文宣與明信片，一步一腳印宣傳推廣。下圖分享我們的媒體曝光的預算分配，總額不超過台幣 50 萬（圖 7）。這些金額光是用在文書印製，就已將預算幾乎用罄，更別提公關代理商開出那 6 位數「純服務」的費用了，我們連媒體宣傳的費用也幾乎山窮水盡，完全沒有多餘的預算。

「FEUILLE NEXT」媒體曝光預算分配			
媒體曝光平台	Facebook 廣告	美食部落客	
傳單	小冊子	明信片 / 邀請卡	
直銷服務	1 月至 4 月新聞文章 2 則新聞文章 2 張活動傳單	明信片設計	攝影
活動執行	記者報導		
雜項			

圖表 7　媒體曝光類別細分

計畫結語

在這篇文章中，我僅針對營運主體列舉了較重要、需特別深思、妥善規畫的部分做總覽概述，這些也是計劃的核心之一，這些管理表也為我陳述著為了實現目標，我所籌備的執行策略與因應方案的經歷片段，它們同時也是我勉強維持損益的最後一道防線。為了妥善因應真實狀況，我還設計了同等重要的補充文件，包含預算類中的資產負債表、個人計畫、公司政策、日常營運計畫、安全教育訓練、公司相關的合約、食材供應商彙總表、庫存追蹤表、菜單訂單以及採購表等。

實際上，我為「FEUILLE NEXT」所做的籌備，遠遠超過快閃活動所需求的規格，籌備的量體其實更接近為餐廳的商業開發計劃。在前置規劃中，我盡可能將各個面向全納入管控，延伸出細項，研擬行動方案並具體執行，即便實際運行往往會是全然不同的景況，但預先妥善評估，有助後續縮小誤差值。

當我們試圖為創新、獨特走出一條實現的道路時，必定會迎來許多挑戰與束縛。我們的情緒無論是挫敗失望、沮喪氣餒，甚至憤怒，起起伏伏都是這條路必經的蜿蜒。但是我相信當一個人已知前方道路艱苦，卻仍背負熱情奮勇向前；明知前方混亂動盪，卻仍獨自承受著孤苦淒涼，那麼當他克服化解險阻之後，這些過程都會像是茶葉蛋上的裂痕，使得生命更加入味、更加甘甜。我非常感念我是基於熱情與信念踏上這條道路，儘管前方幽暗、未知又充滿荊棘，我寧可披著理想、承受著舉足維艱，一步步在蠻荒處女地上留下我追尋事業的足跡。

性價置宜

PRICING IT RIGHT

在我萌發創辦「FEUILLE FOOD LAB」之初，純粹出於熱情以及對烹飪真摯分享的心，進而挖掘日常飲食潛藏的多元可能。一路走來，我何其幸運能遇到一些志同道合的朋友，無論是直接或間接與料理相關，或是帶著各自不同的專業，為美好的用餐氛圍盡一份心力。為了不斷傳遞這種精神，FEUILLE FOOD LAB 作為一個化合作用的空間，邀請志同道合的夥伴傾注熱忱，一起探索食物的無限可能。一群人在這可以天馬行空聊著尚未成形的構想，或分享著旅行有感的季節風情，甚至是一件觸動內心的藝術作品，所有看似與料理無關的想法都能在此匯集，凝聚成源於分享；終於料理的款待底蘊。

事實上，FEUILLE FOOD LAB 從來就不是定調為一間「餐廳」。我有源源不絕、無邊無際的創意靈感來塑造餐點。無論籌備過程中遭遇如何艱辛，在最終的活動期間，所有的工作夥伴都是自願與我們進退與共，串起這份團結的是不言而喻的共同目標：渴望學習並且自我奉獻。我肩負起要帶他們學習成長的使命，唯有善盡這份責任我才能完滿地回饋與答謝他們。

當顧客蒞臨這裏，能迎面看見我們完善的廚房區域，您能見證目睹餐點從製作到完成的全部過程。因為我承諾過，在 FEUILLE FOOD LAB，我將竭力捍衛對用餐者展現公開透明的信條，無論專業或紀律都堅守表裡如一，動用所有的經歷與靈感，濃縮淬煉成餐桌上的森林探險，如果能引起您對我們感興趣，我更樂意言無不盡地與您分享！

我們的餐點雖在製作上橫跨多項專業領域，但我仍堅持每次活動都必須增列新菜色。為了開發新料理，即使原定的營運時程無可避免得向後推遲；即使連帶擴張了成本費用。但比起這些，更重要的是為用餐者連繫起人與食物更深的互動交流。在開發的過程中，我永遠沒有最好只有更好，不斷追求將精心設計的餐點呈現在您面前！

因此但我也需更多夥伴加入，協助我分攤與日俱增的廚房任務。當我開始研發各式菜色時，我從不以售價去回推符合預算內的料理設計。換言之，我設計的餐點定價時，優先考量的從不是我付出多少，而是取足夠的預算回饋給工作夥伴，感謝他們的辛勤付出。

再次重申「FEUILLE FOOD LAB」並非傳統定義的「一家餐廳」。使命之於我，環繞用餐者為中心，在我們為數有限的座位中盡力提供完善服務，即使初始收益入不敷出，但如我之前提過，衡量成功的指標從不僅是金錢這項維度而已。起初，初次接觸我們的晚餐定價可能讓部分人們吃驚，並且單有價格卻沒有揭露明確的菜色內容，這足以使部分潛在顧客感到猶豫躊躇甚至打消念頭。但這些因素卻沒有撼動 FEUILLE 滿載的收穫，獲利的本質是來自我們純粹而踏實的服務好顧客，進而以滿足和認同來回應我們。或許在未來的某日，我的文字與資訊將能打動您的心，讓我有機會為您送上精心製作的餐點。我們將以最誠摯、謙卑的心為您服務，再次感謝。

『「餐點」從此不只是承裝料理而已，在「FEUILLE NEXT」，我們將整合起人與食物的互動；食材與棲地的環境氛圍，交織出更加深入、觸動感官的用餐感受，用餐同時如同看見生態接軌自然。』
-- 孕生 FEUILLE FOOD LAB

主廚的一日

THE STUDIO：A Day's Length

/ 5:30 AM

清晨 5:30 鬧鈴一陣巨響將我從熟睡中驚醒。天色深沉還鋪著直達天際的靛藍夜幕，遠方隱隱可見萬丈金光的貴客即將到來，天就快亮了！我想起身，但從肩頸到背彷彿被梅杜莎石化，麻木僵硬完全動彈不得。難道我老了？開幕活動至今，早已累積了數個月的精疲力盡，身體老早就想罷工卻受到意志力在後鞭策，軀體不得不屈服。幸好明天是週一，我們的定休日。心頭竄出一份喜悅，下意識地期待著隔天快快到來。

/ 6:00 AM

僵直的身軀加上睡意未消，蒼白的臉色配上飢餓凹陷的空腹，此時的我活像個行走中的喪屍。就在頭昏腦脹的情況下驅車開往批發市場。看了一眼後照鏡，映出的臉孔連自己都覺可怕。一大清早交通順暢，馬路上四線車道一路以綠燈歡迎我的來到。今天陽光特別閃耀，當車子倏忽穿越路面，光粒與揚塵散發著閃閃的亮澤，光影彷彿凍結了時間，讓一切變得緩慢。再回過神，已是 40 分鐘後正好抵達市場停車場，停妥車後早市已經湧現人潮，這些和我同樣早起的人們都帶著和我相仿的蒼白氣色，他們帶著沉重的眼皮，精神可能還在床上賴床，拖著渙散不濟的身軀，急迫地將購齊的農產往車廂內凌亂地推放，越塞越滿，直到車廂內的每一角都被塞得水洩不通。我從口袋抽出長長一列的購物清單，是剛才開車時昏沈倉促列下的，拿著潦草字跡，我難以識別出自己到底寫什麼？比起解密這份加密紙條，我想直接回想可能更加有效，我單手拿起輕便的購物袋，煞有其事的扛上肩頭，宛如全副武裝即將上陣的軍人，昂首邁入有如戰場的早市！

今日主餐要使用最新鮮的旗魚片，整顆蒜蔥做搭配，還需採購茭白筍與新鮮鵪鶉蛋，另外再添購些營養滿點的食材，員工餐的材料也能一併蒐集完成。今晚有幾位用餐者對雙殼堅果、乳製品、魚及海鮮過敏，另外也有兩位是素食用餐者，我將特別為他們置換素材。選購新鮮旗魚特別重要，因為在「蓮池塘畔」這道餐點中，先將新鮮魚片進行醃漬，上餐前再炙燒表面。可惜其中一位用餐者不喜歡魚，得將主食做替換，我在食材取捨間猶豫許久，腦海中構思著能替換靈感。我從畫面切入思考，這道餐點的設計緣於池塘景緻，而池塘擁有自成一格的棲地環境，有蜻蜓現蹤、水黽滑過水面輕跳華爾滋，角落忽有龐然陰影接近，嗖！昆蟲瞬間被捲進青蛙肚子裡。有了！「她不吃魚，那換成青蛙吧！」我尋獲靈感後就在心頭竊喜，青蛙腿似乎是一個非常合適的替代方案！人們總形容青蛙的口感像雞肉，不過應該可以比雞胸肉更嫩。在快速入手魚片後，我就快步直奔前往青蛙所在的攤位。

不知道什麼緣故，攤商們經常沒有我想要的海鮮，但總是會有青蛙，並且提供著各式各樣的青蛙素材：走道邊裝在竹簍中的是去除內臟的完整青蛙、金屬托盤上冰鎮著是去皮肢解好的，最令人心疼的是躺在砧板上意識清晰的待宰青蛙，眼睜睜地凝望著即將發生的生死情境。當生殺瞬間，我不知道以眼神行注目禮，是否能對牠的犧牲表達一些感激之情。生靈萬物皆可貴，且無可避免都有生命終點，我雖茹素但每當來到市集中的肉品屠宰區，我總會眼角泛淚且心揪成一團、低頭快步，或許是出予感謝牠們犧牲自己，為人類帶來能量轉移的奉獻而默哀致意著。走出肉品區轉向新鮮農產區時，我腳步重回輕盈、心情再次明亮，並採購了熟食、香水檸檬、彩椒以及一束束的在地蔬菜。

當我來到茭白筍的攤位前，攤商依照茭白筍的形狀、尺寸、去皮、沒去皮區分為不同售價。我覺得這種分類現象很有趣，因爲陳列的選項與食材本身的新鮮柔嫩，完全沒有關聯，也就是說如果同樣新鮮，那怎麼陳列根本沒差別。至少這項分類沒有成為我選購的參考指標，因為我的料理會將茭白筍脫水風乾後進行高溫酥炸，將較於多數人喜歡挑嫩的，我更著重挑選略帶纖維質感，如此油炸後將會釋放出扎實的爽脆口感，特別美味！

此時肩上的購物袋已滿載成重擔，扛在肩上尤其吃力，伴隨著肌肉和肌腱傳來陣陣刺痛直到完全麻木。我趕緊取得最後一個品項：鵪鶉蛋。攤商交遞給我的時候總是溫馨叮嚀：「蛋很容易破，請小心拿喔！」我小心翼翼接過袋子回以感謝，便加快腳步返回車上。

一早的採購行程總算結束，目前看來一切順利。我抱著輕鬆的心情，來到車邊打開後車廂，陸續擺放剛購得的農產。突然，一個失手「扣！」整盒蛋滑落敲到後車廂的堅硬底部，伴隨這聲敲擊我心頭一震，蛋殼隨即從破裂的孔洞中宣洩出「嘶」的空氣聲響。破裂的聲響如此溫和，卻在我心頭刮起翻天巨浪，瀰漫在空氣中的細微聲響，對此刻的我而言，宛如虎嘯雷鳴般刺耳。我小心翼翼將它們拿起，隔著袋子看了底部，破碎的蛋殼，混雜著凌亂的蛋白、蛋黃，都能想見裡頭黏糊糊淒慘無比的景象！時間在這刻感覺特別緩慢，我心碎痛苦感覺過了好久。我一邊咒罵自己怎麼這麼笨拙，邊拿起袋子想詳細查看裡頭的悲慘景況，然後「碰！」蛋盒再次不慎掉落，第二次！天吶，我一臉難掩驚愕，難以置信自己怎麼可以笨拙如此？？心情瞬間墜入深深谷底，跟那盒凌亂的蛋一樣，破碎不堪難以平復。我從來沒有這麼沮喪挫折過，我汗毛直立、緊咬著牙，不禁想尖叫、何止想尖叫，還想捶打自己兩拳！我強忍著怒氣從齒間洩出，已經沒有多餘時間可以浪費在無謂的情緒了，憤怒也改變不了現實，但我不願再拿起它了，我忍著心痛扼腕，以一個羞愧到無地自容的兇手心情，快速概略數了倖存者，勉強還夠晚上供餐。關上後車廂，快速驅車返回工作室。

/ 8:00 AM

我獨自拖曳著大包小包，費勁抵達位於三樓的工作室。一旁的電梯平時也默默地幫忙，我還沒好好感謝過它，一早就讓它休息，我自個搬運。結束採買回到工作室，還是一大清早，工作室仍空無一人，我總喜歡獨佔這片刻寧靜，享受和煦陽光照上我的臉頰。在室內開始悶熱前，儘速取出食材，歸類、儲藏，準備繼續忙碌的一天了！僅管享受這片刻氛圍，但不得不趕向下個任務，「沒時間磨蹭了！」我邊咕噥邊離開才剛進門的廚房。

/ 8:45 AM

太陽的熱力正逐步發威，像個嚴苛的敵人向我進行掃射。我流暢地從抽屜取出剪刀、容器前往花園，一邊尋找遮蔭一邊採摘香草植物，同時還一邊對抗有如間諜般靠近的嗜血蚊子。香草是料理不可或缺的項目，諸如繁星花、紅紫蘇，甚至在酢漿草科裡白花酢漿、密葉酢漿、三角紫葉、直酢漿草等，都是我餐點中的常見班底。走出花園越過街道，在建築物的圍籬或牆上，還能進一步取得馬纓丹花與朱槿。

/ 9:50 AM

晚餐不可或缺的香草嬌客們，現在都已安置在保鮮盒中，並為嬌嫩的她們襯上濕巾防止高溫脫水。我總會再準備額外的食材帶去工作室，像全麥麵粉、乾燥羊肚蕈、堅果、海苔片、乾淨的毛巾等。無數大包小包的素材，提著、抱著，佔滿我整個雙手與手臂，甚至幾乎快要將我的人給淹沒，走在前往工作室的途中，活像個行走的人形掛物架，我肯定會引來路人投以好奇的目光。

/ 10:20 AM

今天不想吃早餐，一想到便利商店架上的吐司三明治，更是完全打消我的食慾。多數人都喜歡白吐司的柔軟，特別是切邊吐司，而白吐司運用之廣幾乎無所不在。但真相是這些商品幾乎完全不具營養價值，並且大量添加人造調味與化學製品。原料甚至連昆蟲、細菌都敬謝不敏，而且這些素材的保存期限幾乎可能是「永久」保存。所以，不不，今天我決定忍受飢餓帶來的胃食道逆流，也不向便利店的吐司三明治低頭。

接近 10:30 時，廚師團隊陸續抵達。簡單寒暄並確認今晚客數以及餐飲偏好後，大家隨即展開例行公務：檢查供餐所需食材、必要的準備工作等。為同仁增加便利性，只要我有空擋，我固定會在冰箱前的白板寫下菜單。每晚營業前，我其實都想進行一場前置會議，但人力緊迫，光備餐就已擠滿所有時段，時間在後緊迫盯人，每個人隨時都聚焦會神，連開口說話都簡短扼要，不容一絲耽擱。在緊湊的步調中我也陸續完成我的各項任務：預備藜麥的香蒜醬、羊肚蕈佐醬、焦糖化南瓜泥、製作九層塔醬、準備鈣化櫻桃番茄。為了趕上時間的緊逼，我經常在廚房中以奔走方式移動，奔走間的幾秒空擋也是雙手唯一能稍歇的短暫霎那。

時間很快來到中午，最後一位廚師出現，快速核對清單後，他也隨即展開直到深夜的忙碌。

/ 12:00 PM

這天一切順利，但身體正在反噬，清晨完成採買後，直接馬不停蹄工作到現在。我神智清晰但身體卻力不從心，步調明顯慢了許多，連清洗蔬菜都覺得費力。但還不能停歇，忙完備餐後仍須準備員工餐。在 FEUILLE NEXT 開始前，我曾規劃由同仁輪流負責員工餐，但人力不足的窘境意味著，即便早已超出我的體力負荷，但只要有空缺多半還是我來彌補。我們試過午餐叫外賣，每人能依據傳單各自挑選喜好，或遣服務人員出去購買，但在每週服務的最後幾天，我們勢必得為自己做飯，以充分運用冰箱內的剩餘食材與配料。

今天恰好是那天！我們有滿滿的食材，義大利帕瑪火腿、白蘿蔔、茄子、甜椒、鵪鶉、冰花等，只需要運用創造力與想像力，例如醃製辣蘿蔔和蘆筍皮，食材立即變身美味佳餚！我首先將食材分門別類，開始切菜，廚師們只要一結束手頭任務就會加入支援。有人預備主菜或沙拉、湯品或甜點冰淇淋。備餐任務持續進行，下午 2 點時，服務人員也早已開始進行餐廳清潔打掃、預備服務台做迎賓的前置準備。

/ 15:00 PM

一陣忙碌後，廚房中島騰出了專屬空位，準備迎接我們營養豐富的員工餐點。令人食慾大開的多款料理、迎面撲香的烤肉香氣、湯品散發著騰騰蒸氣，這一幕將我記憶帶回到某個週日午後，微風輕彿，我們在海邊涼亭下燒烤的快樂回憶，微風輕拂，空氣裡沒有濕熱黏膩，眼前的一切如此天時人和，我想肯定會一切順遂的！

餐點端出時，大夥的眼睛瞬間點亮了，等到各式餐具一拿出，更是激起每個人想大快朵頤的慾望！我們準備的種類和數量都很多，絕對能填飽每個人的肚子，甚至還夠外帶幾次呢！這裡充滿歡笑，每個人對自創的餐點非常滿足，邊吃著午餐邊交換日常新知；聊著個人瑣事、客人的故事，以及活動結束後的未來展望。氣氛瀰漫著從容、平和與喜悅。走筆至此，每當我回想到這段回憶，都會深深地鑽進記憶中，我免不了咯咯笑著，嘴角透出滿足的笑意。

回憶裡，坐在長桌的每位夥伴，都有一種文字難以描述的歸屬感與溫暖厚實的真摯友情。不過當時午餐時間只有1小時，歡樂的時光總特別快，儘管腸胃還想多休息消化，也只能快快返回工作崗位。

/ 16:00-18:30 PM

這是一段關鍵的緊急時刻！距離供餐只剩幾小時，氣氛瀰漫著緊迫。我總是會讓大家知道，有任何需要支援、協助之處都請盡量即時提出！因為廚師們有分屬各自不同的任務，在最後1小時左右，有的廚師會離開廚房，前往花園採集餐點所需的素材；有的則會進行盤皿預熱、預冷等環節；而有的廚師是負責預備佈置餐盤，以及模擬場景需用到的額外素材，像是木製樹皮、鳥巢、卵石或液態氮等點綴裝飾物件或相關用具，這都是廚房的日常片段。

/ 18:30-20:45 PM

晚餐時刻將至，客人即將陸續抵達！有些客人甚至會早於預定時間，曾遇客人提前1個半小時抵達，我們只能委婉告知對方，餐廳仍在準備尚未開放。廚房外的玻璃門發揮極棒功效，不僅客人可以一探究竟，而我們也可即時協助門外顧客的動靜。

當一切就緒，內場同仁便為就座的賓客開始製作餐點！我下達今晚第一道餐點的指令：「綠野石鍋」。這是一道抽象料理，以清涼冰品模擬石鍋意境，帶給味蕾清新舒爽的餐前小點。煙霧繚繞的是冰涼的香霧，薄荷清香伴隨桂花香甜、乳清揉合落羽松的草本香氣，口感絲慕滑順、香氣濃郁，看來清爽品嘗後唇齒留下淡雅芬芳。

正當廚師們在客人左側預備第一道餐點時，另一批廚師已經將第二道菜，立即移到鍋中煎炸製作。緊接著，當中島準備開胃冷盤時，主菜同步組配，團隊相互協作準備所有餐點完成。開胃菜之後，餐前小點也快速到位，我計劃今晚以「蓮池塘畔」作為開胃料理，有時會與另一道「秘境花園」輪替。開胃料理後將提供麵包，為我們程序繁複的主餐爭取更多時間準備。

糟糕，突發狀況！

瓦斯燃氣烤箱點燃失靈，導致無法加熱「護花春泥」這道主菜的仿泥濘醬。幾經嘗試失敗後，我立即決定先轉移到電熱烤箱代替。光加熱就還需耗時幾分鐘，但點燃失靈已經耽誤不少時間，同仁們緊急協助以爭取分秒都在流逝的時間。兩台烤箱正好位在廚房最遠的對角位置，同仁們快速散開很有默契地排成一列縱隊，加快速度以人力方式傳遞醬汁餐皿到替代烤箱那頭。但電熱烤箱卻不是合適的替代方案，由於加熱元件設於頂部，從上方加熱的電熱管極可能會造成醬汁燒焦，現況不得不冒險一試了。

就在同仁們一邊快速移動餐皿時，我仍不死心，又再多嘗試嘗試燃點瓦斯烤箱，YES！瓦斯的藍色火焰，快速在表盤上跑了一圈，終於順利點燃，燃燒管那熊熊的火焰柱，像極了列隊有序又神采奕奕的藍色小衛兵！我們又再以人龍列隊之姿，快速將盤皿送回燃氣烤箱這側。此時如果客人剛好視線關注到廚房動態，看著我們排成一列把餐盤遞過來送過去，肯定會覺得我們很滑稽。

奇妙的是，每天總有意想不到且不同的突發狀況會發生，例如其中一天，負責餐點製作的不同崗位，持續發生同樣的搭餐疏忽，又或是玻璃器皿從用餐區一路打破到廚房區，連我想期許一切順利的時間都沒有，完全就是莫非定律。

/ 21:00-21:30 PM

用餐來到尾聲，菜單供應的甜點有兩種。其中一項固定輪替、另一項不變的是「飄渺：炭火炊煙」。炭火會在餐桌上，讓客人實際體驗以火焰烘烤棉花糖的感受，把戶外場景搬進室內，總能令客人驚呼連連。

今晚預備呈現另一道甜品是：「花生．林後」，這是一道非常衝突有趣的甜點組合，它概念發想自花生醬與葡萄果醬，特別為花生過敏者設計可食用的甜品！看起來逼真的花生，卻完全不會引起過敏反應。地下暗藏著葡萄冰淇淋，上頭還撒著巧克力做的土壤，隱藏在花生外型裡頭的是酸檸檬酒。但由於我們模擬的花生太過逼真，甚至遇過客人想剝開它呢！

甜點一出，廚師們立即聚集製作最後一道餐後茶點（petite-fours）：果之一，葡萄、果之二，蘋果，與植之一、紅紫蘇葉橙汁捲、植之二、羽衣甘藍香脆片。我們以眼神、手勢交流，服務同仁便能知道餐後茶點已準備就緒，正等待著用餐者將他們細細品嘗。

/ 21:50 PM

正式結束供餐，我們一邊進行例行清潔工作，今天還是特別要清洗抽油煙機的日子。當我們協力清潔中島與料理台，也會自動自發分派任務，一位沖洗爐子、一位帶著濕毛巾跟隨除去皂沫、另一位則開始刷洗地板。但有時，就像今晚，我會被呼喚去前廳和賓客致意寒暄。我常聽同仁們轉述，客人們對餐點充滿好奇，想要向主廚提問關於餐點的各種問題，但往往一見到我本人卻流露出靦腆羞怯，他們睜著水靈大眼看著我，卻硬是把好奇的疑問吞回肚中。

為化解這種尷尬氣氛，我主動開啟話題，我尋思著合適的破冰策略！就像早期透明片放映機那樣，我快速在腦海中想著一幅幅話題，尋找最佳開場白。我在腦中自言自語：『「分享我的烹飪理念？」還是「餐點與旅行的關聯？」不，不好，感覺像長篇大論。「我與餐點的互動起源？」可以！這議題滿直接了當的。』做出選擇後，我像瞬間點亮的燈炮，文思泉湧、話題不斷，雖然以往偶而也會點亮，但今天不是偶然，我特別興奮！一部分是期待著明天公休放假，另一部分是只要您想知道，我便樂意分享！

能和用餐者互動，分享我的價值觀、以及我們與食物日漸疏遠的關係，還有為何從用餐者的角度與食物進行互動，不僅能重建這層連繫，更能推動改善供應商與消費者間的交互關係。我還有好多好多想分享的話題！

/ 22:30 PM

在與賓客道別後，我重新回到廚房，廚師們已依據我的標準規範完成區域清潔。在我向他們道聲做得好！並預祝假期愉快，服務同仁一邊將剩餘的玻璃器皿帶到水槽清潔，我也一同協助擦乾杯盤器皿，或是協助一起清潔餐廳地板。對我而言，這些事非關誰去做、誰應該做，而是回家之前的必要任務。有效率地完成它，巡一圈確認一切到位，便能關閉廚房燈具，為一日畫下句點。

當大家都離開後，我便將靜寂的夜與熄燈後空無一人的廚房，留給自己獨享。

窗外的霓虹燈箱明明滅滅，照亮我的四周，光暈滲進工作室的黑暗之中，讓黑暗永遠無法獨吞這全部的空間。工作室裡只有我，還有冰箱運作的嗡嗡聲，寂靜中我放任思緒隨意漂流，還記得在 FEUILLE NEXT 開始前，我不抱任何期望，至少沒有什麼期待標準。但現在，我看見她的面貌與可能，她將能讓我自在發揮、嘗試，她將會是一扇透出刺眼光芒的門扉、一道允許我通往：將尚未實現的靈感，帶來真實世界的入口！

我想像著一座位於城市邊緣的郊區農場，放眼一望不受建築物遮蔽。莊園兩側大片的植被包覆，植物存在於此不僅能美化環境，也能做為餐桌裝飾或做點綴的食用花卉。農村莊園配上磚砌壁爐、大扇落地窗，將日光明媚盡收眼底，又呈現著遠離塵囂的鄉村質樸氛圍。

客人來訪必能感到久違熟悉，彷彿是他們未曾擁有過的自家後院，在房內用餐，還能將餐廳與溫室的建築景觀盡收眼底，或許客人還能親自採收蔬菜香草，再將親手添入自己的餐點中，創造獨特的用餐回憶，一想到此便覺得無比溫馨。

/ 23:00-24:00 PM

我尋索著 FEUILLE NEXT 下一步的進階可能性，此刻她正指引著我，航向清晰明確的展望。在獨處的深夜時分，我才剛開始意識到，身體正在啃噬我即將枯竭的精力，我終於關注到自己的身體，也終於簡單吃點小東西，以維繫住最後一絲能量。此時雖緩緩拖著疲憊的腳步，但我的心，滿足而喜悅，在暗色夜幕中走回自己的家，商店霓虹靜默地相伴，陪我同行。

拾遺
日誌＆故事

COLLECTION
of
DIARIES and STORIES

日誌紀錄著我的旅程
從啟程的那刻起，我收拾紙本、背起背包
穿越一道又一道風景，行經活力豐沛的都市
遇見松青常綠的森林、苔原，以及荒蕪的沙漠
猶如在料理中的探索
不知前方將迎來什麼風景、地形如何變異
即便腳下泥濘、疲憊艱辛，仍砥礪邁足向前

主廚日誌

THE DIARIES

「FEUILLE FOOD LAB 的概念不僅是為提供餐點而生。」

這裡是實驗室、研究所；是廚師們恣意玩創意、重塑自己的遊樂場；也是我們跳脫傳統、開發食物風貌的試煉基地。我們可以徜徉在靈感之中、自由定義烹飪形式，運用手邊的設備、懷著實驗的精神盡情揮灑，實現料理化作藝術的無限可能；我們開發新食材、創作著全新形態的料理，一次次突破味蕾的邊界。我們自由、靈感奔放，因為我們沒有來自傳統的羈絆或第三方的約束，我們不斷重新定義自己的料理、探尋新的素材、奮力不懈地開拓料理藝術的新邊界。

然而，這季的 FEUILLE NEXT 菜單開發成果，最終還是得回歸消費者的意願與喜好，作為最嚴格的審查反饋。我已經做好覺悟的準備！只是要想公開烹飪成果、宣傳我的理念，從最基本的購置鍋具設備到培訓廚師，甚至將餐廳資訊傳遞到對我們感到興趣、正在閱讀的您面前，要推動任何事，最基本的解決方案仍是「資金」，這是一道沒有捷徑的門檻，一切都極需資金來推動，並且越多越好。

FEUILLE FOOD LAB 不是定調為一家餐廳，她沒有精美的形象包裝、沒有名廚進駐、也沒有媒體背書、更沒有財團出資或是企業營運團隊在幕後推行，這些資源通常在餐飲領域扮演著舉足輕重的關鍵，而目前看來，這些對宣傳有利的絕對優勢我一概都沒有，既然什麼都沒有，那我還能在您面前呈現什麼呢？為了正在閱讀的您、未來可能來用餐的您，我想為您展示 FEUILLE，揭開她的面紗。

我決定開誠佈公，毫不保留地與您分享我的這段心路歷程，特別還原是如何竭盡全力地，在過程中尋索料理哲學、 如何尋找料理靈感，不斷試錯、實驗，直到將存在於森林中的棲地風貌，呈現在 FEUILLE FOOD LAB 的餐桌上頭。

「帶您一起，揭開這趟充滿未知探險的扉頁。」

超越食物的交流

Food of Transcendence

過去我沒有紀錄旅程的習慣。或許是每隔一段時間，我總會再度踏上旅程，讓風景佔據思緒，使我無知地忽略「紀錄」是何等重要。歲月無情，「時間」單向直流、毫不回頭。一旦疏於珍惜當下、稍不留心便會永恆地錯過。即便是這世上坐擁權勢與財富的人，在時間面前也無計可施。又或許是隨年積累，看待事物漸漸有了新感觸，旅程中某些一般人眼中微不足道的細微時刻，卻成了我渴望捕捉的永恆霎那。一直以來，我喜歡獨坐在咖啡廳，靜靜觀察人群來往，在日復一日的生活中，淬取出獨特細節。

有一天，從我的座位望過去，正好能見到咖啡師在櫃檯熱情的招呼歡迎。早上尖峰人潮才剛退去，一位看似 50 多歲的外國紳士悠悠走進店裡，視線吃力地望向牆上菜單。紳士的帽沿偶然遮住咖啡師的招呼手勢，試過幾次後，咖啡師輕輕走出櫃檯，帶著神采飛揚的微笑、繫著精神奕奕的胸前領結，輕柔地為紳士遞上菜單。這刻的空氣與光影似乎富有香氣，聞起來像薰衣草和洋甘菊，腦中瞬間開出了一片令人舒緩的花海。隨後，外國紳士走向櫃檯點餐，儘管雙方語言不通，通過簡單的點頭、手勢等肢體動作，一杯跨越國界與文化隔閡的咖啡正在調製中。

咖啡師散發著與咖啡同樣溫度的熱情，並將這份款待交付外國紳士，使他同感溫暖。咖啡、飲品與食物，他們在地理、文化上界定了差異，卻同時也打破隔閡將我們緊密凝聚在一起。

啓動

The Beginning

Oct 1st, 2017

自從我決定在明年 2018 年 5 月要舉辦 FEUILLE NEXT 快閃品嘗活動，已過了一個月。面對緊接而來的巨量籌備工作，我們也才初步理解現實困境與理想的巨大落差。每個步伐舉足維艱，眼前更是一片不見終點的泥沼長路，後面的日子我們絕對還有很多場硬仗要打！說到「我們」，實際上就只有兩個人而已。一位是主廚我本人，另一位是沈迷旅行的好友，她對美食與美酒的癡迷，簡直可用「無法滿足」來形容。不過，最近還加入第三位成員！一位放棄大好前程加入我們的工程師，但不是來寫程式，他對美食有興趣、對料理充滿熱情，轉換職業來到這裡，為我們探索當前的餐飲趨勢，以及協助翻譯和執行各項瑣碎庶務，包含找尋合適物件增添餐廳氣氛。

當前需要啟動的籌備工作包括：

01．尋找合適的人選，協助我們進行市場行銷。
02．招募餐廳經理，協助我們招募、培訓、編寫服務手冊與委派任務分工。
03．招募廚師、助廚。
04．購置烹飪設備。
05．購置餐盤器皿。
06．購置酒水服務的精選咖啡、茶飲、餐酒。
07．餐廳空間氛圍擺飾，藝術品、繪畫、花卉。
08．吧台、桌邊服務車、酒櫃。
09．電腦等辦公用品。
10．徹底清潔 FEUILLE 工作室。
11． FEUILLE 空間植栽與食用花卉、植物的栽種培育。
12．手工麵包、自製發酵液的教育訓練規劃。
13．建立食譜、菜單、市場行銷與架設網站等文書作業。
14．開發洽詢食品供應商。
15．草擬與審查相關合約、法律文件籌備工作的清單，仍在不斷擴張增加中。

目前我手邊正忙著草擬 2018 年 3 月和 4 月的工作規劃，那是個步調緊湊的期間。人員的招募面試也在 4 月，而新雇用的廚師們，屆時也必須快速學會，並獨立進行所有餐點的製作流程和準備工作。可想而知，這段時間將會非常急迫忙碌！但由於預算資源有限，就得做精確的事，教育訓練與招募只能濃縮進行了。

前陣子，我們請公關公司為 FEUILLE NEXT 快閃品嘗活動，進行市場行銷的規劃報價。儘管預算緊繃，但行銷曝光仍是重要環節，只是我當時完全沒預料到報價會高達六位數！而且這僅僅是服務費，其中記者報導和媒體曝光的部分則需另外計費。若真投入這筆宣傳費用，我們哪來預算來招聘人員？更遑論採購食材、料理上桌了。這天結束前，我們沉默地坐著沉澱現況。我猜想此時，大家心裡應該各自都在傻笑，笑我們自己是否太過天真、想得太簡單，我們到底是怎麼深陷在這厄夜叢林中的？我逕自猜想，我那沈醉美酒的朋友（以下稱她為 A 小姐 A=Alcohol），此時一定很後悔對我伸出援手但事已至此，也別無選擇了，只能先轉移心力進行一些週邊工作，但這項重點環節仍然深陷在無解的僵局中。

投訴

Complaints

Nov 9th, 2017

「FEUILLE FOOD LAB，我要對妳提出投訴！」

妳就像核桃的外殼，自我封閉又無比堅硬，滿身凹槽坑坑窪窪，既不誘人還不解風情。但唯有品嘗過妳內在的人，才驚覺妳隱藏在堅硬外殼下的可口秘密。我為妳魂牽夢縈、徹底失眠。此時的我，身體任憑著火車載我穿過奧地利阿爾卑斯山的偏僻小鎮，觸目所及都是宛如童話仙境般的美景，放牧的乳牛點綴在瞭望無際的平原、遠方還有火柴盒大小的房屋；但我的心神始終環顧著妳，不斷思索著在我有限的選擇中，如何讓妳卸下岩石般的硬殼，使妳的凹凸玲瓏引人一見鍾情。

「透明」，也許就是那破解關鍵的鑰匙！如果我將妳封閉的硬殼變得透明，妳的魅力將被一覽無遺。因此，我決定揭穿妳！用我的核桃鉗，剝開妳那厚重的神秘外殼。就讓 FEUILLE FOOD LAB 赤裸的公開在大眾面前又有何不可！對夢想經營餐廳的人來說，我的實際經歷與問題處境，都能當作借鏡。因此，揭露 FEUILLE 的旅程，就是實踐她的使命之一。

預計 2018 年 5 月登場的 FEUILLE NEXT 菜單早就已經完成，但瑣事纏身，始終抽不出時間討論菜單議題。我們終於敲定在今日，在內部會議中詳細討論菜單環節，以便 A 小姐與工程師 K 先生也能進一步為活動後續的促銷策略、尋找潛在的食材供應商，聚焦出更清晰明確的籌備方向。雖然過去我們曾試辦一些品嘗活動，但從未像即將到來的 FEUILLE NEXT 這般，由如此繁複龐雜的細節所架構而成。

我花了整整一年時間來完善菜單與製作食譜，整段經歷如戲劇般充滿高潮迭起。時而喜悅、時而疑惑、受挫、沮喪，也有突破自我時的成就感、偶而伴隨著不真實；有時輕鬆快意、信手捻來就是靈感、有時苦思冥想困頓不已。如果要形容這段期間我的腦內風暴，我會說真是「一場混亂」。設計食譜這項任務，只要啟動，龐雜的枝節便倍速增生。譬如我需要設計 25 道餐點，每道菜色又包含 5-10 項準備項目，加總後直逼 250 項備製任務。面對龐雜，只能謹守著條理與專注的原則，以穩健、踏實的步調一次製作一道餐點。

在開發過程中，也有相當惱人的事，明知有許多食材流通於市面，卻偏偏無法輕易在超市或傳統市場取得。像是：祖傳番茄、醋栗、白蘆筍等，必須特別洽詢中盤商，卻往往花費大量時間聯繫往返，最終仍舊石沉大海。而對於一些無從參照的準備項目，需要憑藉邏輯與過去經驗，反覆測試，計算出最佳數量與比例。偶而比例合適但味道卻不對，即使心情煎熬，仍得砍掉重練。每個重複測試的日常，失敗是每天的家常便飯，每每欣喜以為成功近在眼前，卻又悲催苦逼的重新來過。但我堅信，只要失敗夠多，我就越靠近成功。

「失敗，仍有失敗的價值！」

看似失敗，但卻經常為我激發出意料之外的食材組合、搭配出全新風味。只是即便如此，仍有沮喪。開發菜單的路途單打獨鬥，沒人能伴我討論、與我分享或是一同創作。我獨自往返世界各地尋找靈感採購素材；靜謐的夜裡構思、創作著營造餐點氣氛的道具。需要的素材四散各處，無法取得時只能回頭修改食譜或是忍痛放棄。開發的路，不全然都能砌成階梯，也不一定能通向光明。在這孤軍奮戰的旅程中，我唯一的喜悅時刻，全寄託在這小小的成功乍現，那一瞬間，彷彿能稍稍撫慰我失落與孤獨的心情。

不過有趣的是，每道餐點踏入完成之際，我油然而生的喜悅很快又蒙上一層想法：「還可以更好嗎？」稍微改變點綴裝飾、稍稍調整醬汁會不會更吸引人？怎麼辦，兩種我都喜歡！這樣的生食在食用上安全嗎？還有機會讓餐點更臻完善嗎？為了尋求更好，我總在臨門一腳前猶豫不決。到底該追尋一道餐點到什麼樣程度？什麼程度才能讓我滿意收手，將她擺上菜單？我的腦袋轉得永遠比執行快，每當新餐點一推出，我已經在思考更新版！我的手跟腦像安裝了引擎元件，不斷地想要創作、想抓住靈感的飄渺輪廓，直到我能將腦海裡那完美的繆思女神，幻化在烹飪餐點之中。

「本書收錄的 FEUILLE NEXT 菜單，是我首先想與您分享的餐點設計！」

即便擔心著菜單與帶來的收益會入不敷出，但絲毫不減損我埋藏在餐點背後的核心與靈魂。我無法預期未來如何，在我的每一步，能做的僅有專注、踏實，錨定著我的烹飪理念與創作意志，拿出我在開發菜色過程中，儘管挫折仍追尋更臻完美的精神，來面對每個未知的明天。

意境提煉

Refinery

思緒被觸發的進程是連續、不斷擴張的。
如果能將思緒進行縮時快照，它會像書籍的摘要一般，濃縮著篇幅中的意義與意境。

但要是以快照方式，擷取 FEUILLE FOOD LAB ？
它將會縮寫出一扉扉如何透過餐點，讓用餐者更貼近大自然的念頭。

「貼近」不是象徵性，而是實質上的「貼」、「近」！

用餐者將能真實接收到來自感官的訊息：「我好像正在沙灘享受太陽浴」、「我聞到森林裡的潮濕氣息」這些出於客人主動的情感表述，才是我們不斷努力的追尋。

為了朝這方向的努力過程中，有時會拖累、延宕了 FEUILLE 餐點開發的進度。因為除了要兼顧 FEUILLE 的烹飪理念外；同時要思考著，對每位用餐的顧客們必須交付著無偏差的貼近感受。

思緒與探尋的步伐不會止息，期望在下個轉角能偶然遇見解答。

踏出楚門世界

Out of the Box

Nov 10th, 2017

菜單上的點心與開胃料理才剛討論完，下週緊接著要討論其他餐點。工程師K先生為我們羅列了一份餐廳清單，共通點是時下關注、廣受好評，而且即將展開下一季活動的餐廳。我留意到，名單裡大部分是法式餐廳，現代人大多聽到「高級餐館」往往會直接聯想到「法式餐廳」。因此每當提到頂級料理，大家能想到的，除了法國料理還是法國料理，彷彿遺忘了世界之大、美食多元。

我認為除了媒體助長風向外，廚師也是間接因素。尤其是許多名廚恰好都從事法國料理。其實無論法國或其他料理，都是基於地區特色揉合文化風情所發展而來。料理反映生活，呈現多種面貌，可以是鄉村、傳統或是休閒，法式料理不全然只有高級餐飲的一種面貌。憑藉彙整的餐廳清單，幫助我們在廣闊無垠的航道中看清競爭者、協助釐清市場策略，進行差異化競爭。我雖創作西式料理，卻不希望和任何「法國」元素聯想一起，因為料理的本質與核心並非法國料理。

「世界有世界的餐飲潮流，我有我的料理願景。」

我不想依附話題熱點、攀附趨勢，擠身進潮流吹捧的一員。我只想透過餐點，引導用餐者的感知貼近大自然，真切的感受來自全部感官的訊息，而不僅是開口品嘗一道餐點。我要向正在閱讀的您、未來可能前來用餐的您，介紹我的餐點，以認識和理解縮短我們之間的距離。在此，「介紹」是一項必要過程，因爲除非親眼一見、親口一嚐，很難完整刻畫出我所描述料理是怎樣的呈現。一如單靠文筆總難精準描述，蒙娜麗莎那似笑非笑的朦魅笑容。

「那，怎麼定義我的料理呢？」

我只有一條核心，原創。我視料理如創作藝術的過程，不斷琢磨、尋求精進，創作之於我，是內外高度一致的感性相繫。同時保持開放變革，不落於固定俗套，無論是烹飪知識或技巧上要求層層突破，不斷打磨，開發出更高層次的技能與無視界限的創作視野。

如果我們不曾試圖探索未知，那麼我們永遠無法得到未知的樣貌！在市場日新月異、快速更迭中，我如何不被潮流淹沒，我如何搶在淹沒前開口向您傳達？我又如何以原創爭取您的目光停留？如何挑動您前來一探究竟的慾望？最好的方式就是離開滾滾浪潮，不隨之起舞，放下這些念頭爬上岸邊，走出楚門世界的外框！一頭鑽進本質的探尋、深深地追尋，重新發現那些一開始被我們錯過的東西。

生活在都市中，每天飲食匆忙。我們沒有人真正了解吃進去的食材，從基本認識到栽種方式、他們生活環境、與細菌或其他動植物的共生關係、什麼時候能採收等，對於稀有食材的認識尤其陌生。

我的料理就是一趟探索這份未知的旅程。首先，我循著食材的線索，追溯它們的根源來到都市的邊緣，走進森林，尋找它們錯綜複雜的生長環境，以大自然為師，謙卑地記錄起它們在安靜緩慢的生態中，傳授著輝煌偉大的故事。

我從小處著眼，微觀細探，想以料理盡可能模擬它們的形狀，並品嘗它們最原始的風味。我在林間追尋植物的芳蹤，有些顯而易見；有些稀少無比。在此品嘗原始風味，有助洞悉某些無法輕易獲取的原始味蕾感受，因為即使出自同個物種，在野地自由生長與商業農場種植，兩者所傳遞的出的食材風貌也不會全然相同。西方名諺有言：「人如其食」，事實上不僅人是如此，動、植物亦是如此。不同棲地環境有不同的土壤成分與礦物質，育養出獨特的適應菌叢生態，而來自不同生養環境的動、植物，也必然地會產生迥然不同的口感與味道差別。

不同的棲地環境，也會對動、植物間產生不同的交互作用。譬如在氣候嚴寒的高冷地區的動、植物，即使是同個物種，也將因區域特性而發展出其他生長區域所沒有的特徵。舉例高寒區域生長的松樹香氣特別濃郁，是由於松香精油因氣候嚴寒，被密實地封鎖在毛孔緊縮的松針中；對比熱帶地區的松針幾乎沒有特別顯著的香氣。又譬如落葉為林地提供了濕潤而肥沃的樹葉覆蓋層，當環境合適時，真菌和苔蘚會自然而生，沿此又可能成為其他生物的食源依賴，例如馴鹿苔蘚與馴鹿的依存關係。依據上述我的微觀，便能自得形成一道餐點。由於棲地間的相互依存，在風味特徵也呈現出互補交融，例如：松針、馴鹿苔、馴鹿、雪與土壤。提取同樣的概念亦可套用於其他場景中，例如：尋鮭魚追溯至棲地的過程，便獲取了鮭魚、海藻、野生漿果、貝類、藻類、海水等元素，此時，一道餐點的創作靈感，便在勾勒場景的過程中自然形成了。

對於需要長時間工作的廚師來說，保持童心絕對重要！因為料理創作，本身就是一場探索的場景，以好奇心去看待世界能創建出全新的視野。還記得童年時第一次掀開海邊的石頭，發現螃蟹那瞬間多麼驚喜、螃蟹又是如何慌張躲避，沿著逃跑路線，又進一步發現石頭縫中的海參和海葵。這樣層層探索、發現、驚喜應該帶至餐桌！將餐點設計融入新鮮趣味的驚奇氛圍，就像我第一次林間的落葉叢中，偶然發現極其珍貴的野生羊肚菌蘑菇！我也想讓用餐者親身體驗這種驚喜瞬間。

我的料理，端餐上桌的會是一段體驗和一場旅程。通過我踏出楚門世界深入世界原貌探索，依循著動物系植物群給我的線索，一一造訪他們最純粹天然的原始棲地。我已覺察到了罕見與常見的差異特徵；我已能識別食物的原本風味與口感。為增添用餐體驗，我甚至能通過仿製他們的形狀，為用餐者創造出如臨實境的驚奇轉折與探索樂趣。我也能試著在餐點中還原棲地的場景，藉由感官視聽為用餐體驗更加升級。通過微觀細查動、植物在原生棲地的依存互動，突破傳統的線性思維，全然接受大自然為我開啟那意料之外的跳躍式連結。

想當然爾，這段旅程也絕對不會是線性前進的，它將會依循大自然的韻律，不斷推陳出新，餐桌上永遠有新風景！我對正在閱讀的您許下承諾，我會更努力地持續探索自然、更鉅細而微地靜觀體悟。我的動力來自要將您未曾尋訪過的感動瞬間，帶至您的面前；以餐點的形式呈現，在用餐中勾動好奇，以感官體驗探索用餐樂趣。

帶您從餐桌出發，從感官到舌尖，在餐點中如臨實境，完成一趟森林探險之旅。

驚濤

Departure

Nov 26th, 2017

「FEUILLE FOOD LAB，妳讓我跌破眼鏡！
因為工程師 K 先生居然被妳嚇跑了，或許妳的核桃外殼比我想像的還要堅硬許多呀！」

工程師 K 先生扮演著 FEUILLE NEXT 的專案經理角色，負責串連整個活動從籌備、開始到落幕的各種計畫，涵蓋籌備工作室、廚師們的招聘培育等，如此這般，我們才能踏著穩健與持續前進的步伐，直到 FEUILLE NEXT 這場快閃活動如期登場！就在某個陰雨寒冷的早晨，我依約等待著視訊會議，時間分分鐘鐘過去，或許 K 先生此刻正卡在虛擬世界的網路車陣中吧。經過漫長的等待，螢幕始終沒有亮起，我隱隱有個預感。果然最後收到 K 先生表示遺憾與提出辭職的訊息。

「這像一拳重重打在我的右臉！」

蒙受打擊彷彿有些瘀青，但幸好我還有完好無損的左臉。我和 A 小姐緊急討論了下個會受影響的連帶項目，並趕緊改變行動策略。首先還是盤點許可的資金預算，以及面對可能需要延長的籌備時程。為了縮短時程滯延，我們需要徵募更多人參與內部準備工作，例如，尋找食材採購供應商、訪查精品咖啡館的營銷策略。這也象徵著目前的異動將會大大超出原始規劃的預算。

我們也討論了 FEUILLE NEXT 的供餐形式以及未來挑戰，深受挫折的同時，也自問是否應該繼續逆風前行？我們沈寂許久，FEUILLE NEXT 的念頭幾乎只剩一息猶存所幸，當思緒快沉到海底前，一個轉念我們把自己拖回岸上，驚險萬分的大口喘著換氣。突然間我們得到一個共識：「專注前行」！如果把這段籌備經歷當成正在上檔的連續劇，中間經歷著峰迴路轉、高潮迭起，那我們肯定非常期待結局！

「此刻，FEUILLE NEXT 能否順利實現？沒有人有譜。未來仍充滿變數、前途茫茫！」

面對即將來到的資金乾涸，我們非常焦慮，期盼能有生命之水為我們降下甘霖！為了夢想，我們尋思著一切能搶救的契機。西方國家稱威士忌為「生命之水」，我們猛然想到關於夢想，有個「Keep Walking 夢想資助計畫」。呀！距離提案截止期限剩倒數 3 天，不妨拼搏一把。我趕緊打開電腦瘋狂地撰寫提案，終於趕在一日內完成。正當數個小時後，我從深埋的螢幕中抬起了頭，視線因長時間專注電腦而眼前一片模糊；望向未來，同樣也模糊不明，但無論成敗，我能做的是不設限地嘗試與努力。或許失敗多了，就能多接近成功一點，我寬慰著自己。

德國麵包

Brot

Dec 15th, 2017

我加拿大的好友，他精通麵包製作技術，在食譜開發也具備豐富經驗，可說是集烘焙、烹飪等眾多技術為一體的人。

令人景仰的是，他為人謙遜、對學習充滿渴望與不斷精益求精。我聯繫邀他加入我在 2018 年 5 月即將登場的 FEUILLE NEXT 前期籌備活動。他豪爽地答應了！儘管細節都還沒溝通到，他仍不假思索、毫無猶豫地答應來台工作。

我計畫在 FEUILLE NEXT 提供自然發酵的酵母麵包作為餐前點心，為此，得提前製作自然酵母。聽完我的想法後，我的朋友立即親上火線跟我並肩作戰，試做了第一批成品。在我留訪德國期間，我對德國麵包越發著迷！特別是黑麥麵包和口感扎實的粗裸麥麵包，撒滿向日葵籽營養美味更升級，非常適合作為開胃小點。我設法取得一本以德國麵包為主題的雜誌，其中還包含著令我躍躍欲試的食譜。未來幾天我將飛往加拿大，並帶上這本食譜與他碰面，進一步討論能為客人提供麵包種類的可能性。

走筆至此，我靈機一動地想到使用雙發酵黑麥汁作為發酵基底的構想。因為我們將會使用自製的發酵果汁來搭配餐點，當然也能嘗試使用這些發酵果汁，來製作我們的天然麵包了。

簡單卻困難

It's Easy to Just Go to A Supermarket

現代社會便利，只要輕鬆幾步到鄰家超市採買，就取得各種食材成就一頓美味料理。但我們多半選購容易，卻很少考慮它的原產地、從何而來，以及它們的運送過程。儘管許多農產能在本地種植，但仍有大量農產品的足跡繞過大海、跨過大陸，千里迢迢經由通關進口，最終來到超市的層架上頭。

「想像一下剛提到的食材旅程，如果可以避免，將能大幅降低額外運輸所產生的碳足跡！」

我對 FEUILLE FOOD LAB 的目標與理念是：盡可能取用在地食材，但實際執行卻困難重重。例如：一道彩蔬沙拉取材了 10 種以上的綠色植蔬，第一個難題是：選用的葉片必須特定季節採收，才能收穫風味濃烈和口感柔嫩的食材，但現實的困難度是不一定有辦法在合適的時機收成、第二個難題：為了維持沙拉的植蔬多元，需要取得的品項種類多到難以勝數，而每個品項各自的取得途徑也各有難度，將整體的繁複程度推升至難以想像的困難。通常這種情況下，我得回頭重新調整我的食譜、甚至重新設計或完全捨棄。但正因如此，使我有如芒刺在背，甚至引領我有機會進一步鑽研稀有原生種的相關植物學。我將希望寄託於此，願能在減少碳足跡的在地栽種與植蔬種類中，尋求出更好的解決方案。

「無論是食材或是成分，以各種方式關心我們的環境非常重要。」

主動選擇在地食材而非進口產品，是您、我、每個人都能踏出的一小步努力。當堅持的每一小步匯集成主流，供應商便會聽取我們的意見。美味料理與環境永續，是相輔相成、互相支持的。為了保護我們喜愛的食材與環境，保留這些美味讓後代也能品嘗，我們更需要珍惜並充分使用我們已擁有的一切。

受挫

Frustration

Dec 20th, 2017

「磅！磅！磅！一記左鉤拳重擊在我的臉、快速直拳打在我肚子。我雙膝直跪，雙手苦撐，彎著腰，殘喘不已。」在Ａ小姐與我開完視訊會議，回報我公關公司最新資訊後，我深感挫敗。消息來得突然我毫無防備，只覺得痛苦交錯，到底是挫折還是心痛我已經無法分辨！

「長嘆一聲，閉起眼，沉澱這巨大的挫敗感。」

從最初堅決展開 FEUILLE NEXT 快閃品嘗活動，現實的艱難不斷剝削著我，我從意志堅定開始轉向自我懷疑。此時此刻，這八個字「不 惜代價，堅持不懈」令我感到有如千萬斤重。望著眼前深不見底的挑戰深淵、看不見終點的犧牲代價，這下我真的動搖了，我專注的信念幾乎一碰會碎。無法自持的情緒起伏，我忍不住回想剛剛Ａ小姐與我的對話內容。

我腦海揮之不去的哀嚎：「烹飪從來沒有像現在如此艱難！！行銷公司不但沒有發揮協助的效益，反之我們更感困頓與挫折。」

我們需要行銷曝光來讓大眾認識我們，傳達我迫切想分享的用餐體驗、以及理念，進而吸引到合適的目標群成為我們的潛力顧客；同時曝光也為我們吸引優秀人才加入，這是能讓我們展開營運的正循環，也是我們尋求專業公關公司協助的原因。正常的邏輯應該是公關公司在了解我們的需求後，擬定策略來推廣我們的品牌。但相反，他們卻反問我們有什麼賣點、名聲、名廚，或是能包裝的行銷話術。Ａ小姐開玩笑說，如果這樣我們就自己成立公關公司了，何必需要尋求他們協助？！似乎想用一個放諸四海皆準的套路，輕鬆簡單來開展業務的公關公司並不在少數。

反覆困擾著我的是一個很實際的問題，始終圍繞著「可動資金」與「營運成本」。「資金與成本」牠就像一頭兇惡飢渴的野獸，突如其來出現在我的夢中，牠咆哮，讓我無論在夢裡與現實都惴惴不安、挫敗憂慮；牠啃噬，我的意志被削弱到成了塊塊碎片。我看著目前粗估要支出的營運費用，大約是 400 萬台幣。「烹飪從來沒有像現在如此艱難」我再次吶喊！我很憂心，難道 FEUILLE NEXT 最終無法迎來光明，將永遠塵封在我心底？

Ａ小姐提議將原訂 3 個月的活動縮短為 2 個月，同時縮減菜單的數量。我正考慮著捨去每週更換菜單的主意，調整為部分餐點輪替更換。綜觀所有資源，我手上不是拿著一副有勝算的好牌，任何不切實際的想法此時看來都相當荒謬，只能捨去。

坦白說，我對媒體宣傳的部分感到非常失望與挫折。不是我無法承擔這個活動成本，而是輸給傳播行銷的商業套路，也就是行銷公司在產業裡相互競爭、操縱形成的潛規則，通過操縱、包裝或是有意塑造，捏塑成膚淺但利於宣傳的型態，呈現出的樣貌卻不見得是真實，甚至可能偏離真實甚遠。然而相對真正擁有烹飪理念和充滿豐沛意願樂於分享者，卻在受困在淺規則的迷宮中，被漠視甚至擠壓，直到逐漸失去價值、失去話語權。如果不是名人，是否想開業的願望在萌芽前就可以放棄？難道沒有名氣是一種罪過？Ａ小姐向我提到了她與一位公關代表的交流經驗，並受到相當傲慢的態度對待。我聽到這，心中真是充滿怒火！

我承認是我太天真，我像一隻無知的肥羊，誤入歧途走進媒體傳播的狼群中，而我也無力為大眾澄清飲食文化的誤解，我是如此勢單力薄。於此同時，我一陣叛逆襲來，越受擠壓我就越要茁壯！ FEUILLE NEXT 越是渺無機會，我就越有理由要去突破！至少來到狼群面前，我用烹飪手藝來馴化牠們，或許牠們大發慈悲，讓出一小條曲折小徑，讓我順利通過走向康莊大道。

ExPose X 電台採訪

ExPose X Interviews：On FEUILLEFOOD LAB

歡迎各位收聽本次節目。這裡是 ExPose X 為您帶來行業新鮮事，有些工作者的存在總是激發創新成為推動產業進步的力量！專題介紹將帶聽眾揭開一些陌生的資訊、背後的故事，為聽眾帶來新思維，這是 ExPose X 的核心 - 揭露！今天帶聽眾來聚焦認識「FEUILLE FOOD LAB」，我們一直稍有耳聞這間餐廳，也有些人在談論關注他們的消息，但截至目前為止都沒有釋出官方資訊。我們準備了一系列的問題來訪問神秘的他們，也藉這個機會深入了解，想知道他們能帶給我們什麼新思維！

主持人：歡迎您們來到現場。正如我們之前幾乎沒有聽過 FEUILLE，希望通過訪談，我們能對您們正在努力的項目有更深的認識。現在

請您與我們分享她的特點。

FEUILLE： 沒問題。其實我們有很多夢想。準確地說，其中一幅夢想的畫面就是，我們的廚師在餐飲實驗室裡，盡情沈浸於料理的心流中。

借助現代科技進步與設備精進，開創料理風味與烹調技巧至全新領域，也為顧客帶來探險性質的全新用餐體驗。只要有意願，任何人都能隨時從自身開始，拋下看待食物的陳舊認知。終有一天，當我們完成摸索，就能完整對各位公開分享我們的研究成果！但它目前實際上仍是個一個構想，由我們投入自己的時間心力默默在籌備的概念，沒有任何資金挹注，也沒有媒體關注，這是幕後真真實實的狀態。而且當我提到「我們」時，實際上只有我自己和我身邊熱愛美食的好友們，當我獨自籌措活動、孤注一擲將自己完全投身在FEUILLE，獨自對抗著艱難與未知，好友們不得不承擔我時而欣喜若狂、時而低潮抱怨的各種情緒分享。我發自內心熱愛食物，因為食物不僅僅能吃飽、提供維繫日常所需的精力糧食，食物還潛藏著更多我想深度探尋的可塑性。

主持人： 抱歉無意冒犯，但您剛提到「這仍是個構想，一個默默籌備的概念。」那您真的在某個地方有個「飲食實驗室」嗎？

FEUILLE： 哈！哈！我知道我剛是這樣說。讓我回答您的疑問：「是的」。工作室不是我憑空想像的，是具體真實存在的。

主持人： 那真是太好了。

FEUILLE： 我也很慶幸這是真的。「FEUILLE FOOD LAB」有飲食實驗室的意涵，顧名思義就是將想法創造並測試的實驗空間，最終將決定是否露出在菜單，在飲食實驗室中，我已經訂定了一些元素來協助引導我的烹飪探索方向與選擇。他們並不會只侷限於新想法，除了探究經典也顧及探索全新視角與觀點。

主持人： 請告訴我們您提到的那些元素！

FEUILLE： 我稱之為元素，但實際上它是我建構烹飪哲學的指標。我是一個熱愛野外的人，我喜歡自然、喜歡放慢腳步，以放鬆的心情在森林中徒步旅行。隨著我對植物的理解與興趣越來越深厚，我開始嘗試親手栽種，藉此解決我無法輕易取得的素材。在台灣，這些素材大多時候看得到卻買不到，不過當我行旅在森林時，我在林中認出了有些野生植物，其實也有出現在我們的花園中，並領悟到我周遭就擁有種類繁多的本土植物，不只侷限在花園裡，野外也富含許多沒被使用過的素材，它們往往被定義為雜草，受到漠視忽略的原因僅是因它們缺乏商業經濟價值，而沒有受到量產栽培。留意到此，我開始將目光投注在它們身上，細細靜觀洞察，促使我歸結出「原始、模仿、稀有、平凡、棲息地、場景、質感、感官、玩耍」等元素作為我的烹飪哲學。有趣的是，它們雖缺乏普世的商業價值，卻為我帶來極大價值，不僅引導我開啟萬物靜觀皆自得的洞察，也賦予我跳躍思維的菜色設計與食材搭配的靈感。

主持人： 能請您談更多這些哲學嗎？

FEUILLE： 我很樂意。以「稀有、平凡」為例，當您深入植物種類豐沛的深山裡，您會發現其中參雜一些可以食用的植物，現在雖然不常見，但在早期資源匱乏時期，這些便是人們賴以為生的食材。由於部分只在特定區域生長，使它們顯得相當稀缺罕見。像是森林中的蘑菇，基於不同區域的土壤成分差異，呈現出各式不同的獨特風味。再反觀常見的量產品種，這兩者間在風味上呈現相當顯著的對比。但我決定兼容這兩種屬性在菜單中！稀有素材搭配著常見的農產，如胡蘿蔔，以非傳統的方式烹製，將能嚐到食材迥然不同的濃郁原味。稀有的食材通常無需過度烹飪便能引人好奇，因為陌生而稀有，品嘗前就使味覺充滿猜想了！

主持人： 這確實非常有趣！我相信在您們的網站會有細節介紹。

FEUILLE： 沒錯！我們官網有簡短描述，但任何感興趣的人，我將會帶領您認識更深、更細節的內容。
可以參訪我們的官網：www.FEUILLE-studio.com。下滑網頁能看到我發佈的最新資訊，甚至餐點和食譜都毫不保留與您分享。實際上，我已在籌備一場快閃品嘗活動，時間將在 2018 年 5 月起為期 3 個月。由於我沒有幕後支援，只能單打獨鬥，而且目前還罕為人知，沒有很多人認識，我才開始意識到展開快閃活動的難度有多高。

主持人： 怎麼回事？

FEUILLE： 首先，我需要獨資，但因默默無聞所以難以募資。即使我的餐點受到好評，但投資僅僅 3 個月活動時間的項目仍令人望之卻步。活動時間太短，無法產生足夠收入來平衡基本開銷。補強方法是在活動展開前，我必須先宣傳、傳播我的理念與意圖、分享我的料理創作，讓大眾初步認識，進而預定餐廳一探究竟，使我們有榮幸為他們服務。前期投入成本相當高，從採購設備、聘請廚師、餐廳裝潢到委任公關宣傳，成本倍率增長。其中媒體曝光的費用像個無底洞，投入與收穫卻不一定成正比。但我仍不會放棄這機會，因為唯有人們來體驗過我的料理後，理解認同的齒輪才能向外擴張、運轉。行銷費用預估佔據總預算一半，冒著對賭的風險，我甚至不敢想像如果沒有帶來預期成效，那明天又會如何？

主持人：看來您真的忙得焦頭爛額，面對前方的未知與不確定性，肯定像看一部刺激的驚悚片。
FEUILLE：（苦笑）我想，更貼切地說是親身經歷的驚悚實境秀。

主持人：那您為什麼堅持要做呢？
FEUILLE：這問題我每天也問著自己，但從不後悔。這場活動不僅是得來不易的經驗，它的重要性體現在很多面向。它象徵我的烹飪技能臻於成熟，更重要是，它推動我成長，使我有信心與勇氣迎接人生的進階挑戰。還有，料理之於我如同打磨藝術創作的過程，我誠切渴望能與大家分享。在烹飪的領域，我遵循著科學家的精神、學者的專注，向自然提取靈感化作料理。這些前人未踏足的創作，期待最終能撥雲見日。此刻如果選擇封閉，無疑是畫地自限；唯有跨出侷限，才能獲得能量更深遠恆常地實現料理創作。

主持人：哇！您確實投入很多賭注！
FEUILLE：哈！我還不知道！要是我毫髮無損的完成活動，我一定請您喝個一杯！

主持人：您說的！我非常期待。
FEUILLE：但如果您沒收到我消息，我可能負債跑路了。（現場笑聲）

主持人：您提到活動時間是 3 個月。為什麼不打算長期展店？
FEUILLE：經營餐廳需要全神傾注。我選擇以短期快閃，因為它具有靈活性。我熱愛開創新菜色、新想法，這需要時間；如果長期展店，會失去時間。兩者之間很難平衡，所以短期快閃是目前最佳的解套方式。我並不擔心公開分享食譜或這段籌備經歷，包含對同業競爭者。因為長遠來看，我相信這個做法能惠及整個產業發展，特別是對年輕一代想進入這領域是有幫助的。台灣文化相對保守；餐飲業又更加封閉，大眾很難認知到一份美食背後的繁複過程。儘管大批廚師學成歸國，卻逐漸萎靡在價格導向的普世價值。而推波助瀾的推手，一部分是參雜著各式添加劑的黑心商品，充斥整個市面，因為成本低廉更敢於削價競爭。被蒙蔽實情的人們多半慣性選擇低價、形成疏於在意質量的普世價值觀。

主持人： 這個議題也蠻值得深入探討的，可以另外安排一天聊聊。回到 FEUILLE NEXT，您是否能分享如果我們預約用餐能帶來什麼期待？

FEUILLE： 這答案將留給預約者親自探索。我並非要隱藏細節，我能向您保證，您將能體驗到前所未見的餐點互動。第一、您能找到藏在餐點背後的烹飪哲學！我們在餐點中設計了互動元素，並鼓勵您動手體驗，用餐者將與餐點產生特有交流。其次、我希望賓客敞開心扉，帶著探險的心來用餐！因為食材種類可能出其不意，但無論如何都請一試。只要您參與其中，就能從單純的用餐，升級為探險餐點的體驗。第三、動用感官來用餐！我們將帶您通過凝視、嗅聞、聆聽、觸摸來品嘗您的餐點，偶而還會讓您尋找它的蹤跡。

主持人： 嗯！！您真的賣了不少關子，害我很心癢！我們節目結束後喝兩杯吧，我留基本資料給您，新訊息通知我！

FEUILLE： 哈～哈～哈～再問下去就只能把您灌醉或敲昏了。

主持人： 別威脅我了，看來我只要自己直接到 FEUILLE 預定用餐時間，到時就可以一窺究竟發掘料理的秘密了！！

FEUILLE： 就是這樣！

主持人： 聽眾和我都很想知道，價位上會不會把我們的口袋吃到破個大洞？

FEUILLE： 事實上我不是以賺錢為導向的，只是我的資金於籌備至今也即將坐吃山空。等 5 月開業，小豬撲滿應該也見底了！我不敢奢望能賺到盈餘，但至少足夠讓我支付廚師薪資還有購買食材。第一個月我們會推出促銷優惠，折扣幅度很大！透露一下，或許兩人用餐一人免費！但我能向您保證，當您準備好來用餐，就能獲得超值體驗。我的終極目標是要提供 20 種餐點，但仍有調整可能，價格會因應菜色數量而有所調整，近期會對外公告，詳情請鎖定我們的官網。

主持人： 聽起來非常吸引人！我非常期待能嚐試到 20 種餐點，我還無法想像那會是什麼樣的呈現？

FEUILLE： 您說到我心坎了！這 20 道菜是絞盡腦汁的心血結晶！我真心鼓勵大家嚐試，它將會是一套完整而獨特的體驗，而且這份套餐性價比很高！如果您十分瘋狂想去同質餐廳一次點 20 道菜，那您會發現我這份套餐售價划算很多。誠如我剛提到的調整可能，我可以將 20 道餐點區分為兩份菜單。如此在您初次的用餐體驗後覺得超值，就一定會回來嘗試另一份菜單。這樣，就能完整體驗到所有的菜色了。

主持人： 您全都設想周到了。我的一位朋友，她是個小鳥胃，但很喜歡嘗試菜單上的多元菜色。這對她來說簡直是個好消息，完全貼合她的喜好，我一定會把資訊分享給她！那麼我們的訪談即將結束，您有什麼想要補充的嗎？

FEUILLE： 有的。由於這場活動本質上更像分享活動，我們打算也針對學生族群進行菜單微調，並提供學生優惠。尤其是正準備投入這個領域的烹飪藝術學員，但他們必須出示有效的學生證，就能獲得優惠。如果可能的話，我也歡迎產學合作為他們提供實習經驗。另外一提，台灣的餐廳和顧客，可能較少接觸到這種用餐的型態。譬如 20 道餐點，完整供餐可能需要 2.5-4 個小時不等，幾乎是整整一個晚上的時間。世界上曾經舉辦過一場品嘗活動，供應 36 道餐點，整整用餐了一整天。與此相比，我們 3-4 小時用餐時間是大巫見小巫了！在我們的品嘗活動中，會盡量將時間控制在 3 小時以內，但實際仍會取決在一些因素，例如用餐者享用餐點的速度等。所以請千萬別投訴我們用餐時間太長。雖說如此，如果您需要更快上餐，我們也一定會滿足您的需求。但也別忘了，既來體驗則盡情享受，別急著匆匆吃下肚。我們也會提供您自製的發酵果汁搭配餐點。

主持人： 嗯！！這聽起來真是非常完整的菜單。感謝您來接受訪問，讓我們有機會更完整的認識您的餐廳。預祝活動順利！也希望我能喝到您的慶功啤酒。

FEUILLE： 不用客氣，非常感謝您的邀請。讓我有機會分享更多 FEUILLE 的幕後故事。感謝，再見。

各位先生女士，剛才我們訪問的是「FEUILLE FOOD LAB」，他們的快閃品嘗活動名稱為「FEUILLE NEXT」。您可以在他們的官網找到更多相關訊息：www.FEUILLE-studio.com。再次祝福他們好運！感謝您的收聽，祝福有個美好夜晚，為您挖掘各行各業中的特殊故事，並揭露出來與聽眾分享，期待下次空中再相會。

請認識我們

Thoughts on Media and Public Relations

決定要籌辦一場快閃品嘗活動，並沒有想像中簡單。當各項任務全盤展開後，彰顯出錯綜複雜的一面，實際上非常震撼也令人望而生畏。對初入行者來說，資金是一切的原點。從購置烹飪設備、鍋具杯盤、室內裝潢、支付員工薪酬等，一切軟、硬體開銷只佔了一部分，另一部分也得將行銷推廣費，納入已經非常緊繃的預算中。但最令人恐慌的是，我們本身對宣傳行銷的成效充滿未知。我們是否能合作到用心的公關協作夥伴？投放的資源是否準確觸及合適的對象群？顧客是否對我們的未來活動產生期盼？很多未知都為「明天」增添憂慮。還記得我分享過 FEUILLE FOOD LAB，她不是全年經營的餐廳。我們選擇的快閃營運模式，成本甚至比完整經營更高。原因在於，即使期間短，投入成本仍然比照完整經營的餐廳，但卻又不像一般餐廳可以拉長時間進行成本攤提。

事實上，我們迫切需要曝光與顧客光顧，才得以均衡快速增加的成本支出與預算消耗，但營運期間短，無疑讓這項任務變得更加艱鉅。我們將賭注全都投注在快閃活動，每次籌備就像一場即將登台的劇團公演。籌備全年，登場僅 3 個月；這是只能成功、不能失敗的全部投入，唯有前期足夠的宣傳預熱，為我們帶來預約顧客，才能稍稍減緩我們逐日墊高的成本。更加艱難而複雜的是，若活動菜單是由名廚推出，這些名廚的名聲已自帶流量，確保了客源與基本收益，但在現今社會下，缺乏名氣的人要邁出第一步，門檻則相對更高。另一部分，我們也不像一般新開幕餐廳，我們沒有漸入佳境的磨合空間，在快閃活動正式登場時，時間便開始倒數！登場前我們就已經得做足萬全準備、全員拿出最佳狀態；沒有時間犯錯、更沒有時間停擺。簡單來說，資金可用性仍是推動營運成敗的最大推手。只是，我沒有堅強的金融實力、背後沒有經濟後盾、更沒有專業公司替我統籌各項疑難雜症。望向名廚，他們背後通常是完整的經營團隊，無論行銷團隊、法律顧問、室內裝修、採購單位、管理人員等一應俱全。我感慨地望向自己，我除了自己還有什麼？

某天，我們洽詢行銷公關公司時，很自然聊到我的履歷經驗。通過討論，我發現個有趣模式，多數公關公司偏好剪接客戶「片面的關鍵字」，再強行植入到大眾熟悉的價值觀，進而達到傳播目的。舉例來說，「藍帶烹飪學校」或「Noma 餐廳」這類關鍵字，舉凡能和世界名廚或知名餐廳有沾上邊的，就成了宣傳上的主打關鍵字。但是實際上，藍帶廚師並非遙不可及，任何人都能去藍帶學習；而一句「曾在知名餐廳工作」，則將核心或週邊的角色的細節全部抹除，無法區分優劣或分辨特質，只剩下那模糊而曖昧不明的片面關鍵字。

在行銷公關的「操作公式」中，客戶的立場從主角，變成依附名牌的配角。有了關鍵字背書，我是誰？我正在做什麼？重塑自己的過程、價值與願景這些重要細節反倒顯得記憶模糊。對接收資訊的消費者而言，即使再如何謹慎、再怎麼敏銳洞察，都仍只能收到「包裝」後的資訊，沒有更深入的細節能判斷良莠。如此資訊不對等，也形同剝奪了消費者的自主選擇權。此外，如果委外行銷只剩「關鍵字」，而自我價值還是得靠我們自己宣傳，那麼收取高額費用的行銷公司，是否有恰如其分地為客戶帶來解決問題的價值？

我也有些觀點想與消費者的讀者分享。

當出現與「名牌」關聯的對象時，我們可以留意這些師承名廚、出身名店的廚師本身，是否有脫胎出自我價值。如果有，他們絕對值得備受肯定、推崇！但我帶了一個反例分享。我曾經專程前往一間小有名氣的餐廳用餐，店內主廚曾在 Noma 工作近 10 年。所有餐點的味道都很好、材料使用也是有相對的標準。但問題來了，它供餐的菜色跟 Noma 如出一徹、沒有創新，那既然如此，我是否不如回 Noma 用餐？因為如果感受不到主廚自身的創新或餐點詮釋，它就只能是 Noma 的影子、嚴厲一點來說是「抄襲」。一如我們通過閱讀，與作者取得跨時空的交流；而通過餐點美學，廚師會傳遞用餐者料理背後的深意，交付給品嘗者一把鑰匙，開啟探索主廚的靈感世界。至少我是如此。我認為現在世界充斥著許多「表象的美好」，但別被蒙蔽！唯有公開透明的資訊，才能協助消費者取回自主判斷的選擇權。基於這個理念，我從最初就定調要以「透明公開、毫無保留」，來揭露 FEUILLE FOOD LAB。素顏的她，質樸、沒有修飾。每位願意踏出舒適區的廚師都是優秀的，但除了巧思與技巧外，唯有追求超越、不妥協，奮力地追逐精進、實踐、奉獻、承諾，才有機會成為成功的餐廳，最終鍛鑄成業界的先驅、領先者的身影。

回到我所擁有的現況，我既不優越、也沒有在任何地方享有特權，我就是一個再平凡不過的人，帶著腦裡的靈感、一顆想用料理分享世界的心、懷著感恩與謙卑，踏上充滿難解考題的逐夢之旅。我的平凡，體現在您不會聽到我與某位名廚、知名餐廳的關聯，因為不曾發生。我曾在研究所鑽研特定領域，但我的嗅覺與味覺，卻執迷探索著美味的萬千世界。熱情最終主導了我，全心踏入烹飪領域。學校帶給我掌握訣竅的方法論、藝術與靜觀自然帶給我靈性的啟發，我結合這兩者，從藝術的視角重新觀察習以為常的世界，並在小小的工作室中、用我小小的力量，用美食點燃人與自然的天生關聯。我所追尋的靈感繆思女神，還未完全化身於創作之中。但我不曾苦惱，料理的創作設計，即使再複雜、再困難，也不會使我灰心喪氣，時間與心力會解決問題的。跟隨名廚當起學徒，是許多人縮短撞牆期的首選方法，師徒制也成為餐飲業的特性。我卻選擇踏上獨自的尋味之旅，告別框架、揮去標籤，有如進入無人之境。旅程成了我的土壤，帶給我養分與茁壯，在構思餐點設計與執行製作時，總能帶給我新的視野與啟發。

我的烹飪，師承自然；起於森林，終於料理。

我誠摯邀請您親臨體驗，體驗一個獨走天涯只為尋味的平凡人，如何層層探究食材可塑性，並將料理創作視為打磨藝術的過程；體驗什麼是「向大自然提取靈感」的料理；體驗什麼是餐盤裡的「棲地縮影」。當您到訪 FEUILLE FOOD LAB 時，不會感受到高冷隔閡。秉持著開放與分享，我們甚至很樂意與您討論食譜與製作技巧，只要您感興趣！因為在您來訪之時，顯示了對我的肯定，我很榮幸為您多點付出！

當我主廚的身份下班時，我和您一樣都是顧客，我紀錄下所有值得借鏡的優缺事項，納入我餐廳的管理辦法。因此，不要因為陌生而拉遠我們的距離。請給我一個機會，為您創造驚喜、朋友餐敘、您與孩子、家人的紀念日，值得留下更特別的回憶！您能想像前菜可能是一份如畫的「秘境花園」？ 一份縮景的「蓮池塘畔」？還可能要拿腳印道具在醬汁上壓上沼澤足跡？ 在盤子裡的柴火堆烤著棉花糖？在一堆石頭中找出可以吃的石頭？像置身森林，隨時都在探索。

來吧！

玩得開心，菜色創意持續更新每次不同。
帶上探險的精神，和我一起從餐桌尋訪森林。

溯源

The Birth

Dec 30th, 2017

紀錄 FEUILLE 至今已經 3 個月，再過 1 天，2017 年的所有經歷，都將被收進年度資料夾了！

我回朔著，截至今日的里程碑。很多原本只封存在我腦中的想法，現在都已有了進展；菜單與活動規劃時程表已經完備、招聘說明會也在籌備、委外的行銷公司也大致選定；一些員工成了過客，固定班底依然只有我與 A 小姐。

通常伴隨巨大價值的，多半是特立獨行且正確的選擇。此時的孤獨，勉勵著我們走在方向正確的道路。作為披荊斬棘的開路先鋒，即便前路茫然未知，仍會燃起自己的火把、帶上鐮鋤，擬定策略、善用資源，在黑不見手的深谷中，一階一階，為自己砌出通往光明的階梯。

此刻的我在加拿大西岸，剛從歐洲飛回北美，展開我承諾自己的第二項旅程。再次重回我的出生地，這裡的大地有我尋味料理的根系；由母親為我播下以食物表達藝術的種子。

在迎接即將到來的 2018FEUILLE NEXT 前夕，我重回出生地，在此將過去接軌未來！！

我記得那是一個週一午後。我剛結束義工服務的工作返家，母親興奮地向我分享，她和朋友剛享用的驚豔午餐，一間由烹飪學校所附設的實習餐廳。「那是一所學校，午餐 3 道餐點，才 20 多加幣！星期一有兩人同行，一人免費的促銷活動。他們擺盤非常華麗，下週我們可以再去一次！」母親分享著。當時的我，正沈迷於時下熱門的《美國鐵人料理》，每次播出我必定埋頭筆記。就這樣，在母親眉飛色舞的介紹下，我前往品嘗了價美質優的午餐組合。回來後我像著了魔般，驅使自己完成了烹飪學校的報名動作。開學的第一天，學生們彼此分享著學習動機。同學們紛紛以謹慎而隆重的態度嚴肅分享著，加入烹飪學校是他們人生規劃中的重要目標之一。而我恰恰相反，我對同學與烹飪老師分享，我想單純享受烹飪的樂趣，並結交一些志同道合的朋友！直到今日，我仍然秉持著最初的學習信念。烹飪應該是有趣、愉快而有互動的，因為飲食是生活不可或缺的一環、也佔據生活很大的比例。

很快地，我運用在校所學，為我的家人與他們的朋友，烹飪美味料理，雖然我們所接受到的課程可能過於基礎，使我並未獲取到超出預期的收穫。當完成學業後，其他人投身餐飲領域持續磨練技能，我選擇踏上不同的路。我決定抱著科學家的試驗精神，深入探索、日復一日，用自學方式精進技巧；用行萬里之路開啟眼界。我真正將烹飪錨定於「冒險」為基礎，是在兒時玩伴邀我同遊美食之都 - 義大利之時。歐洲鐵路串連起義大利的風情萬種，鄉村、時尚、運河、歷史遺跡，每個城鎮各具特色；地方美食各具差異，全都深深令我著迷。下一站會發現什麼美食？光是想像就興奮萬千，那樣的期待與驚奇，對當時不到 20 出頭歲的我，心靈深處，留下料理探索的激情銘印。

許多品嘗過我料理的人，都能在我未宣揚的狀況下，用舌尖感受到旅行見聞。也許下篇文章，我將與您深入分享美食與旅行的聯繫。但此刻，我想與您分享新版的廚房內部營運規劃。

幾經更新，終於定下這個版本。最終版的調整，目的是讓所有人能參與、學習活動全程，從開始到結束；餐點製備與供餐方式，增進全面視野。比起將廚師侷限在特定領域，我更期待他們多元參與、訓練決策能力。我甚至使用學校課程表的方式，落出具體而明確的餐點準備以及額外的訓練時間。

廚房內部營運規劃

內部人數 / 種類	管理廚師 x 4	廚師助理 x 4	餐廳經理 x 1	服務人員 x 2-3
作業時間	星期二 廚師 8 位備料：3-4 小時內完成。 星期二準備星期三和星期四。 星期四準備星期五和星期六。 如此類推		星期三 - 星期日 供餐：分為儲備和供應組。 各 4 小時內準備完成。 供應準備今日所需要項目。	
開始時間	8:00 AM-12:00 PM		12:00 PM-22:00 PM	
菜　　單	菜單 A+ 菜單 B，每週輪流變換			
目　　標	FEUILLE NEXT 菜單：全部廚師都需學習、實作，內容涵蓋烹飪方法和備置程序。 進階項目：廚師需實作一道餐點設計，實際體驗 FEUILLE FOOD LAB 的精髓，獻給 FEUILLE 餐廳。			

重連斷片

The Missing Link

Jan 17th, 2018

距離上次回顧，再抬頭已是 1 月 17 日。從 2017 年過渡到 2018 年，我日以繼夜地埋頭進電腦、雙手來回遊走鍵盤、滿桌零散著手寫筆記。忘卻日月晨昏變化、天氣從降雪回暖成降雨又再次回到降雪，日復一日循環重複著，我翻著日曆一天一天；每個日期就隨著手翻一頁一頁飛逝這些稍縱即逝、記憶模糊的日子，卻為我留下具體清晰的文書進度。媒體宣傳的稿件、明信片、傳單都已有進展，有些甚至已經完成。看著龐雜的任務陸續完成，我充滿成就與興奮。只是，我到底是如何一個人走到現在？這疑問像水彩畫暈散開來。

縱然我努力追趕進度，但終點卻感覺更加遙遠。

基於這點，我知道應該招募一位外場經理來分攤工作，讓我能專注於更廚房規劃任務。但事與願違，我正身兼著經理的文書工作：制定培訓手冊、蒐集食品供應商、翻譯媒體傳播素材、規劃預訂系統、編列面試甄選問題、編輯方便在活動期間分享的小冊，以及製作廚房使用的出餐程序單，每個項目都缺一不可！我幾乎能想像 4 月之時，肯定會陷入兩三倍以上的繁忙，而且活動 5 月就要展開，一切全都迫在眉睫！

儘管這些文件已在編撰，但我們仍缺乏整體服務流程的基本架構。我需要預先建立一套管理流程，尤其在最初，工作人員還未能累積充足的經驗來調整步調，特別容易陷入失控與慌亂。通過設定項目檢核點，來稽控前台與後台的銜接機制，才能順暢而不中斷的將餐廳的服務流程對接起來。

除了機制外，心態上也尤其重要。服務不僅僅是為顧客送餐、倒水，服務應散發著友好親切、充滿善良與真摯的關懷，讓顧客來此用餐能充分放鬆心情，更為用餐者建立感性連結，彷彿團隊就是他們的好友，雙方締結相互尊重與滿足的服務需求。

服務是人與人的互動，感動服務全在細節。從交流中能判斷顧客的屬性，是喜歡熱鬧？或是更喜歡不受打擾？通過這些觀察，就能判斷後續的行動。優質的服務人員也應該紀錄細節，像是顧客是習慣使用左手或是右手，餐具的擺放也應隨機調整。最基本的諸如紀錄顧客點的是什麼類型的水，氣泡水或是礦泉水，如此，不論是由哪一位服務人員為顧客添水服務時，都不會發生這類不該出現的基本失誤。

我希望我的服務團隊，能接受妥善訓練並理解這層用心，更期望我未來的外場經理能承接我的願景、確實地掌控這些管理流程或加以優化。只是無奈，此時此刻收到的投遞履歷中，除了大量徵求廚房助理的職務外，並沒有太多人爭取這個職位。雖然我得在 1 月底前決定人選，但趕在 4 月來臨前，希望尋求出更好的解套。

重塑料理

Reinvention

Jan 19th, 2018

我的媒體編輯為了撰寫新聞稿需求，她向我提了一些疑問，我覺得有些問題十分有意義，想在此與大家分享。她曾問我：在我烹飪的餐點中使用了哪些新技術？或是這樣類型的餐點，對台灣而言具備哪些創新？

我想，「新」的定義相當主觀，要界定「新」其實區分了很多層次和因人而異的理解。廣義來說，「新」可以定調為我們從未見過的東西；但隨著個人的見聞差異，他眼中的新意，可能在您眼裡只勉強算是「復刻」。除了主觀經驗外，「新」的事物可能是對舊有事物的重新定位、對日常無所不在的事物重新塑造。架構在原有根基上，重塑新生。在這科技、技術日新月異的世界中，與過去相比，新的事物無所不在，但要符合本質上的「創新」則並不容易。或許更合適的問題應該是:「什麼程度的新，才能算是創新？」在這個領域中，我們可以很輕易在其他餐廳或網路上，參考不同的餐點設計靈感。當參考後觸發類似靈感，或觀察後加入一些個人元素的微調，就自稱為創新。但在某種程度上，如果我們只看成品，通過主觀的認知，確實對沒見過的人而言是「新的」。但是，如果身為廚師，想塑造有個人靈魂的餐點，便從網搜中瀏覽靈感，找到自己被吸引又從沒見過的餐點設計，隨後加以修改，聲稱為自己的新菜。我想這肯定是最糟糕的方式了！

我也曾犯過這種錯誤。如果烹飪有受到像學術委員會那般嚴格的監管，那麼我當初就是冒著抄襲風險，採用別人的創新融為己用，而沒有將成就與貢獻歸結給對方。儘管這類做法看似相當便利，但長遠來看，的確為自己帶來巨大的隱藏風險。由於模仿者並不真正理解創意的源頭從何而生？而持續採用輕鬆便捷的模仿，最終導致失去思考與表達自己的能力。盲目地追逐著別人的背影，自己卻成了永遠的落後者。新菜登場總是閃亮吸睛。但餐點背後的設計核心與本質更為重要！靈感是活泉，她是永恆、倍增、無窮盡的湧泉，但它卻時時刻刻都在流逝，因為靈感本身虛無飄渺，它不是任何實際或實體的物質。我所定義的創新，應源於靈感活泉，通過有如藝術創作般反覆琢磨的過程，最終化為實質的餐點設計。這個標準，才是我認為對這世界有帶來創新價值。

接收到靈感的下一步就是創造，讓靈感化成真實落地！

將靈感跨到真實，存在著看不見岸的鴻溝，在熟悉的想法間創新，仍然沒有脫離舒適圈，不完全算「創新」。而「創新」需要放下自己的「信或不信」的猜測，猜測這份靈感是否有變成現實的可能，因為恰恰是將「遙不可及」的靈感落地，才是真創新。憑藉靈感引我出發，可能獲得眾多版本各異的想法，這些想法初期可能遙不可及，但這恰是創新的關鍵所在。為了將原先遙不可及的想法化為現實，就需借助新技術與新知開啟嶄新視野。所以在某種程度上，創新與技術、知識是互補的必要存在。停留在溫哥華期間，我從這些項目中獲取了新料理的靈感，像是沙灘的沙堡、公園石椅、砍伐破壞的林木、製作失敗而完全坍塌的鹹塔在靈感中，我會再深入構思、挖掘，探索著如何將靈感與料理哲學緊密疊合，並運用現代技術互補，實現料理創作的過程。

那麼如何將靈感與料理哲學緊密疊合？我取一個森林場景出發，想像著自己漫步深山林徑間，要撿拾著坍倒樹幹的枯枝殘葉來生火。順著枝幹我發現了鳥巢，裡頭有蛋。您可以將蛋打碎，純粹享用蛋黃蛋白。但這樣既沒有趣味也無法飽腹。如果我將蛋打入木碗，也將蛋殼一併放入碗中呢？再把剛剛搜集來的枯枝殘葉，通通加到碗中？再用一顆大石將這些素材通通擊碎混合！現在這碗變得有趣而豐盛多了吧！它混入了不同口感和風味，還有眾多不同的素材。看起來很驚悚嗎？哎呀，唯一可惜的是，這些素材無法食用。不過，要是這些素材變成可食用的呢？！

我的靈感至此觸發新念頭，我想讓我的顧客品嘗到一份具有探險情境的料理。一如剛剛提到的，要包含蛋、破碎蛋殼、樹枝、樹葉、苔蘚，難題是如何使他們可以食用，推導出幾種可能性：
（1）探索可食用的植物部位
（2）通過特殊的烹飪方式，使他們可以食用
（3）開發食譜，以食物來仿製樹幹、樹枝、樹葉的形狀
（4）或者採取複合方式嘗試，將更加符合我的烹飪哲學

接著進行下一步研究，通過尋找或探索，確認是否有任何植物能吻合我的需求。現代的食品級添加劑以及技術設備，可能可以協助我實現這個目標。對於樹木枝幹的呈現方式也有幾種可能性。例如：我可以製作富含氣泡的慕斯，隨後使用「冷凍乾燥機」來轉化為酥脆的狀態，如此就可以被石塊敲碎，並與其他食材進行混合。但如果僅僅使用烘烤後的麵包來模仿酥脆樹枝，在石塊擊碎後，麵包纖維無法如我預期地與其他食材融合，它便不是我理想中的素材。

儘管創意可以異想天開、天馬行空，也可以注入美學與互動的手法來襯托餐點，但是不能忘記，創作的本質仍是飲食，飲食是肩負著為顧客傳遞美味的使命。自人類初始至今，我們始終離不開食物，早年我們祖輩們在沒有食品技術與添加物的加持下，仍以各種方式創作出許多千古流傳的經典佳餚。我們現代擁有的食品科技，各種技術，包含添加劑（增稠劑、乳化劑、緩衝劑等）、科學設備（離心機、旋轉蒸發機、真空烤箱），將美食創新推升至嶄新境界，賦予了味蕾經驗的全新可能，我們現在所處的時代充滿無限潛能，值得我們深入探索。最令人期盼的是，隨著科技進步，刷新著我們對食物原始風味的認知。許多食材天然帶有獨特卻敏感的芳香因子，往往在烹飪之後原有的芳香分子逸散全失，但現在終於有機會借重科學技術，將食材真實的原味進行保留，這是以前無法實現的技術。

只是大眾很容易將這些技術籠統歸為「分子料理」，但實際上人們對分子料理的認知多半陷入誤區。「分子料理」的定名不適當。根據定義：分子描述了由分子直接引起的關係或間接的因果關係，這比較適合在科學實驗室或分子物理學家的科學界中所發生、引用和討論的項目術語。乍聽彷彿廚師要盯著電子顯微鏡，諮詢分子物理學家進行學術往來，進而完成夢想中的食譜和餐點設計。雖然烹飪本質也屬化學變化（例如梅納反應），但「分子料理」的應用不僅僅呈現視覺衝擊（譬如乍看是胡蘿蔔的外型，但實際品嘗卻是其他風味），「分子料理」是技術更是一項工具，在工具背後蘊含更多的是廚師的創意、藝術與天賦，以及運用經驗選擇合適工具以呈現靈感的智慧。食品技術應用於生活方方面面、無所不在，看電影配的爆米花，或添加香料的洋芋片、牛軋糖上可食用的透明薄膜、炸魚塊沾的酸甜塔塔醬、約會前嚼食的口氣清新口香糖，以及不管您相不相信，用來滋潤乾眼的人工淚液，這些全都運用著食品科技。

自從加工食品出現以來，食品科技直接參與了加工與生產，例如香腸、乳製品、油醋汁、咖啡奶精和最常見的泡麵。直到近年，原先常見於加工廠或食物工廠的食品添加劑，已經廣泛普及到餐廳領域與家庭日常中。因此，加工食品與分子料理，本質上都是一種運用的工具。更重要的是站在工具後方的智慧，廚師的創意靈感與藝術想法的呈現，是無法以分子料理一言蔽之概括表述的，因為它當代的科技產物，一項新工具、一項協助廚師傳達、表達餐點靈感的一種新途徑。

從這樣的思考角度延伸，分子料理的精神其實存在於每道餐點的背後。當廚師將腦袋中的靈感與想法，實現於料理的創作過程中，通過大量地反覆摸索、試錯、實驗，從過往未見的技術與應用中，突破找出最合適的表達途徑、提取出最佳風味再結合各自的藝術天賦，層層自我探索、突破，最終從虛渺的靈感中，具體實現為具有風味與氛圍的真實料理。巧妙的應用這些食品科技，才是廚師在創作中自我突破的引導點，當創作者背後有這些努力，本質上才更貼近為分子創新的真諦。

尋覓小農植場

In Search of Produce Growers

Feb 23rd, 2018

隨著日子逐步逼近 4 月，緊張感與焦慮恐懼慢慢佔據我的心。

與尋找小農植場的未知相比，工作室籌備頂多「勞其體膚」顯得微不足道。我幾經思索，到底要如何才能找到一間與我需求匹配的小農？難處是這些點綴餐點的植株，通常不具備商業價值，更談何供需？譬如使用酢醬草裝飾餐點，生活環境能取得的量僅足夠一兩道菜使用。但要供應一整晚的餐廳餐點需求、甚至連續幾晚的供餐需求，則是更高層次的挑戰，除了量要足、還需兼顧質量安全穩定。何況這些植物往往被視為「雜草」，又如何期望農民栽種這類被視為不具商業價值的「雜草」呢？但這只是整份餐點的一小部分挑戰而已，更多的農產需求還在後頭。

太幸運了！通過網路搜尋，找到幾間可行性極高的植蔬農園。更興奮的是，從朋友轉介中，我得知另一家農場更可能是我不斷尋找的類型！

在前往農園洽詢前，我們已經多次前往花卉市場買植物，也造訪了兩次囡囡美雜貨採買瓷器和餐具，就是 A 小姐所屬的公司，還從烘焙用品店購買了眾多商品。這段時間任務緊鑼密鼓，我急切追趕進度，一天都無法稍稍停歇。趁這次下鄉尋訪農家，總算能紓緩一下連日來的緊繃壓力。

首間尋訪的農場，結識過程充滿巧合！A 小姐邀請熟識的朋友品嘗 FEUILLE 的餐點，並聊到了我們想取得有別傳統的食材有多麼困難。就這麼巧！她朋友的朋友就是一位農場主人，他運用電腦自動化來進行灌溉、培育出無可挑惕的祖傳番茄、冰花、香草植物和豐碩葡萄，真是太幸運了！

下鄉尋訪的那天，一停車，我禁錮已久的心瞬間衝破藩籬，向滿地廣陌的植被中尋求最溫柔的慰藉。我見花草有如久違老友，迫切的想分享心情，交換了關於日常瑣事的小抱怨。無奈植物們不搭理，扭著頭撇向太陽，享受著陽光浴，完全把我冷落一旁，一點都不影響我的心情！我雀躍的心就像 3 歲孩子，手舞足蹈地穿梭在農園、細細觀賞著這些植株。要是植物能說話，他們可能口耳相傳把我列上黑名單了，並奔相走告「是剪刀手 Tim ！那個變態的採花賊來了！」因為我總會摘下花朵和葉子，聞一聞她們的香氣甚至舔一下味道，在花園界的名聲應該不會太好。

兩隻臘腸犬激動地搖著尾巴、邁開腿，朝我們的方向奔跑來歡迎。兩個小傢伙的頭上還插著稻草混著乾草與樹葉，我一看就知道牠們才是這農場的主人，任何風吹草動都逃不過牠們注意。農場主人的主人走在後頭，好客的高舉著手招呼我們，我料想這將會是一段非常愉快的訪問之旅。

農場主人帶領我們走進他最引以為傲的溫室。第一站是當地的巨峰葡萄，質優、碩大多汁！主人表示距離成熟還有 1 個月，說完便指向上頭結實累累的葡萄藤架。當我們抬頭看著葡萄，下方兩隻公雞匆匆忙忙，來回猛啄著藤架下土地裡的小蟲，不停在進食填飽牠們飢餓的腸胃（雞胗）。主人或許是見我盯著雞入迷，進一步補充說明，農場主要採用環保自然的生態農法，雞群們可是防治害蟲的警察！隨後第二站來到一間較小的溫室，裡頭培育著可食用的植株，也包含他特別為日本餐廳栽種的嬌貴冰花。

我的注意被種植箱下方的東西所吸引，我立刻蹲下一看，竟是我朝思暮想的植物：一大片紅綠相間的酢醬草。主人對我的反應感到很吃驚，原來酢醬草可作為料理素材！他開玩笑說歡迎我來採摘，這樣就不用定期雇用除草機具了。接近尾聲時，我們來到一間庫房，裡頭有數個裝有澆灌系統供水的大型筒倉。在那裡能調製營養或藥劑混合物，為植物撒上養分或治療疾病。我靠近端詳，進一步發現他們採用魚菜共生系統，培育無毒安心菜。在我們深入交流後，我們發現即將前往的下間農場，恰好是他大學時期的朋友所經營的。

說過再見後，農場主人送我們一大堆蔬菜做為伴手禮。有花椰菜、幾束蔥、大得跟熱水瓶一樣的胡蘿蔔、還有與大瓶罐裝啤酒同樣尺寸的楊桃。我對他的感謝無以復加，希望未來能順利與他合作。

第二間參訪的農場位在埔里。這是一間專門種植季節植株的農場。他們展示了一些香草植物的樣品，正是我一直苦於尋找的植物類型。另一頭，蝴蝶點綴於鮮花之中，斑斕繽紛的色彩使我想起中世紀時法國皇宮的奢華派對，如此華麗盛大而紫醉金迷。鮮紅色澤的蝶衣華服，肯定能吸引眾多紳士名媛、男女老少都投以注目禮。我猜想，這些嬌嫩欲滴、含苞待放的鮮花，有如盛裝珍饈的法式杯子蛋糕，點綴上稀有的魚子醬做為開胃小菜，而甜美花液承裝的，是香檳或十五年以上的珍貴葡萄酒，這些滿滿的稀有珍饈、瓊漿玉露，對蝴蝶來說肯定是日日縱情飽餐的奢華宴饗。

莊園還有眾多品種的薰衣草、琉璃苣、金蓮花、茴香、洋甘菊、鼠尾草、各式品種的薄荷、薄荷、朱槿，其中不乏常見的迷迭香、百里香和羅勒。經營者是一對夫婦，他們同樣親切好客，莊園中間的建築物有陳列展示區，裡頭放著乾燥香草、蜂蜜、糖漿與進口草本茶。有趣的是它座落的位置，恰如其分吻合它的名字：「森林有塊田」。主人夫婦僅提供一般消費零售，能提供的服務已經公開揭示，我無法深入尋訪，所以沒有更多的互動，只能短暫相互勉勵後告別。

最後一家，排在最後並不表示它不重要。這是一間以自然有機著稱的傳奇農場！設立在山坡，幾乎看不到人工裝置，不同於商業種植的蔬菜農場，也沒有溫室、灌溉軟管或突兀的灑水頭。此時日正當中，朝山頂望去的確很容易判斷身處側邊山頭，所處位置陽光非常充足，這裡正是以自然放養的最佳地點。植株在自然環境下生長，與比鄰雜草相互競爭，不特意清除其他物種，挖幾個凹槽、撒入種子，便順其生長。要在自然混合種植的植株間尋找特定植物，保持雙眼敏銳正是不二法門。

農場主人也是由一對夫婦經營，丈夫負責執行農務、太太則管理訂單需求與裝運等後勤工作。我們討論了各種植蔬運用可能，包含我料理規劃中預計使用的植蔬、花卉清單，以及是否提供季節性供應。在溝通結束後，先生非常樂意為我們進行導覽。我們從礫石路上坡，右邊是優美養身的金蓮花，葉子與花朵有如手掌般大，外觀色澤深如祖母綠，一旁則是馬纓丹。他們將各式品種相互混養種植，繽紛多彩的樣貌，宛如照亮黑暗那一盞盞款式精緻、形狀各異的燈籠。

隨著我們逐步上坡，出現的一些物種已經超出我的知識領域。我僅認得遠處的樹上藏著台灣原生種胡椒，我們來到時它正開花。野玫瑰與庭園玫瑰一朵比一朵美艷動人，展現著鮮明的自信與優雅，彷彿是角逐后冠的佳麗，引我們情不自禁對她們品頭論足，非自願地成為選美的評委。她們的美，誘使我們脫口不停讚嘆，不知此時，受到我們褒獎的玫瑰，此時是否正在我們的身後舉杯歡慶呢！路徑的左側隱身在灌木叢低處的是祖傳番茄，鮮摘品嘗咬下多汁，味蕾還留著特有的鹹味。隨後我們得知這些鮮嫩欲滴的祖傳番茄是來自德國品種。

步行至頂點來到一座涼亭。角落邊有個特製土窯烤箱，一旁還堆放著它最天然的燃料：木材與樹枝。農主太太分享，有時他們會舉辦大型活動招待訪客，只要點燃土窯烤箱，無論什麼東西，只要能塞進去的都能放入窯烤，香味四溢廣受歡迎！我聽著分享心裡想著，我可能找到了可以合作的農場了，一口飲下熱情招待的冰鎮玫瑰花茶為今日探訪作結。在雙方誠摯告別後，一日小農植場巡禮也正式劃下句點。

不，還沒結束！

熱情好客的農主太太在我們坐上車關門前，不知道哪時偷偷準備了一大束的芝麻葉塞到我們腿上，好讓我們回去試作料理。更不用說這一路導覽，農主太太還摘了幾種香水檸檬，它們濃烈的香氣，讓我們經手摸過都殘留著芬芳的「香水」味，另外櫛瓜也是伴手禮之一。您能想像通過這次農場尋訪，我們這一天是多麼充實、充滿價值與欣喜。誰又能想到原來農場尋訪是這麼饒富趣味！現在我絲毫不感疲憊，滿心只想著如何將這些新鮮農產好好發揮、運用，將這些食材做絕佳的呈現！

餐飲實驗室就緒

Getting the Studio Ready

Mar 12th, 2018

此時心情既瑣碎繁忙又倉促。餐飲實驗室的裝修施工必須趕在活動前完成，緊湊的步調撥動我敏感神經，我放大檢視著還可再優化的工作任務。但是我們只有兩個人，除了施工後的清潔任務外，更要抓緊時間預先栽種供餐期間要使用的花卉植蔬，緊急重要的項目得優先處理。

我出國旅外期間對 FEUILLE FOOD LAB 疏於照護，缺乏滋潤的她像凋萎的玫瑰逐漸失去光澤。綠化的植物牆也覆蓋了一層黑灰，幾個月來應該無數次想要喝水，直到枯萎凋零最終還是渴死了；工作室的落地玻璃窗，從光明透亮轉為霧面朦朧，蒙霧之厚，不知情者一定會誤以為它原先就是霧玻璃。我已經很看膩裡頭的裝飾擺設，還規劃了許多全新的室內陳設，可以配合品嘗活動呈現出一致的佈置氛圍。

我們花費兩週時間投入工作室裝修，從牆面防水塗層施工、粉刷牆面、安裝燈具，到重新種植綠化植物牆。我們身兼數職，是畫家、園藝、工友、小農解決一切繁複問題。頂層櫥櫃的裝飾已完成更新，整個下午不斷微調餐桌與座位角度，一切必須盡善盡美。我們反覆被汗水浸濕、專注到廢寢忘食，從忙碌中逐漸耗盡能量，每每回過神時已氣虛無力。

我對重新裝潢工作室的初始規劃，原先包含了重新購置家具、咖啡桌、更新備餐桌、採購幾件大型室內植物為增添綠意、並裝置種植十棵歐洲白橡木柔和室內空間、佈置兩幅巨型藝術抽象畫作，可惜僅來得及實現原定計劃的 ⅓。通過增設白橡樹，空間更有森林氣息，線條感和色彩與先前大相逕庭。只是這項安裝竟花費長達 1 週時間，壓縮了其他項目的工作時程。當種植蕨類植物的耶殼編織掛籃一一懸吊後，空間的躍動感更加強烈，存在感極強的它們似乎在抗議著它們可不只是塑膠裝飾品唷！需要溫柔照顧才願意好好生長。雖然瑣務煩悶，但仍然當她們是需要溫柔照顧，才願意好好生長的生命體，耐心地撥弄擺放。我盤算著天花板還能追加些葡萄藤與乾燥花束，應該能完全轉變接待大廳的氛圍。位於大廳的石頭牆面也在我評估中，想增加乾燥苔蘚點綴，使色調黃綠交織點綴，更增多元與活潑感。桌面擺設預計運用樹枝、藤蔓、樹幹結合蕨類地衣交叉錯置，提升整體樸質木質調性。我想要盡力帶入「自然」元素，最好讓人忘了身處餐廳。我最初還期望著能再增加兩幅抽象畫作，以藝術加深引導客人感受自然，降低人造的氛圍。可惜我最後還是沒能完成這個規劃。

栽種食用植蔬與花卉也相當費時，從購置、運送、混土播種，到裝設 LED 燈具增加人工日照。首次嘗試更帶來一場災難，由於混土時內含蘑菇堆肥，而蘑菇又招引來一大群果蠅。牠們率眾之多怎麼都驅散不去，停留在廚房、餐廳、舉目所及的每個地方、各個角落。崩潰之外，也只能再費洪荒之力，一舉將全部土壤進行更新。終於，果蠅的侵擾，順利降至最低，因為這要再不行，我已經準備好，要聯絡除蟲公司了。

這項突發事件，再使進度陷入緊繃、時間步步緊逼，也許佈置還有可優化的空間，但時間的腳步已不斷催促我向前！工作室重新裝修最長只能耗費 2 週，唯有恪守進度才有可能如期開業。因此，迫於無奈我沒有選擇，不得不放棄部分完美的堅持，轉而投入下一階段的籌備趕路了。

甄選面試，第一天

The Interviews, Day One

Mar 18th, 2018

我們採用兩種平台進行招募，彌補平台的各自優缺。除了常見的 104 人力銀行外，搭配「獎金獵人」併行。期望透過「獎金獵人」的競賽特性，帶來更多合適人選。我們在平台放上「頂級餐飲人才養成徵選計畫」，讓參與者通過甄選簡章了解規則後，盡可能展現出對烹飪藝術異於常人的熱情。在報名注意事項中，我們進一步邀請：『請以「圖文並茂」地寫下您的學經歷及對料理的熱情，讓您的行動成為一顆種子』以及簡述『為何想加入甄選活動的原因』。當時，我們寄予厚望，熱情滿滿地期盼招募到優質夥伴！

結果，比失望還失望，失望透頂了大部分徵選者只填寫必要欄位，在說明的部分，幾乎沒有提供任何表述，資訊完全無法識別出他們的個人特點。不過仍有少數例外，有人非常詳盡表述他們想參與這個活動的動機，我才得以對他們有基本認識。另一個現象是，大多數從「獎金獵人」投遞的參與者，多半是沒有餐飲相關經驗，完全出於他們本身對飲食的熱情，進而被我們吸引。他們的概念是，通過短期參與後，或許能從此轉換跑道進入餐飲業。但是，我以從業者的角度望過去，現實的考量，勢必會戳破他們的美好夢想。由於 FEUILLE NEXT 是一場為期僅有 3 個月的快閃活動，烹飪所需的基本判斷與技能，根本難以在一兩個月內建構完成。

最初我列述了招聘職位的最低需求。我的想法很簡單，廚房需求兩職缺，一位廚房助理、另一位料理經驗豐富的廚師，由他帶領助理並肩負控管出餐質量規範。儘管稱為「助理」，應徵者仍需具備各種烹飪方法的必備知識，並且至少有兩年相關經歷。而「廚師」門檻相對更高，必須至少擁有 5 年廚房經驗、同時具備曾在國外餐廳廚房工作經驗尤佳。因為我即將展開，與台灣料理型態大相逕庭的做法。

A 小姐一直是坦率而直白的人。她表示，這麼高的申請門檻，估計求職人數會掛零。因此，我不得不調整我的期望值，也放寬了資格限制，我每天都懷抱著既期待又怕受傷害的心情，直到正式甄選面試的日子無可避免地到來！

自甄選訊息發布以來，申請信件如雪片般飛來。但這可不是好消息，因為幾乎全是應徵廚房助理職位，申請廚師者屈指可數；申請前台服務人員的更少，當下真不知如何是好無論如何，我們盡力在甄選當天，安排了 40 位前來面試的名單。

甄選面試需要兩天才能完成，所以將時間定在週末。每場面試進行時間 30 分鐘，隨後休息 15 分鐘。面試桌上只簡單擺著一杯水、一支筆，以及兩個用來放置備選人簡歷的空籃，一如我空蕩蕩沒有過多期待的心情一般，我調整了坐姿、扭動頭肩部，深吸了一口氣，準備展開這場不得不進行的面試甄選。

在初次見面時，準時不僅是一種美德、也是一種尊重他人的表述；它也是最簡單、最基本的個人禮儀，同時能為對方留下良好的第一印象。尤其一場面試會，耽誤的可不僅僅是一兩人的權益而已。來到會場的備選人，都是從第一輪書面中篩選通過者，實體面試是進一步展現個人魅力的第二道關卡！在我們面前展示出知識積累、個人特質與肯付出的努力。所以，我期盼能接收到對方能盡力展現出，為這場面試所做的準備，而不是簡答題式的隻字片語。

儘管已做最壞心理準備，但部分面試者的「狀況外」還是令我難以招架。有些人遲到，這尚在我意料之中。但有的記錯時間、有的沒有知會直接不出現。我也提一些官網上公開資訊的問題，有的回答接近我的期望，有的則牛頭不對馬嘴，連顯而易見的答案都回答不出來。但真正令人沮喪的是，竟然沒有一位面試者，能具體地指出我們的官網上有放什麼資訊。我認為，如果對方有加入我們的動機，難道不會產生好奇嗎？盡可能想挖掘我們的資訊、探究我們到底在做什麼？我自己的方式是習慣搜集很多資訊、理解與記憶，將我做足準備的一面向對方展示。這是我對自己負責，也向對方負責的一種態度。畢竟，我們不就是期望通過面試，讓自己的能力獲得肯定，而爭取到重要職務嗎？但最令人費解的是，他們並非是無法理解官網的內容，而是以為只靠稍微瀏覽我們的粉絲專頁便覺足矣，我甚至還聽到「找不到官網」這等荒謬的搪塞藉口。我不禁在腦海中想像，他們的手指例行性地在手機上飛快地刷著臉書，為了稍微好奇我們，不得不來到 FEUILLE 的臉書粉專停留可能不到 30 秒，因為看不懂我們在做什麼，而不得已只好讓手指放了片刻短暫的「無薪假」，又再次跳出繼續飛快刷屏。一想到這，我不禁有苦笑的衝動。

還有些備選人甚至沒有弄清楚，他們遞交履歷的對象是誰？當我進一步詳談到為期 3 個月的活動時，他們露出一臉疑惑和非常尷尬的神情，可能在心裡喊著「有嗎？有嗎？」，他們閃避著我的視線，窘迫地想尋找著第三方來給予他支持而肯定的回覆時，但在當下的空間中，卻只有我跟對方兩人而已，沒有其他人了。看著他們流露出尷尬驚恐的樣貌，這情節彷彿是小紅帽遇上了偽裝成祖母，躺在床上的大野狼一般。幸運的是，我不會吃人、也不是會騙人的大壞狼。如果要我分享一個化解這類尷尬的面試建議，只有簡短六字箴言：「提交前，先查閱！」。正如我前方這位 40 多歲的女士一般，她噴灑的香水量，濃烈到能瞬間殲滅一師的軍隊，但卻在面試應答時啞口無言，表現出幾乎聽不到聲音；也說不出話來的狀態。

已經整整一天過去，我的水杯補了又空、空了又補不知道幾回。備選人的簡歷殘酷地堆積在我旁邊的籃子裡。我看了看時間，已是下午 5 點半，在結束失望的一天之前，迎來最後一位面試者。

一位 40 多歲男子突然出現在樓梯間，我向他招手示意，他搖搖擺擺、步履蹣跚地向我而來。雖然臉部漲紅，行動也還算自如，他一屁股坐進我正前方的面試座位。當他用陰險的眼神四處打量餐廳四周、對整個工作室東張西望時，一股辛辣刺鼻的酒氣朝我猛烈地撲襲而來，僅僅交談幾句，他透露出的醉意微醺，甚至表現出極不友善的可疑意圖，使我急著想快速驅離這名醉漢，讓他遠離我的工作室！他繼續不斷以目光四處打量著我的工作室，邊說著他來這裡只是為了好好看看這個地方，我急著回覆：「哪有什麼好看的！」並激動著行使我的職權，快速確認這位絕不錄取，並請他離開。我請好友「專程護送」他離開大樓，並確保他沒有額外逗留。

我感覺這天肯定不會變得更好，也不會再有事能喚起我的喜悅了！他詭異的行徑將我的心情打至谷底，深陷低迷；他逼出我陰暗的憂慮。感覺還有更糟的事，尚未到來。我自問著：「FEUILLE NEXT 對我的意義到底是什麼？如果僅僅只是為了分享，分享我對餐點創作的靈感與理念熱忱，那麼 FEUILLE 是否值得這一切的付出與努力？」自從打定主意籌辦這場快閃活動，至今都還未發生任何激勵人心的事，取而代之，所有的麻煩瑣事、壓力大增、筋骨劇痛，挫敗、低迷、沮喪的波浪向我卷卷襲來、永無止境的待辦清單一層層淹沒了我，絲毫無法掙扎、也無法喘息。「我要怪只能怪我自己啊！」我對自己深切地感到厭惡與憎憤，空氣被我的陰鬱震攝。內心深處累積已久的壓力鬱悶、衝突質疑，有如蓄勢待發的火山，翻滾著豔紅泥漿，騰冒突沸著，一觸即發！

「門都鎖好，可以走了！」我突然心頭一驚，猛然向後方聲音處快速回頭，原來是我好友，我鬆了一口氣。他已經打點好一切，並背妥背包做好下班預備動作，而我卻還沒平撫心神，接著他語調快速而激動地問著：「晚餐要吃什麼？」。這個問題瞬間滲透軟化我心房，我從一頭憤怒野獸，恢復成飢餓凡人，吃飯是我一整天最興奮、最感到慰藉的事了！儘管今日稍有不快，但身體需要能量。在這個時刻，犒賞自己一頓豐盛的美食，讓食物的溫暖進入腸胃消化道，啟動能量循環供給我們的生命所需。對食物的渴望是源於自然的本性、原始的呼喚；美食招喚著我們投入全心全意體驗，暫忘一切煩憂，放下手頭繁忙，專注享用的一刻美好。就在此時，我再次理解美食珍饈和環境氛圍的重要，兩者結合能對個人健康產生正向促進的功效，這就是 FEUILLE 存在的意義！

儘管生活在一天之中總有許多插曲與混亂，人們仍可以簡單地坐下，專注、放鬆，走進一個精心準備的美食探險之旅。通過美食的舒壓與呵護，將不悅、煩惱暫拋腦後。如同此刻我已能平靜整理、回朔今天的躁鬱一般，情緒如風飄散。這樣的感觸，再次激起我想傳達給大眾的念頭，讓我為您烹飪；為您將食物有如魔法的治癒力，化為料理傳遞給您！

甄選面試，第二天

The Interviews, Day Two

Mar 19th, 2018

面試的第二天。早上醒來，雖然是新的一天但仍感覺憂慮煩悶，我不知道今天的面試還有什麼驚喜在等著我？今天的面試，是否能為 FEUILLE 帶來真正合適的人選？自籌備以來，我便學會不要過度期待。在篩選廚師人選時，甚至還沒有出現真正吻合我最初設下的資格對象。所以我只能放寬標準，從中挑選簡歷。但我也曾經說過，只要跟人有關係的，一定都會有驚喜意外！

許多備選人沒有做足面試的前置準備。如果將應徵面試比喻為一場展演知識與才華的個人爭霸賽；那麼履歷的重要性則相當於詳載著個人事蹟的百科全書。但即使如此，部分備選人所帶來的「個人百科全書」也相當令人失望諸如資訊缺乏更新、沒有採用合適的文書格式，甚至缺頁、或稍微翻閱就要支離破碎；履歷為整間工作室帶來四處飛散的灰塵，我們甚至得出動掃除用具從廊道到大廳，全都得整潔一番。

面試其實是一場神聖而嚴肅的儀式。它能揭露屬性，揭曉到底是鑽石或是黃金；它能使自我反思，我從何而來？我想去哪裡？我透過面試想獲得什麼？通過交流，它破開人與人的陌生隔界；它同時也是將陌生人轉化為朋友或家人的神奇樞紐。因此，無論應徵面試甚至與人約訪相談，更需慎重看待、尊重自己也尊重他人，最體面的方式仍是預先做足準備！

今天，面試第二天，我決定採取新策略！以最少的提問，專注於挖掘出這三項底層價值觀：

１、應徵者對此次活動的承諾貢獻意願程度

２、他們願意學習意念是否堅定

３、他們是否具備責任心

然而，我的提問未必能掌握真實答案，受試者多半能通過表達技巧通關。這也只是紙上談兵，無法保證訓練期之後還會留下；甚至能一同成就 FEUILLE NEXT。

昨天喝了一整天的白開水，今天我不喝冷水，改帶保溫瓶用溫水滋潤喉嚨；而且下午還有冰拿鐵可以陪我度過鬱悶的午後下半場，冰拿鐵是我在這兩天悲慘的面試過程中，少數能犒賞自己的慰藉。

我們很多應徵者都曾在義大利餐廳工作，有些人負責製作義大利麵；有些則負責披薩；有些人甚至曾在更偏鄉村的酒店工作，但儘管他們經歷的經歷定調為「義大利」餐廳，實際上餐點口味卻更偏在地，並非真正取自傳統義大利精髓。

我問了一道知識測試：義大利餐廳的本質是什麼？以及除了義大利麵，義大利燉飯和蔬菜湯通心粉，還有哪些其他義大利料理？我非常感慨，幾乎沒有人自己帶著疑問主動尋求過解答。其中一兩位候選人非常害羞，以一兩個字簡短回答；而另有一些人回答的非常有自信，幾乎達到有點傲慢的程度。在訪談間，我維持著非常挑剔、嚴厲而不苟言笑的無情姿態。特別是針對那些表現出利己主義以及態度傲慢的對象，我會投以一連串問題，在應答間測試出他們的自信是來自實力的自信，又或是單純出於狂妄的自信。只是今日，缺席的人比昨天還多。

從這兩天綜觀來看，在訪談之中，男性面試者的平均表現雖低於女性面試者水平，但這並不表示，男性在真實的廚房場景中也會同樣會表現不如女性。

即便我還希望能再徵募到更好、更優質的候選人，但這些面試者就是我當下所能選擇的。我苦想著如何從中挑選合適的對象，反覆翻閱他們的簡歷來回檢視，多天來看到眼睛酸澀、搔著頭舉棋不定，全身能搔撓的部位都抓了，仍然難下結論，最終我仍在艱難之中編制出一份8人名單，4 位經驗豐富的廚師與 4 位廚師助理。在不知不覺間，錄取者不僅清一色都是女性，更令我相當訝異的是，她們的身高相似、身形體重也相仿、穿著風格與談吐氣質都極為雷同，乍一看，彷彿她們就是彼此的複製人。我試圖保持積極正念。當時的我還不知道後續還有一顆待引爆的震撼彈，我此時確實需要累積足夠的正念與好運。

現在我們有了 4 位廚師，綜合經驗包括在國外酒店工作、義大利比薩小酒館、咖啡館、連鎖快餐店、當地美食餐廳與助理，但針對廚房經驗仍顯不足。對糕點製作的相關經驗與熱情，多半來自早餐店或早午餐咖啡館，體驗到的仍是基本的製作而已。

當下我正和 A 小姐在一間茶餐廳用餐，一面快速揮動著筷子、飢渴地嚥下食物以填飽飢腸轆轆的肚子，一面交流著我們的想法。無論喜歡與否，這就是現況的窘境，已無心思多想也沒有選擇餘地，我們不得不說服自己，就喜歡他們吧！

培訓日

Training Days

Mar 20th, 2018

在確定最終錄取人選後，我預計展開兩個階段的培訓規劃。任何通過決選的人只要有空，都能自由參加培訓課程。3 月的最後兩週開始甜點和餐後茶點的培訓，然後於 4 月 2 日起加入主餐與配菜製作。我另計劃帶每位工作同仁前往參訪農場，目的是讓每位彼此熟識、並認識我們將會使用的花卉與植蔬，在野外就地取材即興烹飪，為即將來臨的嚴肅培育，增添一些輕鬆的交流機會。

在培訓之前，我經常思考 FEUILLE FOOD LAB 應營造什麼氛圍與風格來實施培訓？

每位成員來自不同背景、擁有不同經歷與性格，要營造出一致的步調，我認為正式培訓應力求公正客觀、重視細節、嚴謹準確、恪守每日時程步調，養成塑造出尊重、紀律與效率確實的素質。FEUILLE FOOD LAB 的管理基礎，也以這些原則為依歸。為了讓工作人員更快進入緊湊步調，我使用計時器協助訓練。伴隨計時鈴聲警醒、以小時作間隔，演練著迅速確實的工作節奏。演練時不斷提醒同仁「烹飪步調抓準時間」這在後期極為重要，左右了出餐的節奏與整體安排。我訂定點心與餐後茶點，每個項目的準備製程不應超過 15 分鐘；而每 1 個小時單位內，應至少完成 3-4 個準備項目。通過演練持續加強對時間的敏銳度，並於嚴肅氣氛中我加大指令音量，塑造出權威與紀律的環境氣氛，這段過程對新兵訓練初期必然使人難以適應。

部分同仁缺乏廚房經驗，以致我以英文撰寫食譜使他們要進入狀況顯得更加艱鉅。我訂定每日 9 點準時開始，但我預先定義「開始」是指已完成前置動作，包含清潔雙手、紙筆都備妥、換上廚師服，可準時正式開始。在甜點訓練時有 4 名同仁參與儘管真正只有其中兩位會專門分屬甜點站。目的是如果在服務期間任何一方缺席，至少其他同仁能協助遞補，以免因突發狀況造成無法順利供應我規劃的所有甜點。訓練期間，我本職能做的，是盡力關照每一位參與學習訓練的同仁，並確認他們都有充分掌握與理解。儘管過程看似嚴苛，但實際上嚴格遵守時程表紀律是極度重要的認知。一但進入活動供餐階段，就毫無時間做額外培訓。同時我也在評估是否剔除無法跟上進度的同仁，以維持廚房整體的運行步調，所有嚴肅的紀律都是為了確保活動順利進行。

正式進入訓練第一週，表面看似風平浪靜，但一股不穩定的情緒正悄悄醞釀成形。作為主導者、一個權威加身的總舵主，我的職責必須引領團隊朝向預期方向前行，思考怎樣更精確、精準地執行製作這些料理，我拿高標準要求自己以身作則，也一直要求大家追求更好與極致，但這些要求標準仍舊只有我自己承擔。我很快發現，這層軍事化的嚴肅訓練氛圍，使大多同仁疲憊不堪、情緒大受影響，也畏懼直接跟我溝通協調。其中一位，我回想起來特別有幸能共事的夥伴，她參與 FEUILLE NEXT 的全程，但在最初的訓練期間便壓抑不住情緒而潰堤。崩潰，是源於她擔憂無法跟上進度，盡力想做好並成為團隊中有貢獻的人，能擁有這樣的成員，對我而言實屬受寵若驚！

訓練進展到後期，連月積累的疲憊與壓力漸漸顯現。儘管我知道我需要休息，但缺乏副手，我只能咬牙苦撐。兩週時間飛逝，我們至少達成從 4 份餐後茶點，以及 5 個甜點項目只完成 3 個，但在這個階段，同仁已能開始自轉運作，不過我認為除了再精進效率外，品質與精準度也仍有成長的空間，追求盡善盡美仍是我們的指導原則與努力追尋的方向。

農莊研討

Field Trip

Apr 1st, 2018

此次農莊研討交流是出自我先前閃現的想法：想帶每位同仁都體驗參觀我們曾去過位於山坡的晉福田有機香料農莊。現在難得輕鬆愜意的時光，後續將很快要展開繃緊神經的供餐培訓。直到展開刺激的分組交流時間！這是一個讓廚師們相互熟識的機會，我也有機會觀察他們的烹飪能力以及臨場協作狀態。我規劃來一場午餐野炊交流。在農場主人完成農場導引後，分組烹飪就從山頂那座土窯烤箱展開。

活動前我將成員分為兩人一組，並請他們預先構思研討菜色，各組會分配到各別不同的製作任務，有前菜小點、開胃菜、主菜與簡易甜點。

熱烈討論後迸發眾多靈感，他們最終決定推出的前菜是一口式點心：白色的小甜桃搭配胡桃，再點綴鳳梨鼠尾草、彩蔬沙拉、野菜三明治、還有鹹點羽衣甘藍與草香菇做成的可麗餅，以及蘇打餅乾點綴不同的花朵與糖漿作為甜點。分組當天廚師們可以即興創作，也可先完成部分前置準備。素材則由同仁們寫下所需項目，我為他們打理預備。採購途中，我靈機一動增加了「神秘黑箱」。神秘黑箱中會擺放著我從超市隨意購買到的食材，廚師們要等到活動當場揭曉，並以此素材隨機應變作為料理元素之一，交流研討將更添考驗與刺激！出發前，我們還準備了箱子要裝鹽罐、胡椒等基本調味品與廚具用品。出發當天，大夥興高采烈，沒有人發現調味料箱像個孤兒般被遺忘在電梯角落。我想像著要是這些大大小小的調味料瓶罐們如果有生命，肯定此起彼落地一直奮力呼喊鼓譟，直到最後聲嘶力竭，還是沒有人來解救它們！

出發當天，天空還下著小雨，我們乘坐出租巴士，由司機帶我們前往。路途中我思考著，說實話，我不確定這趟路每個人各懷著什麼想法？他們是否因為會認為這場戶外研討是一場技術考試？又或者因我的關注，讓他們想給我留下深刻印象而感到壓力倍增？我不知道，也無從得知。在我深思當中，回過神，車子已經駛入石礫混著泥土的狹窄停車位。我提醒大家帶上水瓶與個人物品，準備出發！同仁們從車裡魚貫而出，當我們抵達時，太陽已高掛在此歡迎我們。

一大片栽種整齊的羽衣甘藍和蒔蘿排成序列，陽光與水珠使他們熠熠發光。我興奮之情瞬間自然流露，如同一個小孩子向父母指認著各式認得的植蔬，我邊指認邊欣喜地詢問著是否有人也發現了他們。正當每個人都停駐朝我指的方向凝望時，我看向他們一字排開的團隊人數，我不禁心頭一震。此時，我深刻體認到，他們就是我的廚師團隊，而領導與激勵他們是我的職責。畢竟，我知道坊間眾多餐廳習慣於不斷更換員工，彷彿員工是可拋棄式的存在，但我不會這麼做，即便是招募來短期合作的廚師，即便是兼職員工，我仍不會將他們當作拋棄式的員工那般對待。他們是活生生充滿朝氣的個體，他們不僅懷抱著理想與願景，期盼在選擇投身的領域中獲得成就外，過程中也是修煉人生的課題。為了參與 FEUILLE NEXT，他們或許已經犧牲放棄了部分的自己，可能辭了工作或放棄了原先職場的積累。我甚至能感受到很多人對 FEUILLE 寄語高度厚望，並將他們自己在職業生涯中一生追尋的幻想憧憬移情至 FEUILLE 身上，把她視為一個虛擬世界的完美偶像，這種不切實的幻泡，已經使 FEUILLE 成為脆弱的移情替代品。

坦白說，我不知道該用什麼心態看待。因為在這階段，我能做的只有持續砥礪前行。雖然我幾乎百分之百肯定，在培訓期結束時，絕對將伴隨有廚師會提離開，畢竟過於美化的幻境總在經過現實沖刷洗禮後，將顯現出期望落差的衝突。

農場主人正等著我們到來。他們的小小二代正踩著三輪車不耐煩地繞圈圈，彷彿脾氣暴躁的主管正焦躁地等著遲到的員工一般。小孩就是小孩，才一望見我們抵達，他們就率先興奮前來迎接，熱情地奔跑到我們面前表達歡迎。

簡單寒暄後，農主率領我們這批探險隊出發。他詳細解說了途經的每種植物與香草，農主太太猶如聽著教授講課的學生忙著紀錄筆記。上回迎接我們的是金蓮花和馬纓丹，這回交接給黃槐、紫蝶花、金銀花、天人菊、秋海棠、臘梅輪流綻放美豔的花朵迎接我們，一路上還品嘗了現摘的脆甜燈籠果。

距離上回到訪，農場已經萬象更新。芝麻葉收割，露出的土壤正等著迎接新客人。野生大蒜剛播種，萌發的嫩芽像好奇寶寶探索著這世界。玫瑰不受歲月影響，一如繼往地優雅奔放。短短的路程，我來回巡視隊伍，又急急回頭領隊，一個轉身，我像個演說家環顧著觀眾，視線停駐在一個埋頭專注的身影，他的頭深深地埋入擺著各式花朵的筆記中，他也是我永遠信賴的好友。他在筆記上擺放著各式鮮花，細細觀察、描繪著花瓣葉片，直到紙張上也開出同一枝素描花朵，精心記錄著物種資訊，就像著專業的植物學家一樣。在我們完成農場巡禮後，就迎來分組烹飪的時刻了。

同仁將有 30 分鐘時間可依現地搜集烹飪用的香草植物。當他們正忙於 1 小時內需完成料理，我也不得閒，滿手炭灰正為土窯披薩烤箱生火！我原以為這任務輕鬆容易小菜一碟，殊不知沒有火種、也沒有斧頭能將大塊木頭劈成小塊。我手腳並用使出全身蠻力，咬牙切齒、滿身大汗卻只搞定了最低程度，不管怎樣，我還能夠分解長樹枝並放入木片幫烤箱生火，即便初始的火溫不高，但最終我還是用盡方法成功點燃。陣陣燒柴煙霧直燻著眼睛快睜不開，我邊與柴火奮戰著的同時，邊敏銳地躲避風向。烤箱爐灶的空氣流通設計有個缺陷，一但將炒鍋放上爐灶的開口處，下方原本劇烈燃燒的火勢，會立即因缺乏空氣對流而悶燒，我不得不再找東西塞著墊著，讓鍋子得已半懸著克服。烤箱的挑戰已弄得我灰頭土臉，終於告一段落，我快速前往各個站點，查看同仁們此時此刻的工作進展。

我猶如一隻禿鷹眼光如炬地緊盯著各組的動態，我看到鹹味薄餅的內餡是蘑菇搭配羽衣甘藍、小點是切片香橙，頂部擺放切丁番茄、切碎堅果。開胃菜是醃製甜桃搭配鳳梨鼠尾草的嬌嫩紅花，餐後點心是薄脆的蘇打餅乾點綴食用花朵淋上焦糖。我帶著湯匙當作武器，行使行政主廚的試菜特權，我在舌尖上細細辨識著調味與料理搭配香草的芬芳。

研討交流會來到尾聲要使用柴火爐時，我添了最大隻的木材，燃起炙熱的烤火。全員情緒來至激亢高點，隨著燒柴煙霧滾滾升起，大家有志一同擺著頭，向左閃、向右躲；雙手也沒停過，一面適時調整烤箱的火源及炒菜鍋的位置，起油鍋，將蘑菇和羽衣甘藍炒的恰到好處。時間逼近，我向大家宣佈烹飪請進入收尾階段，每個人瞬間加緊忙碌起來。15 分鐘後，戶外的臨時長桌展示出一道道令人垂涎欲滴的美味料理。在這露天自助餐的環境下，各類蒼蠅果蠅聞香而來，牠們不在我們邀請的對象之中，但卻最快速來到餐點面前，也最迫不及待想要品嘗料理。我趕緊讓兩組團隊介紹餐點設計，將創作靈感分享給感興趣的人。隨後通過一段禱告，對農主與農場表達了感激，感謝這美好的食材，並邀請每位同仁趕緊拿起餐具享用這些別具巧思的餐點。

當露天午餐落幕，每個人都參與整理、恢復清潔。隨後我們聚集每位夥伴環繞餐桌，輪流自我介紹。我感謝所有人熱情參與，並給予稱讚與鼓勵今天分享的創意非常精彩！也趁此機會更深入介紹了 FEUILLE FOOD LAB 的烹飪理念與餐點設計。最後，真心祈願著每個人在之後的日子中能和樂相處、互助幫忙並減少摩擦。

在歸途的車程中，我突然接到第一份來自新聘員工的辭職需求。我不知道應做何感想，只是心裡早就隱約有預感這事會發生。我尊重同仁的坦白與決定，公開向她告別，並感謝她過去兩週的努力。我不覺得我需要再多費唇舌，也沒有必要特意慰留。表面上 FEUILLE NEXT 如同一般餐廳供應著餐點，但她最核心的本質是關於「探索」，在過程中探索自己，每個人都會探索出屬於自己的突破與體悟，不僅我個人是如此，每一位參與其中的同仁亦是如此。

層層難關

The Unexpected Blows

May 3rd, 2018

正式培訓的首日，全員按時到齊。配發廚師外套與毛巾後，每人輪流進行手部清潔。廚師團隊主要分為三群：兩位廚師負責小點心；另外三位負責開胃菜和主菜；還有兩位負責甜點。最後的餐後茶點單獨由一位廚師負責。我計畫採輪調方式，降低廚師們重複的無趣感，同時激起互動，無論是優化備餐效率或是研製新菜色靈感，都將能更深協調與討論。

頭兩天異常繁忙，我一人兼顧多組進度。首先，我讓小組測量食譜所需的成分用量，接著進入各個組別，展示餐點的製程並細細講解步驟。當下忙碌的程度勝過先前，手腳往復的步伐與忙得滿頭大汗的狀態未曾停過，此時的我像開了多工運作的電腦！這組示範解說，同時密切留意其他組進展；有時不得不中斷去另一頭糾正錯誤，又迅速折返回來接著示範，整天中的每小時每分鐘，我的身影都有如來回穿梭於各組間的蜜蜂，從白天到黑夜未曾停歇。

前一日示範餐點製作備料，今日傳授餐點組裝技巧。組裝後料理完整的樣貌終於具體呈現，成員親嚐品味後，便輪他們實操演練！我職責改為從旁監督操作，並適時給予協助解決問題。連日密切的培訓課程互動，各組的成員間，已經產生私下不滿的情緒，與一觸即發的緊張氣氛。一位同仁向我投訴另一名同事對她不尊重，大呼小叫甚至對她完全忽視。我的立場應秉持公正客觀，而團隊實質也需互相照應、幫助彼此。凡事一體兩面，深入確認後再做定奪。

經過調查，被投訴的同仁表達，她認為對她個人的組別分派不合適，她提出能加強效率分配的建議。隨後在我的觀察中，的確發現她更適合獨立作業！是我的疏失才間接導致這場衝突。我由此體悟，領導力不是光閱讀就能習得，而是實戰中永續精進的技能。我從與她們相處間學到很多東西，後來我漸漸意識到，管理廚房不僅是關注烹飪，兼顧員工的滿足和喜悅，才能推動高效的執行。

培訓進行幾天後，其中一位廚師因家庭因素不得不退出。由於培訓期間有限，任何同仁的缺席、離職，都將嚴重衝突我們的進度。我隨即對空缺進行徵補，先行聯繫之前面試的備取者，但因臨時聯繫缺乏預先通知，能募集到的人數極其有限。其中一位雖答覆可以，但我起先是反對，我對她能持續工作幾天在心頭打了問號。無奈時間迫在眉睫只能先錄用，最後事實證明，果然在 1 週內離職，印證了我最初的疑慮。

4 月雖指定為培訓月，但實際只有兩週半。其餘時間已安排宣傳推廣，屆時將有部落客和記者前來體驗餐點，率先感受一場餐桌上的森林探險之旅。

就在此時，其他組別紛擾不休，該組的廚師抱怨她得帶兩位沒有經驗的助理，特別是其中一位不接受建議與糾正指導。有趣的是，這件事沒有直接反映給我，而是向A小姐訴苦。雖然，我不確定這種情況下，第一時間我會如何反應？但我也未曾接過第一手資訊。連續幾個晚上，A小姐深夜來電，告知我廚房同仁的大小困難與心情煩擾。每每電話一響，我下意識摒住呼吸，建立最壞心裡準備，因為不知道這通電話又將會接收到什麼樣的未爆彈！

廚房緊張局勢日勢升溫，暗潮洶湧有如即將沸騰的滾水，一觸即發！當日，A小姐與我立即決定終止廚房動作，聚精會神調解每位同仁的摩擦。為緩和氣氛，我遠離廚房到樓上的座位區，與她們各別懇談。我試圖顧及每一位員工的方方面面；聽取多方意見回應他們的願望與訴求。我做了最大幅調整，異動了組別中的成員。針對其中一位助理，我曾多次協調她與廚師間的衝突，也質疑過為何她不願聽從建議？但一意孤行的她，堅持自己在其他廚房的經驗，從來沒有問題，於是不接受改善！為此，我提醒她，如後續仍沒有改善，可能採取不適任勸退。隔天，她便不告而別。

我們為她的空缺又補了一員。新人無法適應廚房節奏，獨立作業時，瞬間陷入停滯手足無措。經歷三日廚房工作後，一樣選擇退出離開。點心組這邊也缺助手，增補的新人在我糾正她廚房節奏與工作態度時，也選擇不告而別。

我的腦海浮現日本電視劇，故事背景是一家餐館：劇中的廚師也面臨時間窘迫的時刻、遭遇層出不窮的問題疲於奔命。作為觀眾可能迫切欲知下集分曉？但這次，我不是一個等劇放映的觀眾，而是戲裡廚師的現實真人版如同戲劇鋪陳，隨著故事進展衝突即將越演越烈？還是峰迴路轉？故事在此埋下伏筆，即將達到震撼高潮。

有人說，舉凡從微妙情勢或緊張局勢中取得逆轉勝，將會迎來持久的喜悅與成就，如以外交的角度，那便可能順利擴張了邦交或是造成斷交，甚至瞬間毀掉整個國家。只是此刻的逆轉，當真開展之後的一帆順遂？親愛的讀者，您能領會要成就一件陶藝珍寶時，前置必須集結珍稀素材，調配中也要謹慎施加比例，任何環節都不可輕忽大意，若誤將材料以錯誤的比例混合燒製，不僅材料付之一炬，連帶陶藝珍寶也永遠失去面世機會無可逆轉！

FEUILLE NEXT 的實現過程，就宛如打造一件精緻的陶藝，她做工嚴謹細緻卻極其脆弱，然而中間商卻對她的深層價值不感興趣。如果當時我沒有加以理解成員的需求，那麼今日便可能將 FEUILLE NEXT 付之一炬。在這場棘手的協調中，幾經溝通聆聽，滿足需求、協調改善，終於揮開陰霾，每個人都釋放了心頭重擔；紓解眉頭擔憂。離開面談後，她們腳步輕盈情緒輕鬆，甚至帶著微笑。但，在她們微笑離開後，留我獨自沈思，我並沒有感到絲毫的成就與喜悅，只有疑惑對於 FEUILLE 我不知道我是否損傷了她？突破了她？還是這僅是一種補救措施？我的思緒處於混亂之中，心中滿懷隱憂大過慶幸。

又過了 1 週半，新組建的小組似乎相處融洽。在團隊的歡笑聲中，成員似乎融合得很好，共同協作，形成團隊默契相互幫忙。而重複訓練也迎來回報，大幅提升了口味的精確度與技巧的準確性。記者和部落客依約訂的日期前來，服務順利展開，一切如此協調；氣氛明亮且輕快，廚房運轉的齒輪，從未像現在一樣悠揚流暢地轉動著。

若能組成一支通情達理成熟互助的團隊，我相信我們能夠齊力斷金，一起成就恢宏而偉大的事物。但相反的，這些年輕廚師放大眼前無關緊要的瑣事，越演越烈開始口頭相互較勁。但我想，或許真正的問題出在她們對 FEUILLE 投以不切實際幻想，真實場景與美夢破滅的不安，反映在情緒波動，逐漸走向最後的結局。

當時的我還不知道，這個「結局」會有多麼壯烈！

某日午後，負責主餐的主廚直接來找我，表明了她對甜點團隊效率低落的不滿。但在我來不及開口前，她已當場提出辭職。此時氣氛就像在黑暗中的蠟燭，一個個接連燃起了「團結」的燭光，她們小組間的成員紛紛以相挺之姿，站上同一陣線，連同另一位廚師也以具體行動響應，大家在同時間一起提出離職。

距離這場驚愕發生後一天、距離活動正式開幕剩兩天！我接連失去兩位重要的廚師，在時間敏感的一刻，我仍在急尋應變處理。此時，來自主餐團隊的最後一位成員，來到我面前，為焦頭爛額的我再爆一顆震撼彈。她以膝蓋舊傷為由，無法繼續任職。

這場風雲變色幾乎是瞬間發生，沒有任何預告、沒有任何心理準備。整整 1 個月的培育、進入開幕前的緊張時刻，我一瞬間失去了負責開胃菜和主餐的所有廚師。而命運的考驗似乎還不願放過我，緊接著再來一個落井下石。連我最信賴的老朋友，也在當天就直接告知我，因他的父親疾病住院需要照顧，他也不得不立即退出。一瞬間，突如其來沒有預期，都離我而去。

原先整整 8 個人的廚師團隊，散發著自信風采、懷著遠大抱負，幾英里外都能聽見我們的活潑與歡笑，時至今日，廚房僅剩荒涼與沉寂。剩下的兩名成員，加上一位暫時編列為廚房支援的前台服務人員，連同我自己，總成員數幾乎不到最初的一半。

我們站在極限的臨界邊緣，現況已用不著額外評估是否繼續了，現實以殘酷、直接的手了斷我們的念想。沒有人可以烹飪料理，我預先向剩餘的員工表白最壞狀況是：可能會無法繼續。在掙扎當下，我們想到最終是以「不放棄」做為自我激勵，只要一息尚存，就努力到最後一刻，策略就是「行動」！A 小姐和我，緊急動用了所有資源，在開幕前的剩餘日子，盡力完成一場招聘面試，試圖彌補人力缺口。我運用休息時間與零碎時段，盡可能預先準備食譜中必要的項目，以確保快閃活動供餐能順利進行。從黎明、黃昏、大夜班，我決定全心全意投身在工作室中，必要時也在工作室過夜。「永不放棄」正一點一滴蠶食、消磨我殘剩的精力，直到我再也撐不下去為止。

那時，除了奮戰於工作室，我一天得騰出時間面試 6-7 位應徵者。一些人承諾履職，但他們實際以缺席不言而喻。我身心俱疲即將透支，心裡暗自允諾著：「無論是誰，只要他來留下來、與我患難與共，他都將成為與我共進退的廚師！」前幾天我面試了一位廚師，他向我展現出支持與承諾。我暗自想著：「或許他將能成為對我即刻救援的人？」在面試交談中，他展現對知識炙熱渴求的眼神似乎能透出火花，搭配恰到好處的信心與勇氣，我相信他的特質能克服難度極高的任務，展現超出他自己能力預期的一面。

FEUILLE NEXT 終於在這天揭開序幕，正式登場。

前一天我埋頭忙著預備開幕當晚的備餐工作，一刻都沒有閒下，緊張擔憂的思緒，完全沒機會爬來佔據我的腦海。我與其餘的三名夥伴都深深專注著，他們的努力最後都不一定能獲取回報，當時我們全都不假思索地，投身於一個不見明朗的方向而努力著，過去一個月積累的所有學習和辛勞都是為了明天活動正式展開。

新廚師參與輪班的第 1 天，正是我們的開幕日當天。但，一早他沒有出現。

致電聯繫時，發現他記錯輪班時間，但仍傳達出非常想把握這機會的意圖。1 個小時後，他出現了。由於他是後期加入，幾乎沒有參與過我們的流程，雖然不熟悉，但他試圖跟上進度、勤做筆記，集中精力像海綿般快速吸收學習。

我原先擔憂活動首日會是一場災難，擔憂著出餐時機和效率掌握。一般同級餐廳需求人數大約8-10人，我們僅有最緊繃的人力。但幸運的是，過程中相互幫忙將能力覆蓋最大化，無論誰一有空閒，便立即參與協助其他同事，輪流碗盤清潔、覆熱醬汁並組裝菜餚。雖然手忙腳亂，但整體亂中有序沒有失控。廚房不見杯盤狼藉、沒有積累一堆待洗的髒盤，更沒有遺漏組裝就出餐的項目，相當出乎我的意料。

參與的成員都知道我們面臨的窘境，是危機意識凝聚了彼此，克服險阻發揮效率。作為一個團隊，我們是生命共同體，是左右手腳。當雙腳打結相絆時，雙手也會立即作出支援，讓我們的軀體能保持平衡。手腳間的擺動協調流暢，彼此相互支援發揮互補，即使前方遇到障礙、險阻，也會手腳並用，共同開啟一條持續向前的路。

儘管我們只有 5 個人，但任務總數與人力調配的比例覆蓋合宜，我們有很好的完成度。限制預約用餐人數，也對整體的可控性起了極大幫助。回顧一下，留下的同仁之所以留下，是因為我們具體知道 FEUILLE 能夠帶給我們什麼確定性！那是一份我們不斷通過探索、追尋，間接尋獲了我們想要的方向與感覺，而這些細節與過程，都只在我們全心投入、奮力不懈地將自己全然奉獻給 FEUILLE，彼此不分你我凝聚成一個團隊時，才能具體獲得收穫及感悟。如同自然界的棲地與物種間，存在相互依存的關係，在此，我們的生活也與 FEUILLE交織成，相容與共的生命共同體。

激勵本心

The Heart to Press On

May 27th, 2018

活動開始前的各項衝擊、難關考驗，毫無喘息的空間下我已精力耗竭。快閃活動期間是上午備料、晚上出餐，我還肩負凌晨採買食材的責任，無疑對身體累積了極大耗損。除了身體疲憊外，對前台服務我也頗有微詞，身心俱疲。我原有規劃，通過例行會議，優化我們服務質量，但僅僅是廚房備餐工作已完全將我淹沒。前台服務由兩位同仁負責，實際上，我們擁有兩層用餐空間，一般至少需要三名服務人員方便輪替。在任何時候，每層都至少有一名服務人員，隨時服務顧客，同時必須給予顧客高於期待的細心體察和溫柔關懷。我們非常期待有服務熱忱的夥伴可以加入我們。

在 FEUILLE NEXT 籌備期間，為建立服務人員的培訓，我有編寫詳細的服務手冊。它像書卷一樣，具備各種章節，長達 100 頁，精心記載服務流程，以及日常狀況的應對技巧。可惜的是，我尚未有機會帶服務人員實際閱覽手冊。

在事前規劃和展望中，我深知 FEUILLE NEXT 潛藏著巨大可能性！初期能招募到的服務人員，還未累積充足的經驗與知識量體。唯有服務質量與餐點價值都維持高標準，FEUILLE NEXT 的顧客才能獲得完整而美好的餐飲體驗。餐飲不是獨立存在於菜色的呈現，氛圍與服務均為餐飲體驗的共體之間。在初次快閃活動的運行中，我看著諸多錯誤不應出現、諸多項目還能改善，那種急切的心，彷彿身體麻醉進入名為「忙碌」的癱瘓之中。我睜大眼睛目睹著一切，與我期望相左的危機正在發生。痛苦的是，我並非不知道如何改善，事實上，我腦海已有理想的服務典型。然而在當下，我卻眼睜睜看著一把名為「現實」的手術刀，劃開皮肉、刺入骨髓，我動彈不得，只能默默忍受一些瑣碎錯誤持續發生。

活動的第 1 個月後，我的無力感達到極限，深受挫敗，並向 A 小姐表示：「趁整個活動還沒全盤失控前，就把活動終止吧！」當我吐露這句後，我的挫折與怨念瞬間化成低氣壓瀰漫在空氣中，A 小姐只是靜靜地傾聽。這是我第一次從她身上感受到，直入內心的同情傾聽，她流露著感同身受，一種既矛盾又不甘心的邏輯。關於 A 小姐，我前面的篇幅中，曾以酒精狂熱份子、擁有熱愛旅行與美食靈魂、以及個性活潑外向來簡單描述她，實際上她具備著嚴格、公正，兼容著理性與堅定的特質，這是過去的我未曾看過的。A 小姐在決策上的屬性，通常會採取便利快捷，能快速看見成效的任務，而非需要時間處理的深度複雜問題。但這不表示她無法處理深度複雜的項目，而是她傾向選擇採取風險程度較低、但可預見成效的決策。然而，當她真正下定決心時，她不但不會輕易反悔，還展現出全然地堅定、承諾奉獻的精神。

因為這刻，只要活動終止，便不會再產生這些繁雜瑣事了，但她卻沒有盲目認同我，反之，她打破靜默傾聽，並且進一步闡述必須繼續的合理原因。她提醒我，所有的籌備、一切的努力就為等待這一天！我們已經為了 FEUILLE 投入巨大的精力與資源，FEUILLE 正在啟動、正在轉動她最初的齒輪，FEUILLE 正在逐步形成品牌生命。「這不就是我們一直努力的原因跟目的嗎？」A 小姐說道。不僅如此，我們難道要虧欠那些給予肯定，而前來預約品嘗的顧客？為了想體驗美食探險，專程節省出一些預算來品嘗人生中的大餐？更不用說有些人專程預約是為了慶祝生日、結婚紀念日等重大節日，將人生中的大日子交付於 FEUILLE 期待創造美好回憶的一餐。尤其是一生中難得幾回「隆重大餐」？顧客把這樣機會獻給我們，我們榮幸之餘，肩負著顧客期望，更要完成使命！

此時的 FEUILLE 不再只關乎我自己封閉的思想，思考著如何回覆取消預約、或如何默默地關閉次月預約系統。FEUILLE 已成為我們神聖的職責，對顧客的承諾猶如信仰的信條，毫不拖延、沒有藉口；只能履行、不能妥協。基於她的正面闡述，基於 A 小姐的正面闡述，儘管她一面擔憂著我身體狀況會超出負荷，而深陷自我掙扎中，但仍然提出了想法。活動期間，我在清晨採買到半夜才收工，她能看見我日漸消瘦的身影，空有人形卻魂不附體，缺乏生氣，蠟燭多頭燒的境況，讓我的臉頰凹陷像殭屍；眼凹深陷如骷髏。我忙碌於餐廳中的身影，多半猶如行走的「風中殘燭」。我的疲憊，除了來自現實面的繁忙，還有源於我對烹飪的堅持、對服務的期待，以及我出自內心對 FEUILLE 有很高的期望，我因為知道她蘊含巨大可能性尚未體現，我並不甘心！但現在的我，已然透支到，連發出任何一個細微的聲音，都感覺耗竭生命的全力了！

但我真切地認同她的意見！我必須砥礪前行！

儘管鞭策我砥礪前行的，不是腦袋通過一頭棒喝而做出的決定，更不是像在待辦清單，拿筆隨意打個勾就能完成的。而是伴隨著更多的堅定承諾，與更大的意念堅持！這個決定不是為了挑戰我們的意志或強迫自己履行義務，而是如同鍛鍊肌力一般，幾乎違反人性地，將這些痛苦的美，融入我們的身體，直到這些對「正確價值的堅持」成了一種養分；滋養了我們的起心，合成一個本質，成為我們主動選擇的一種生活方式。

「痛苦會過去，美會留下來」學會愛上這種痛感！因為靈感幻化為美食、滿懷喜悅地烹飪料理、擺盤上桌，這樣的服務的樂趣，是來自顧客交付給我們的信任，這是神聖榮耀又受寵若驚的一刻。然後， FEUILLE 就不再只是關於悲傷、抱怨，甚至得說服自己去面對每個明天要工作的故事。而是化為我們心底那份幸福與承諾，讓我們發自內心意識到，還有個明天！明天又能為顧客端上誠摯服務。

決定砥礪前行的下一步，是釐清如何在 1 週連續營運 5 天，又能兼顧減輕我的身體負荷。為了平衡收入也帶來顧客更深入的體驗，我們抽取兩個服務日進行烹飪課程，後續的幾週也會酌量減少服務天數，使自己身體逐漸恢復、補充能量進行工作準備。前進方向已明確清晰！我拿出全神貫注繼續出發，每一天都動員全身細胞、擁抱全部力量，迎接來自顧客肯定我們的神聖榮耀，用我們的餐點作為展演藝術、餐桌就是我們的舞台；帶您們走進森林、探險料理的奇幻境界！

載愛飛翔

Love, Hustle, Hug, Fare Well, Regards, and Goodbye

如何定義個人成長？ 什麼樣的愛包容了陌生人如同家人？ 通過友誼的握手或擁抱，能衡量出彼此連結的深度嗎？今天，我似乎一瞬間明瞭這一切。

一段走出舒適區的漫長旅程，為我帶來關鍵的解密金鑰！

我與一位好友，儘管多年來經常提及彼此，但卻沒有機會與她的家人更深入的往來，當然，我更未曾體驗過融入朋友的家人間，宛如一份子般的存在。要從哪裡開始講述呢？像童話故事的開頭：「在很久很久以前，德國法蘭克福，一個潮濕、寒冷的週五的夜晚，」

這一天，沒有經過預先的規劃，任由命運隨機安排。驀然凝望，此時的我，正搭乘著慕尼黑的地鐵，前往會見我朋友非常敬愛的阿姨的路途中。

長途旅程些微疲憊，我盡可能打起精神、整理自己的儀容。我照著地址尋索著房屋，來到目的地後輕輕地按下門鈴。還沒有回應，當我再次確認是否按對門鈴時，門喀噠一聲開了。推開巨大又沈重的木門，我沒有懷抱太多期待或思考進門後會有人在迎接著我。映入眼簾是中庭的一段樓梯，循著扶手杆往上望，還在猶豫是哪間房，突然出現一張熟悉的臉龐，化解了我的疑惑，心情瞬間踏實安心！今晚一定是值得紀念的驚喜之夜，也是我在旅行最後幾天難以忘懷的暖心插曲。

我和阿姨初次見面就一見如故！德國下酒菜也是百聞不如一見，拿出了德國黑啤酒，還有惡名昭彰的罪惡美食：德國蝴蝶脆餅配上非常好吃的奶油起士沾醬。相談甚歡隨著時光飛逝，我們從公寓聊到戶外，再凝神已坐在公共空間的桌子中間，正值德國慕尼黑桃塢冬季嘉年華的時節，身邊簇擁著都是與我們相同，來此歡慶的當地人與遊客。我受邀拜訪她的公公婆婆，他們住在一個溫馨可愛的房子，有農場還有小河流經他們的後院。

沉浸在一種非自己的文化之中，我們的胸前卻沒有護身鎧甲般的相機，拍拍照到此一遊的旅客，無需深涉文化，可以無負擔的揮袖遠走。但身為異鄉遊子的我們，在失去相機當屏障後，顯得很脆弱赤裸，我們就像在遠洋他鄉漂流的一小片浮萍。朋友的阿姨在德國長居 10 年之久，儘管德語非常流暢，融入了語言卻未能融入文化。即便我和阿姨原先幾乎不認識彼此，卻能很快產生共鳴。因為我們的成長背景相似，都為異鄉遊子、文化孤兒，只是不同國家而已。我們試圖將自己融入兩種文化的聯繫之中，介於文化的尷尬中間人，這兩邊既不算我們歸屬的文化母體，我們即使因居住的時間長了、積累了知識，但也始終未能完全將自己同化。儘管阿姨和我的年齡、背景有所差異，但她接納我並親近如家人，我感激之餘也受寵若驚。

我們最後還參觀了修道院的阿默湖，享用了豐盛午餐，包括沙拉土豆、德國豬腳與琥珀啤酒。這段期間中，她懷念起她的姪女，我們多數的人童年都擁有父母照顧與指導，但她姪女沒有，童年相當艱難，不過如今卻自己當了老闆。阿姨計畫要在祖父母家烤蛋糕，我們在當地超市購買食材，混合麵糊，35 分鐘後，空氣中瀰漫著烤杏仁、奶油和蜂蜜的香氣。阿姨立即想起她姪女，即為我的好友，阿姨請託我將這手工製作的溫情蛋糕帶到她姪女手中。在我寫作的此時，她姪女與我們的距離橫越了歐亞大陸，4 天後我將會踏上與她姪女所在的同一塊土地。

只有在身處他鄉時，我們會特別有感於溫情的付出，依靠著看不見的情感線，跨越距離，將家庭的情感凝聚一起。如果您也相信說出口的言語，對我們的靈魂是有重量的！那麼阿姨在想起她姪女的那刻，將想念與豐沛的愛灌注在烘焙蛋糕中，並誠摯委託我交付給她。也許這就是空氣中瀰漫的不只是蛋糕本身那蜂蜜、杏仁與奶油的香氣，還多覆蓋了一層濃郁芬芳的原因了。我意識到這點，接下了這神聖使命，小心翼翼地將傳遞著親情的蛋糕謹慎包裝、悉心呵護。我決心履行承諾，再一次，我們見證到食物背負的使命，不僅僅是我們認為理所當然的食物，它是一只工藝極致的寶盒，裝載著心意、價值、力量，更涵蓋著情感。它是一種聯繫，超越距離的限制、聚集我們感官與情感的體驗。

很快地，迎來告別的時刻，天空很久不見太陽了，雪花開始傾瀉而出。我們以友誼的擁抱道別，但我內心已深陷道別的感傷與低落。在相處過程中，我深切感受到這個家庭的溫暖，他們待我為家庭的一員。旅居他鄉的現實生活，帶給他們一些無法解決的挑戰，我內心隱隱能感受到這樣的無奈與痛苦。從昨晚遇見他們起不到兩天，但已讓我感到非常親近與靠近，彷彿久未相見的家人。他們令我想起了我最摯愛但已經離世的母親，我想起了母親如何用愛，將家人的情感，跨越距離緊緊串連一起。

自我展開越來越多單飛旅程後，我感覺自己明顯成長。孤獨的旅程為我帶來敬畏與激勵的啟發。我全心全意領悟到，要以不同的視野、更深入的洞察角度，將我的烹飪理念、哲學，淬煉靈感奉獻為佳餚，為您呈現。

與我同行

Everyone of FEUILLE NEXT

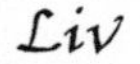

Queena

Sky

Sunny

Ron

Arin

我想要勇敢追夢，並依照夢想中的藍圖，一步步航向美夢成真！我常沈醉在雜誌裡的夢幻美宅，它雖夢幻卻是真實存在，這點提醒了我：「美夢有成真的可能」。此刻的我，除了是廚師也是設計師，在腦海中描繪著我的願景餐廳。想像著擺設佈置、還有無數的餐點靈感，好多「假如」累積在我腦中，積累成即將噴發的湧泉，一層層推高，我必須釋放靈感的謬思女神！

FEUILLE NEXT 一直在等一個天時、地利、人和的時刻。在此之前，所有的努力都可能徒勞無功，但唯有遇見一群「天作之合」的廚師，我才得以繼續前行，索性我遇見一群樂意與我共事的夥伴。

整個 FEUILLE NEXT 的實現過程，多虧有這群夥伴協助，他們使我體認到活動背後更深刻的意涵、他們的貢獻絕對是無可取代的！我為他們的足跡記錄在此，在 FEUILLE FOOD LAB 的發展歷史中留下他們的芳蹤。這段紀錄取自活動尾聲時，我徵詢他們的參與心得向讀者分享：

Arin

Arin，本著對食物的熱情，引領著她找到我們。她曾待過零售業。回想我們面試時的初次見面，她曾表示跨界餐飲令她很感興趣，甚至活動結束後，還能帶走一些屬於自己的烹飪技巧。她說中我的理念，我樂於分享我的烹飪技巧，空氣中充滿著令人欣慰的連結，我們喜歡她，便列入團隊的候選名單。

她主要負責準備餐後茶點，還協助以道具，如樹葉、小石子模擬餐點中呈現的自然情境，甚至肩負著洗碗的困難任務，使我們無後顧之憂地專注於準備流程，免於在每個夜裡擔憂著餐盤不足，在此感謝她的各項協助。Arin 回憶這段過程說：「起初真的非常困難，食譜全都是英文。主廚的示範對我來說太快，快到來不及寫下完善詳細的說明。」「我好幾次想放棄，但這是我對自己的承諾，要見證自己的突破，也是對妳（Miss A）的承諾。」她滿懷信念地回憶著。「我會堅持住，除非主廚要求我離開！」

我所堅持、努力追求的信念，夥伴們最終都以行動回饋給我。在過程中的教學相長，他們也為我帶來很大幫助，只是在我察覺前，活動已來到尾聲，有些感謝來不及說的都呈現在這本書中。

Ron

FEUILLE 的資訊是她前同事與她分享的，還曾以「神秘的餐廳」來形容我們的活動相當隱密。當 Ron 聊到她的加入動機：『網路上幾乎查不到關於「FEUILLE FOOD LAB」的照片與資訊。但，正因缺少信息，讓我更感興趣看看藏著什麼秘密。』「我必須親自看看這個「神秘組織」，就是我來這的原因！」

她在最早期的招募與訓練期間就加入我們。是一位非常具有邏輯條理、一絲不苟的人。她主要負責主菜前的配菜，也負責更換配菜菜色，她的筆記畫了許多流程圖，總是以系統管理方式控管餐點製作時間。那天隨機問她關於 FEUILLE 的餐點看法時，她表示對食材風味的觀點從原先的侷限，轉變為包容開放的態度。她堅定的說：「身為廚師，應該展現出食材各式各樣原始風味，並本能地追求這層渴望。」接著說：「我開始能理解為什麼了！例如核桃，我曾經想掩飾原味中不討喜或我自己不喜歡的味道。我原本的概念是，核桃不是只用於增加沙拉口感嗎？幾乎從未將它視為一個食材個體，來呈現它完整的風味！」

Ron 提到一個有趣觀點：一般來說，「風味」其實是各自獨特而獨立的。但我們總是傾向避開我們不喜愛的食材，又或者掩蓋它們不討人喜歡的味道。但是，我們應該轉向採取更主動積極的策略。去實驗不同風味重組的可能性，或去教育我們的味蕾、引導味覺嘗試全新可能。唯有採取進取的手段，而非一昧侷限，才能使我們的味蕾版圖無限延伸、擴展，跨出美食領域的舒適圈。

Sunny

2016 年時我曾有機會與 Sunny 共事。這次，她聽聞我們即將展開另個活動，幾乎立即退出當時的工作轉而加入我們。她泛起笑意回憶著：「2016 年時我只能中途加入，但這次，我有機會從頭參與到尾。」、「在 FEUILLE 的這些日子對我來說非常難忘；我每天都在做著我喜愛的事，非常開心的事！唯一的遺憾是，這場活動只持續 3 個月期間，我覺得實在太短了！」

Sunny 最忠實的熱血夥伴，整場活動從未遲到或缺席。我一直相信她能勝任，甚至甜點培訓正式開始之前，她自發使用個人時間，參與我的發酵果汁製程。Sunny 在烹飪領域具備廣泛背景，由於她早已意識到這是她所熱愛之事，並且會持續下去。我猜最終她甚至能擁有自己的一席之地，不用再受僱於人，我甚至能成為她的座上嘉賓！

在 FEUILLE NEXT 活動期間，Sunny 參與我們的甜點部分。我們大幅使用矽膠模擬製作餐點情境，而她更完成令人驚嘆的成果。她說：「我最感驕傲的是為『主廚的甜點』製作的花生模具！」她一本正經的表述但臉上卻難掩興奮，同仁們跟我也都一致認同她做得真的很逼真。

Sky

Sky 在比較晚期加入我們。他整個職涯與廚房密不可分，在其他工作中他經常是「副主廚」身份。儘管他最感興趣的是西餐料理，正如他經常提到：他從來沒有機會去真正實踐他心之所向的渴望。這次活動為他帶來實踐、磨練個人技巧與訓練的機會，他對來到這雖做著基礎工作，內心卻感踏實與滿足。「主廚，我真的很喜歡這裡的廚房與環境」他常這樣跟我說。

Sky 與我一起準備開胃菜和主菜。他還負責每個為顧客們端出許多熱騰騰的料理，在這食材調味除了鹽、胡椒與香料，我們的餐點都會盡力呈現天然原味。我從不喜歡添加預拌的混合調味料、參有味精的雞粉或牛肉粉，但在中餐料理相當普遍。Sky 與我所見略同，並向我傾訴：「在（FEUILLE）這才是食物該有的味道，而非添加虛假的人工調味料，但在其他工作中環境中，卻變成我是特異獨行，總是遭到責難攻擊！」

Queena

Queena 對學習的態度使我印象深刻，她像個海綿般吸收資訊。除了餐廳要求的例行工作外，許多時間她還會主動協助製作員工餐。Queena 明亮開朗，擁有著孩子般純真好奇的性情，或許這就是她特別能和孩子互動的主因！記得某次，她出手安撫了一位發脾氣的孩子。那次她不知道從哪變出來一把閃亮的「光劍」，立即穩定住孩子的躁動，好像剛剛的混亂時刻從沒發生過一樣，事後她帶著笑容回憶著：「這組客人非常客氣友善，我感覺這對客人與我，都是一份特別的回憶」。

在 FEUILLE 的用餐環境中，除了食物與客人的美味互動，人員與客人的互動更需要以熱情支持。熱情，很難以文字規範每個施行細節，但當我們的服務夥伴能自發性的以個人魅力與同理心，建立與客人的分享與串連，才是我追求的：這裡不只是餐廳，而是人與人互相點燃的情感、靈感實驗室！

管理我們前台服務的除了 Queena 還有另一位 Liv。

Liv

Liv 曾在餐旅業待過一段時間，她搬回台中想趁機轉變職場規劃。加入我們並不在她原先的預料中，但命運使然，她表示：「要講這段在 FEUILLE 服務的故事，絕對獨一無二充滿趣味；我從未想過會成為服務的一員，甚至每晚還有要背到滾瓜爛熟的回家功課。」

我發現 Liv 簡直是天生的說書人，她總能隔空取材，從她無窮的想像中描述清晰畫面。像某些時刻我們必須為客人佈置餐點，就能借用她充滿想像力的描述引導客人暫離座位，這方面她總能提供最無懈可擊的支援。Liv 與 Queena 為用餐者善盡管家服務，她們是廚房與餐廳和顧客之間，最重要的溝通橋樑。

Gin

她不僅協助拍攝書中許多場景照片，在很多時刻，她也是忙碌日常的打氣後援。每當我們忙碌緊繃之際，她總是為氣氛增添歡樂，為大家舒緩緊繃的情緒，讓我們更加能專注於手頭的任務之中。

Michelle

她負責我們的餐廳預訂系統，並聯繫顧客確認訂位資訊，同時她也會關心用餐者是否有食物過敏或餐飲調整的需求，進而將資訊傳遞給餐廳內部，並確保這些特定需求有被完整執行，帶給顧客用餐時的安心與滿足。

Fish & M

她們各自原本就日程緊湊、工作繁忙，但基於我們多年的友誼，每當我處在水深火熱之際，她們都會立即對我伸出援手。我非常幸運能擁有她們的鼎力協助，我想我應該再也無法找到比她們更有義氣的好幫手了。

蓓雯

我認為蓓雯是潛藏著實力的黑馬，雖然她只是偶而會來餐廳協助我們，但她帶有一種與眾不同的特質，總會以樂觀而正向的心態去完成任務。我一直很欽佩她面對未知挑戰，總是充滿無比熱情的態度，也對她未來的發展相當期待。

Cobain

他有時是我們的商業攝影師，有時更化身為擺飾經理，無論在餐桌上、環境間，正式拍攝前，他都能將物件調整到更好的畫面角度。FEUILLE FOOD LAB 的起步，借助了許多人的幫助，更從協作中，串連起原本陌生的個體。Cobain 是位非常優秀的商業攝影師，從他的鏡頭視角，呈現了 FEUILLE 不只是餐廳，更帶有空間、食物與人們交流互動的關係。

A 小姐

她是我的經理、為我負責溝通協調，以及對外的公關角色。在這本書中，很多章節裡都有她出現的身影，我對她的感謝也在這本書中不只一次的出現，再次感謝至始至終陪伴著 FEUILLE 成長的 A 小姐。

展望

After FEUILLE NEXT

這是一則久違的日誌。我試圖填補 FEUILLE NEXT 從 4 月開始，到 7 月初落幕的缺漏片段。一面拾遺、一面回顧，首度登場的她留下眾多待解之題。

FEUILLE NEXT 結束後不到 1 週，我踏上一段短途旅程，轉換心情也回歸作息。出國期間，我的生理時鐘還未跳脫活動期間的緊湊步調，放假的清晨仍然會有股衝動，想從床上跳起趕著去採買食材、趕著為晚餐備料。我在海外回想，反省服務缺失與不足，更想知道 FEUILLE FOOD LAB，還潛藏著什麼尚未展露的潛能。

回想活動結束那天，我記憶宛如昨日。我們使勁清潔廚房裡大小設備、打包餐盤器皿裝箱。直到清潔告一段落，我們拆封幾瓶紅、白酒舉杯慶祝 FEUILLE NEXT 圓滿落幕時，我才意識到她正式結束了。同仁私下為我寫了謝卡，讀完後，我強忍感動眼淚仍潤濕眼底。酒精催化下悲喜參半的情緒無法隱藏，縱然感慨不捨，但 FEUILLE NEXT 真的劃下句點。同仁尊重我的決定，他們一旦退出，我也無法反悔了。

現階段的 FEUILLE NEXT，存在很大改善空間。我身兼採購、主廚、管理、打雜等各種角色，忙碌將我本末倒置，我在督促廚房與管理前台之間分身乏術。前期培訓有 8 位廚師，中途經歷 10 位廚師成了過客。距離正式開幕剩不到 3 天，3 位負責主菜的廚師同時離職，離職原因五花八門，時間點也很一致，但困境不會逼我打退堂鼓，我和夥伴們抱持一人多角的決心前行，因為我們對預約的客人有一份承諾！

離去的廚師都很年輕，或許是被華美的門面所吸引，卻帶著不切實際的期望，最後面對追求完美的嚴苛而求去。為了補足 3 位人力，我得重新面試超過 15 人。許多承諾會來的應徵者，卻以缺席作為最終回答。儘管現況艱難，我們團隊最終驕傲地以最低人力，完成這非凡任務！

要以最低人力進行供餐服務，著實每日維艱。每一天廚房都籠罩著嚴肅的氣氛，時間滴答滴答緊逼著我們的每個步調，我們保持靜默、手腳迅速、協作確實，絲毫不敢鬆懈，拼了命追趕著要即時完成每項任務。最後證明我們做到了！創造出令人驚嘆的回憶，完成這段充滿挑戰的不可能任務。

我們每天工作超過 12 小時，只有在短暫的午餐時段能稍歇片刻。然而，服務的第 1 個月，幾位同事已經遭遇長時工作所帶來的疲憊不適等身體折磨。最普遍的是胃部不適、胃食道逆流的灼燒感，因為工作人員從來無法準時用餐，而遇到告假缺席時的工作遞補也非常驚恐，在極其有限的時間裡，大家早已超載負荷。

每日，距服務時間到來僅剩 10 分鐘時，氣氛總會奇異地沉著冷靜，透露著暴風雨前的寧靜氛圍。幾個小時前還匆忙不已，醬汁醬料備製期間，來回沖洗噴污飛濺、污漬瓶罐搬進碗槽洗淨、趕忙收閒置蔬菜或剩餘醬汁、重新整頓工作台與必備用品。調理機或冰磨機啟動暖機，準備製作冰淇淋、刮取沙冰。餐點進入製程需系統化管理，直道放入服務餐車、液態氮裝填進保溫瓶，一併備妥放置服務台上。接著，急奔碗盤槽洗淨清潔、烘乾鍋子與工具，並送回儲備區。主餐站點需備妥乾淨的鍋碗瓢盆、湯勺、恆溫水槽，並等待同仁進入廚房，開啟對講機進入備戰。這種名為忙碌的暴動，似乎是不斷想瓦解我們有條不紊、專注的一種疲勞轟炸，但幸好這是可以管理的混亂。就在時鐘精準指到晚上 6 點半那刻，廚房喧囂瞬間消失於無形，準備好迎接第一桌到訪的賓客。

當耳機傳來第一份餐點需求，幾秒內清爽的冰沙已準備完成，並已經在送往餐桌的路上；當第二餐點需求指令尚未傳來前，負責的廚師已開預備動作將平底鍋預熱，我則引領團隊預備第二項開胃餐點，在廚房收到前一道菜回收的空盤時，分秒不差完成第二道出菜程序。當每位廚師掌控著自己負責的餐點時，整個廚房就像他指揮的管弦樂團。接著，我們會齊聚製作主菜，當主菜送出，我們又會如遭到驅趕的蜜蜂快速散開，回歸各自甜點項目，手腳總是未曾停歇。當我為寫下這段過程而再次回顧這些記憶時，我仍感到情緒激昂，更加感激我的工作夥伴們的辛勞付出。

每當我到其他餐廳用餐時，發現廚房區任何時間似乎都設有 6 位廚師以上，我總會感到震驚！當初我們到底是如何完成供餐服務？ FEUILLE 在供餐標準極為苛刻，甚至追求相近的程度，但全部項目仍由我們 5 人獨立完成，就像一位同仁滿腹疑惑詢問：「我們到底是如何在每天晚餐前，就能完成這些備料工作的？」或許，現在正是我該花時間認真思考答案的好時機！

FEUILLE NEXT 營運結束後，Miss A 和我花費相當多時間探討缺失與不足。最初我們遇到的最大困難，是如何招募到與我們價值、願景有共同目標的廚師？另一項同等重要的要素是，新人在招募期間的心態與期待。新聘人員必須自我認知到，全部的同仁都勢必得參與協助餐廳的「籌備與開幕」，因此，身為 FEUILLE NEXT 團隊中的一員，所有個體都肩負著更多的職責與使命，也必須堅守標準規範。無論在身體上或精神上，這都將衝突著有別於他們過去對工作職位、工作內容的認知理解，有時候他們也將承擔更多在「工作描述」之外的任務，才能一同成就最終目標。

新人的心態與期待，反映在 FEUILLE NEXT 的流動率上，籌備期時，我們面臨幾乎過半的高流動率。本質上來看，多數成員尚未充分意識到，他們即將參與什麼項目？或肩負著什麼使命？他們必須充分理解與認知他們自身的職責，而不是採取拭目以待的旁觀心態，旁觀心態對新人本身和 FEUILLE 都不會帶來任何創新與超越，更不會產生實際的助益。唯一的克服方式，是透明揭露他們的任務、清晰描繪出他們可能會遇到的問題，並且大量鼓勵他們勇於表達，並主動解決可能萌發的危機。員工挑選幾乎是影響成敗關鍵的要素之一！

對內除了改善管理與加強新聘員工溝通外，我還需一位正式副廚和一位現場經理的鼎力協助。他們將協助我推動 FEUILLE NEXT 的順利營運，分攤我行有餘而力不足的諸多瑣事，諸如一對一諮詢、前台管理、採購、人事與績效評估等，甚至活動策劃和媒體曝光，一切都只為了將 FEUILLE NEXT 推向更好、更高規格的實現。

目前因人力緊繃，可惜了部分規劃未能施行，包含我們每晚最多僅能為 12-14 位賓客提供餐點服務，與原先預期的 18 位大相逕庭；而我那採用自製的發酵液製作的「純天然全麥麵包」，在活動期間也未能出場；部分的餐點則精簡原始規劃的素材，只能展現出縮寫版的風味輪廓；輪廓；最後的甜點品項，原本計劃要重拾高中科學實驗的操作體驗、增加趣味，可惜也未能施行。另一項我為 FEUILLE NEXT 的規劃是在服務時間外，提供廚房設備供同仁實現他們的創意靈感，創作屬於自己的料理，並獻給 FEUILLE FOOD LAB，使他們更深入參與 FEUILLE 的互動，並在 FEUILLE NEXT 的短暫序曲中留下自己的足跡，不過相當遺憾的是，雖然理論上有益鼓舞人心，但這計畫也未曾有機會徹底實行。

最初曾規劃為 18 位賓客提供可在不同時段預訂晚餐。他們可在不同時段預訂晚餐。為確保廚房準時供餐，菜單上的餐點將劃分為更廣泛的範疇：小點、開胃菜、主餐、甜點、餐後茶點。廚師將分屬負責不同站點，如此無論多少份量的餐點需求，我們仍可同步進行供應。通常採用這類服務的，多半是高座位容量的高級餐廳，並提供品項眾多而龐大餐點選項。但因人力不足的狀況下，所有廚師則幫忙參與每道菜品的完成。這種形態的操作好處，是廚師能第一線接觸和學習沒有被分配到品項並帶來學習成就，更有益於團隊合作發展所帶來附加價值。但相對這樣的形式，就是無法同時容納大量顧客，更是不利條件，特別是如果分散或遲到甚至取消，也會連帶影響餐點的供應狀況。不過儘管分區編制工作崗位，和獨立的菜餚製作都是 FEUILLE NEXT 的最初規劃型態，最終由於現實因素，全部同仁臨時編組共同參與所有料理製作。

儘管過程中經歷眾多挫折與瑕疵，但 FEUILLE NEXT 神秘的面紗已揭開，展露她獨特的原創價值，這也為我帶來信心！透過這次活動，為 2.0 打下更完善的基礎與依據。在 FEUILLE NEXT 結束後，我經歷這段，無論好的壞的、心酸疑惑、鼓舞激勵、背叛無奈…等。在人生的長河裡上了充實的一堂課，但不知道我是否有成為更好的學生？但能肯定的是，我完成對自己的允諾，讓 FEUILLE NEXT 不再只是臆想！

新鮮食材

The RAW INGREDIENTS

每道料理所採用的新鮮食材

菜單＆食譜

THE MENU and RECIPES

我們的食譜
採用科技設備與食品級添加物協助創作餐點
並以矽膠翻模，仿製各種形狀
藉由道具，引領用餐者進入探險情境
這些元素都構成了 FEUILLE FOOD LAB 不可或缺的一環

我們的菜單
除了餐點上桌
更引導用餐者參與體驗
並揭開一場
餐桌上的森林探險之旅

靈感緣起

Where It Comes From

即使是同一份顏料和畫筆，人們能各自創作出風格迥異、令人驚奇的圖像繪畫。通過這裏一筆；那裡一畫，便能擁有一幅這世界上絕無僅有、獨一無二的專屬創作。但隨著每個人的技能、知識與經驗的積累各不相同，藝術作品不會總能引起共鳴、被人欣賞喜愛，並對人們有持續永恆的影響力。烹飪就如同繪畫一般，遵循著同樣的原理。

事實上，要做出真正原創而獨特的創作極其困難，尤其是跳脫既有認知，做沒看過、沒想過，全憑想像無中生有，或創作那些根本還不存在於世的東西更加艱難。這或許就是當市場出現創新趨勢之後，總伴隨著眾多模仿跟風無所不在的原因。但在沒有任何思緒或念頭，能為我燃點一些靈感的火花時，我，茫然迷途了。儘管我想創作屬於我自己原創的作品，堅守我的烹飪哲學，並要在全新的處女地，步出只有我的腳印。

當我思緒塞阻、深陷困頓時，我來到森林中開始一段漫長的散步。我發現自己對森林中的植物、昆蟲與聲音懷抱好奇心，他們在我腦海中留下畫面，點跟點連線，形成像兒童連連看繪本裡的圖一樣。我意會到，如果這是我的靈感源自於此，那我不妨試著將它呈現於餐桌。我總能在森林中獲得鎮靜心神的效果，或許在這繁忙匆快的都會生活時代，在混亂與匆忙之中，增添些許祥和寧靜，或許能為我們創造一些意料之外的驚奇。於是我尋思著，如果人們無法前往森林，那我應能將森林帶到他們身邊。

接下來的菜單，將開啟一場穿越森林的旅程。猶如電影開始的片頭那般，鏡頭聚焦在一個懷舊的場景之中，令人聯想到時序在夏末秋前的小木屋生活，固定在壁爐中那只曾經沸騰的石鍋是生活的中心，而故事已悠悠然然地展開了就從人們正在準備他們的一餐開始說起，他們通過飼養牲畜和採集糧秣，獲取日常所需的飲食，而在寒冬來臨時，便將蔬菜加以醃漬以保存過冬所需的食糧。

穿越森林之旅

A JOURNEY TRHOUGH THE WOODS

香霧瀰漫的一口石鍋，引我踏著冰霜草地尋索

茴香之味，暗藏蒜蔥與奶油溫潤，溫潤中竄出香草芳馥
腦海映畫苔蘚野地，叢深驚現野羊肚菌

回憶起，鄉村樸味原食干貝
俯拾鶴鶉殼與攀附樹皮的蕨
浸漬漿果與海洋
堅果香氣之籽，醞釀著想像萌芽

窗框一隅，探出美豔花園
河岩堆砌的蓮池塘，有芳香、游魚與氣泡

旁岸土壤洋蔥茂生
還有一個
小農植場，栽甜菜根、放牧牛群

海味，牡蠣、烏賊
驟雨，挾雷鳴雲霧飄傳鮮香

驀然回首身後路徑
足跡化作雨中泥濘腳印

森徑兩旁蘆筍劍突竄生
跋涉蜿蜒柳暗花明，文明又一村
楓葉輕舟，水坑搖影童年時

遠處明滅著炭火，燻煙飄逸天際
天際湛藍襯著雲朵
參著地熱溫泉蒸氣騰冒
散逸空中緊緊相繫無法分開

氣溫驟降，秋天將至，白晝已離去了幾個小時
我在深深夜色中沉睡，沒入遠方的爽朗歡笑聲

香霧迷蹤：綠野石鍋

「香霧瀰漫的一口石鍋，引我踏著冰霜草地尋索」

主廚筆記

這道料理構想來自壁爐前的鑄鐵鍋。在寒冬之日，人們最期待的時光，莫過於齊聚於壁爐前，愉悅地品嘗一碗熱氣騰騰的暖胃湯品。餐點中，我們會以液態氮注入碗中，詮釋蒸汽冉升的意象。餐桌上裝飾著薰衣草花束，但當餐點送到時，我們會引導用餐者親手採摘點綴，創造屬於自己繽紛而質感，又帶著恬淡芬芳的綠野石鍋。

四人份

桂花香露

- 500 克 優格
- 350 克 乳清
- 15 克 桂花糖漿
- 1 撮鹽

澳洲青蘋冰沙

- 3 顆 澳洲青蘋果
- 0.3 克 抗壞血酸（Ascorbic acid）
- 0.6 克 豆蔻粉
- 5 克 蜂蜜

凍結蒔蘿油

- 100 克 葡萄籽油
- 85 克 蒔蘿束，僅取用葉片
- 2 滴 食用蒔蘿 / 香菜精油

小麥草果凍

- 50 克 小麥草
- 200 克 礦泉水
- 15 克 蜂蜜
- 20 克 甜蘋果醋
- 2 片 明膠片 / 吉利丁（Gelatin sheets）

料理組裝

- 20 朵 薰衣草花，由用餐者摘取
- 16 片 野生薄荷葉
- 8 片 多肉植物嫩芽
- 20 塊 蘆薈立方體

桂花香露

將 500 克優格放置於棉布上過濾靜候一天，隔日可取得 350 克乳清與 145 克優格。將 15 克桂花糖漿，調入 350 克乳清中，加 1 撮鹽後放入冰箱冷藏備用。

澳洲青蘋冰沙

將 3 顆大小適中的澳洲青蘋果榨汁，得到 350 克蘋果汁，加入抗壞血酸防止果汁氧化。將豆蔻粉進行烘烤，連同蜂蜜調入果汁中，攪拌均勻後放入冷凍備用。

凍結蒔蘿油

以沸水川燙蒔蘿葉 30 秒，再迅速放入冰水中冰鎮冷卻，接著以篩網濾起蒔蘿葉，並以紙巾壓乾，盡量將多餘水分去除。將川燙過的蒔蘿放入葡萄籽油中，以高效能調理機（Vita-Mix）攪打 60 秒，完成後放入冰箱冷藏靜置，待隔夜釋放出更多香氣。第二天，將蒔蘿油濾除雜質後，滴入 2 滴食用香菜精油，放入冷凍備用。

小麥草果凍

將小麥草與礦泉水，使用高效能調理機均勻攪打，使小麥草釋出香氣與葉綠素，將小麥草汁過濾後，調入蜂蜜和甜蘋果醋。將明膠片泡於冰水中直到軟化，擠壓泡開的明膠片以去除多餘水分，隨後加入 50 克小麥草汁，移至瓦斯爐上稍微加熱，直到明膠片完全溶解。接著再將明膠液與剩餘的小麥草汁攪拌混合，放入冰箱冷藏備用。

料理組裝

將盛盤的木碗預先冷凍 10 分鐘，或在餐碗中倒入 15 毫升的液態氮，等待液體昇華。以叉子刮取冷凍的青蘋果汁，形成冰沙，再取兩杓置於碗中央並使其均勻分佈，接著以湯匙在中心位置，預留直徑兩公分的凹槽，並從中淋入 ½ 茶匙的冷凍蒔蘿油。先將小麥草果凍搗碎，再取用 1 又 ½ 茶匙的小麥草果凍在冰沙上均勻分配擺放。再於冰沙頂端處，分別擺放 5 塊的蘆薈立方體。每份餐點使用 4 片野生薄荷葉、2 片多肉植物嫩芽、5 朵薰衣草花，點綴裝飾。最後於上桌時，再取 2 湯匙的調味乳清淋入碗中，食用前，手扶木碗輕輕旋轉晃動裡頭的液體後即可品嘗。

野性呼喚：原食蒜蔥

「茴香之味，暗示著蒜蔥與發酵奶油的溫潤，溫潤中竄出香草芳馥」

主廚筆記
我期望通過食材互補的特性，襯托出蒜蔥特殊的清甜感。本道餐點以蒜蔥為主體，以原味呈現，再輔以周邊食材進行調味搭配，諸如帕馬火腿的鹹香、希臘優格的溫潤，以及清爽卻辛辣的醋漬蘿蔔等，融合每項食材的特性，凸顯出蒜蔥獨特的天然甘甜。另外主體也可靈活改用彩虹胡蘿蔔，胡蘿蔔本身甜味十足，與週邊鹹香的配菜、芳醇的發酵奶油，都會非常契合，推薦您也試試！

四人份

蒜蔥

4 支 帶根蒜蔥

發酵鮮奶油

6 顆 大蒜瓣
2.0 克 蒔蘿籽
5.75 克 茴香籽
3.6 克 孜然籽
250 克 動物性鮮奶油
30 克 濾過乳清的優格（帶活菌）
以下比例以鮮奶油總重量估算
0.12% 玉米糖膠 （Xanthan gum）
0.07% 關華豆膠 （Guar gum）
8 克 白砂糖
0.65 克 鹽

蒜蔥

將蒜蔥從底部測量（不包含根部），留取 12 公分的白段後頂部斜切，綠色段保留做其他用途。將蒜蔥根部徹底清潔除去髒污，並切除位於根部中心的粗根纖維，剝除 1-2 層表皮，露出蒜蔥柔軟的部分。

發酵鮮奶油

將大蒜瓣略切小塊，以中火翻炒 4 顆大蒜瓣的量，直到略呈金黃色澤並釋出香氣。加入鮮奶油，加熱至 85° C 後熄火，放入烘烤過的蒔蘿籽、茴香籽、孜然籽與剩餘的 2 顆大蒜瓣。蓋上鍋蓋，悶 15 分鐘。當溫度降至 38° C 時，加入希臘優格。將混有香料的優格移裝入容器中，蓋上蓋子，放入溫度設為 38° C 的恆溫發酵室，發酵 72 小時。將發酵鮮奶油過濾，再加入玉米糖膠和關華豆膠（將總量的液體進行稱重，乘以對應的比例，即為使用量），充分攪拌後，放入冰箱冷藏備用，使膠體充分與水分融合。

醋漬白蘿蔔

50 片 白蘿蔔削片
2 克 日本綠胡椒醬
90 克 壽司醋
30 克 酸黃瓜醃汁
20 克 味醂
10 克 白砂糖
1 撮鹽

菜根類天婦羅麵衣

105 克 中筋麵粉
12 克 發酵粉
15 克 玉米澱粉
20 克 麥芽糊精 （Tapioca maltodextrin）
1 克 鹽
0.3 克 玉米糖膠 （Xanthan gum）
130 克 礦泉水
1 顆 奶油槍用的 NO_2 小鋼瓶

裝飾點綴

8 片 馬齒莧葉尖
8 片 甜葉菊葉片和花
8 片 芝麻菜葉子和花
12 朵 黃木酢漿草（酢漿草鮮花）

蒜蔥

4 支 預備的帶根蒜蔥
4 份 醋漬白蘿蔔
4 份 帕馬火腿

醋漬白蘿蔔

使用削皮器將白蘿蔔完整削皮，接著從上而下，一鼓作氣削出白蘿蔔長條片，挑除外側層，選取內層柔軟的白蘿蔔片進行使用，直到累積 50 片。 混合帶有辛辣味的綠胡椒醬、壽司醋、酸黃瓜醃汁和味林醂、加入鹽和糖，調和成醋漬液。將蘿蔔片浸入醋漬液中，放入真空包裝袋，設定最高壓進行真空，循環 3 次，以壓力使蘿蔔快速醃漬入味。

菜根類天婦羅麵衣

將麵粉、發酵粉、玉米澱粉、玉米糖膠、麥芽糊精和鹽一起放入碗中，加入礦泉水，攪拌均勻混合，然後靜置冰箱冷藏 10 分鐘。取出後將麵衣，置於奶油槍（iSi Gourmet Whip）中，使用 1 顆 NO_2 小鋼瓶加壓，搖晃後靜置，待其冷卻形成粉漿。

料理組裝

將發酵鮮奶油進行攪拌，使質地如絲質般鬆軟，然後裝入醬料壓瓶中，放置一旁備用。將蒜蔥以沸水川燙 45 秒，撈起後放入冰水中冰鎮冷卻，以防剩餘溫度使蒜蔥過熟，拿起後用紙巾輕壓，吸除多餘水分。將醃漬白蘿蔔片，從蒜蔥的底端往上捲繞包覆。將帕馬火腿稍微浸泡冷水去除多餘鹹味，隨後切成長 12 公分寬 2 公分的大小。將切妥的帕馬火腿，從頂端的方向，由上往下，一併將蘿蔔片捲繞包覆。完成後的蒜蔥以少油煎炒，直到表面略呈金黃色澤。將天婦羅麵衣沾裹於根部，以 180° C 油溫炸到金黃酥脆，夾起後以紙巾吸除多餘油質。將發酵奶油擠於蒜蔥的頂部附近，並以馬齒莧、甜葉菊葉、芝麻菜和酢漿草花，點綴裝飾後即可上桌。

腦海映畫：苔蘚羊肚菌

「腦海映畫苔蘚叢生，叢深驚現野羊肚菌」

主廚筆記

這道餐點的設計靈感，源於我在法蘭克福的 Bieber 森林，偶然巧遇羊肚菌與苔蘚的驚喜之景，並以模擬手法，還原它們各自在原生環境中生長的樣貌。 在 Feuille Next 活動期間，我曾構思以炸馴鹿苔替換人造苔蘚使用，在此也分享另一種料理變化，您可改用羊肚菌蘑菇填充燉肉或燉內臟、雞心等都同樣美味，不妨一試。

八人份

雞高湯

- 1.3 公斤 全雞
- 300 克 白洋蔥，切四等份
- 200 克 大蒜瓣
- 100 克 蒜蔥，綠段部分
- 100 克 鴻禧菇，莖部
- 220 克 預先浸泡的乾燥鷹嘴豆

羊肚菌烹醬

- 8-10 朵 中等大小的羊肚菌蘑菇
- 25 克 焦糖化的奶油
- 135 克 羊肚菌浸泡水
- 150 克 濃縮雞高湯
- 30 克 甜蘋果醋
- 3 毫升 白松露油
- 0.3 克 海鹽

芋頭烹醬

- 200 克 芋頭
- 650 克 飲用水
- 40 克 黑糖糖漿
- 1.40 克 鹽

芋泥

- 125 克 搗碎的軟芋頭
- 25 克 Krema 圓乳酪
- ½ 顆 萊姆皮和 ½ 顆檸檬皮
- 10 克 預留金針菇醋漬液
- 10 克 椰奶
- 0.5 克 海鹽

雞高湯

將烤箱預熱至 200° C，放入全雞烘烤約 20 至 25 分鐘，直到表面呈現金黃色澤。烘烤時間接近一半時，放入切為四等份的洋蔥繼續烘烤。完成後將底部的雞油倒出，並將烤雞移入深鍋中，放入大蒜瓣、蒜蔥、鴻禧菇莖部、鷹嘴豆，並以 3 公升的冷水將食材完全覆蓋，中火慢燉，直到煮沸後轉小火續煮 3 小時。完成後將高湯進行過濾並、去除雞骨，過濾後的高湯繼續以大火滾煮進行濃縮蒸發，直到縮減至原始湯量的一半即可。

羊肚菌烹醬

將羊肚菌浸泡於 150 克的沸水中 10 分鐘。起鍋後以細篩濾除水中雜質，保留清澈的羊肚菌浸泡水備用。在冷水中來回沖洗羊肚菌 3 次，除去菌菇上的粗粒雜質，但請小心輕柔，勿使他們外觀受損。將焦糖化奶油、羊肚菌浸泡水、濃縮雞高湯、甜蘋果醋進行混合，製成羊肚菌烹醬的基底。將基底煮沸後加入羊肚菌，文火煮 3 分鐘。先夾出羊肚菌，再將烹飪基底煮滾濃縮，減量到原始體積的 ⅓，隨後加入松露油、海鹽、羊肚菌，使羊肚菌沾附醬汁，表面呈現上釉般的光澤感。

芋頭烹醬

將芋頭削皮後切成 2 公分的正方體。取鍋將水煮沸，加入芋頭，蓋上鍋蓋烹煮，煮沸後轉小火再煮 10 分鐘，時間到後，加入黑糖糖漿，再繼續煮 5 分鐘，直到芋頭塊完全熟透，觸碰時會呈現出鬆軟的狀態。

芋泥

將芋頭搗碎，並保留適量的小塊以於增加口感。加入 ½ 顆萊姆皮、½ 顆檸檬皮以添加香氣，再加入椰奶，預留的金針估醋漬液，再入海鹽，與搗成泥狀的芋泥進行混合。最後將 Krema 圓乳酪與芋泥「半」混合，不完全混合是為了獨立出各自的口感與風味。完成後裝填至擠花袋，置於冰箱冷藏備用。

醋漬金針菇傘帽

- 80 克 完整的金針菇
- 40 克 酸蘋果醋
- 40 克 甜蘋果醋
- 15 克 橘子油
- 5 克 顆粒芥末醬
- 5 克 切碎的酸豆
- 20 克 甜酒釀液
- 0.85 克 新鮮現磨黑胡椒粉
- 0.55 克 海鹽

蓬鬆苔蘚

- 40 克 飲用水
- 50 克 葡萄籽油
- 50 片 新鮮紫蘇葉
- 2 顆 蛋
- 1 份 蛋白
- 5 克 蛋白粉
- 40 克 小麥粉
- 15 克 法式芥末醬
- 0.65 克 鹽
- 5 克 糖
- 30 克 帕瑪森起士粉
- 2 克 切碎的紫蘇
- 1 顆 NO_2 小鋼瓶

苔蘚調味優格醬

- 100 克 水
- 3 包 伯爵茶葉袋（6 克）
- 100 克 濾過乳清的優格
- 60 克 甜蘋果醋
- 2.4 克 鹽
- 20 克 紫蘇葉
- 1 滴 香水檸檬精油
- 0.25 克 玉米糖膠 （Xanthan gum）
- 0.25 克 關華豆膠 （Guar gum）

裝飾點綴

- 8 個 鴻禧菇，莖部
- 24 個 醃漬螞蟻
- 24 片 小片檸檬百里香葉
- 24 個 紅色酢漿草花苞
- 8 支 綠紫蘇花
- 4 片 大片綠紫蘇葉
- 10-12 片 乾燥樹葉
- 32 朵 馬纓丹花

醋漬金針菇傘帽

盡量挑選小朵的金針菇切除傘帽。用少許橄欖油將傘帽翻炒，略呈金黃色澤且散發香氣。加入兩種蘋果醋、橘子油、黑胡椒，以及食譜中的其他調味素材，混合後進行煮沸，熄火待其冷卻。隨後放入冰箱冷藏待隔日使用。

蓬鬆苔蘚

請將這部分列出的所有成分，除了小麥粉與紫蘇之外，其餘皆放入高效能調理機（Vita-Mix）中，以高速運轉 3-5 分鐘，直到醬汁呈現出光滑而黏稠的泥狀。此時將轉速降至最低，一次加入小麥粉均勻攪拌即可。接著加入切碎的紫蘇，並移入奶油槍（iSi Gourmet Whip），使用 1 顆 NO_2 小鋼瓶打氣加壓。完成後就先存放於冰箱冷藏備用。

苔蘚調味優格醬

將茶包浸泡於 85° C 的熱水中，蓋上蓋子悶 3 分鐘後，移除茶包待其冷卻。冷卻後倒入高效能調理機，加入希臘優格、蘋果醋、鹽、紫蘇葉和香水檸檬精油，以高速調理，直到醬汁呈現出光滑的濃稠泥狀。以篩網過濾後，加入玉米糖膠與關華豆膠，並充分攪拌均勻，完成後存放於冰箱冷藏備用。

料理組裝

以烘焙蠟紙摺一個蒸烤紙包，將羊肚菌放入紙包中蒸烤 30 秒略微加熱即可。將已經加熱至室溫的搗碎芋泥，裝填入羊肚菌，並將鴻禧菇的莖部插入羊肚菌的底部。在羊肚菌兩側，撒上醃製過的金針菇傘帽，然後將它垂直放入盤中，並以岩石加以固定。大力搖動奶油槍 30 秒，然後將大約 ⅔ 的麵糊，填入直徑約 6 公分 x 深 4 公分的圓形耐熱容器中。以微波爐高溫烹調 10 秒或更長時間，只要略為加熱即可，就能形成蓬鬆海綿狀，不要過度微波太熟，因為烹調過度會造成海綿變乾燥或硬化。每份餐點都配置 1 顆蓬鬆海綿苔蘚。捲起綠紫蘇葉，細細切碎。將蓬鬆苔蘚撕分成 3 塊，放在真正的苔蘚旁。將綠紫蘇的碎葉跟 4 片檸檬百里香葉，隨意撒在仿造苔蘚上，並以 4 朵馬纓丹花點綴裝飾。在苔蘚和紅色酢漿草花苞上，擺放幾隻醃漬螞蟻。取幾片乾樹葉，再插入一支綠紫蘇花來遮蓋仿造苔蘚，模擬出羊菌菇的真實生長環境，最後再搭配紫蘇風味優格醬使用。在用餐時先暗示客人優先品嘗羊肚菌，品嘗完畢，才進一步引導客人在餐點中尋找可食用的仿造苔蘚，於是用餐者將親自發現這顆，暗藏樹葉下的苔蘚蛋糕。

樸村況味：原食干貝塔

「回憶起，鄉村樸味原食干貝」

主廚筆記
將原本不可食用的素材，以食材模仿設計，成為餐點一部分，成為整份餐點地品嘗一環，這其實相當有趣！因為它超越了我們對扇貝殼既有的想法，而這樣頑皮的顛覆設計，也總能為用餐者帶來出乎意料的驚奇。為了使仿製的扇貝殼看起來更加真實，可以增添一些顏色和外型相仿的「真」扇貝殼，混雜放置在餐點周邊，將人造扇貝殼巧妙地藏身其中，使用餐場景更加撲朔迷離、真假難辨。

十人份

生干貝醃漬香料

5 顆 大顆 - 北海道生干貝
60 克 黑糖
40 克 精製白糖
7.5 克 粗海鹽
0.75 克 夏香薄荷粉
1.25 克 月桂粉
10 克 紅蔥酥
6 片 新鮮泰國檸檬葉
3 片 新鮮月桂葉
1 顆 萊姆皮
1 顆 萊姆汁

調味鮮奶油

25 克 紅蔥酥
50 克 小顆乾燥干貝
45 克 修剪醃漬干貝後的邊料
200 克 鮮奶油
1.5 克 薑黃
0.45 克 肉豆蔻
0.45 克 香菜籽

人造扇貝殼

½ 顆蛋白
25 克 巴糖醇（Isomalt sugar）
5 克 昆布粉
2.5 克 麥芽糖糊精（Tapiocamaltodextrin）
13 克 中筋麵粉
5 克 全脂牛奶

生干貝醃漬香料

將這部分的所有食材，除了生干貝，都放入食物處理機（Food processor）以脈衝攪打幾次，直到所有食材均勻混合成綜合香料。移入一個長型容器，並在容器底部撒上一層薄薄的醃漬鹽，再放上生干貝。在生干貝上再撒更多醃製香料，確認干貝的每一面都均勻被香料覆蓋。放入冰箱冷藏醃漬 12 小時充分入味。

調味鮮奶油

將小顆乾燥干貝浸泡熱水 20 分鐘。取出醃漬生干貝，修除表面質地偏硬的部分，將修剪過的生干貝邊料保留備用。以些許橄欖油爆香紅蔥酥，再加入調味料，與浸泡後的小干貝一起拌炒。加入香料，繼續炒香，直到略呈金黃色澤並散發出香氣，再將鮮奶油倒入鍋中進行煮沸。煮沸後，蓋上鍋蓋熄火悶 15 分鐘。待其冷卻後，放入冰箱冷藏過夜。隔天，稍微將調味鮮奶油覆熱，並以篩網濾除香料雜質後保存備用。

人造扇貝殼

將巴糖醇置入咖啡研磨機中磨成粉末，再加入蛋白中，混合均勻，再加入其他佐料攪拌至完全混合。如果麵糊太濃厚，以致稍後無法順利進行塗抹動作，可加一些牛奶稀釋。取一片絲綢烘焙墊放置工作檯面上，再取一張烘焙紙描繪出扇貝殼的形狀並剪下，將剪掉圖案的簍空紙樣放在絲綢烘焙墊上面。然後將麵糊薄薄鋪於造型紙樣上約 0.2 公分，然後輕輕將紙樣提起，取得扇貝殼形狀的粉糊。完成後將麵糊放入 180° C 的烤箱中烘烤 5-8 分鐘，直到餅乾脆片可以一體取下，快速將餅乾脆片與真正的扇貝殼疊合，並使用鵝卵石或烘焙派石進行重壓，使兩者合為一體。再放入烤箱進行二次烘烤，等待 3 分鐘後完全硬化。完成後放於室溫冷卻，冷卻後取出烘焙派石，並放入食物風乾機（Dehydrator），設定最低溫烘乾 3 小時。

扇貝殼奶油脆皮

52.5 克 優格白巧克力
22.5 克 義大利香料橄欖油
75 克 可可脂
2 克 食用銀光粉
0.45 克 芫荽粉
0.45 克 肉豆蔻粉
1.3 克 唐辛子鹽
1.3 克 海鹽
8 片 預備的人造扇貝殼
足夠的液態氮

奶油生干貝

100 克 醃漬生干貝
50 克 干貝風味鮮奶油
20 克 軟化酸奶油
25 克 酸奶油
1 撮 鹽
1 撮 黑胡椒粉

楊桃醃漬汁

2 顆 大楊桃
200 克 白葡萄酒醋
75 克 精製白糖
覆蓋用的足量過濾水
30 克 帶活菌的蘋果發酵汁
（製程參發酵果汁）
20 克 茴香籽
3 茶匙 印度綜合香料粉
10 顆 黑胡椒
1 茶匙 唐辛子鹽

昆布油

100 克 葡萄籽油
85 克 浸泡後的昆布重量
5 克 昆布粉

生干貝淋醋醬

70 克 預留楊桃醃漬汁
30 克 昆布油
調味用鹽、糖

點綴裝飾

50 片 小馬鬱蘭葉
30 朵 楊桃花
30 粒 醃漬酸豆
1 片 醃漬楊桃
10 葉 勿忘草
20 朵 多肉植物幼葉

扇貝殼奶油脆皮

將所有配料混合（除了預備的人造扇貝殼），然後移至雙層蒸鍋隔水加熱。在外鍋加水，小火不要煮沸，過程中不斷進行攪拌以確保受熱均勻，並將控制溫度避免超過 40° C。將充分乾燥的人造扇貝殼浸入奶油塗醬中，確認每一面都充分沾附塗醬，使多餘的醬液滴落，醬液只需要薄薄沾附於殼的表面即可。將塗醬完成的扇貝殼，浸入液態氮中幾秒，留意浸入時間不能太長，因為長時間冷凍會使扇貝殼凍裂成碎片。完成後存放於冰箱冷凍備用。

奶油生干貝

將食物處理機以酒精進行消毒。以修邊過的醃漬生干貝和烹調過的干貝風味鮮奶油，放入室溫軟化的奶油與酸奶油中，並以食物處理機高速攪打成奶油干貝泥，並以鹽和胡椒調味。完成後裝填入擠花袋，從人造扇貝殼的中心向外延伸進行填充，直到填滿扇貝殼的 ⅔。將奶油扇貝泥稍微整形均勻，並在中心位置預留些微凹槽，將裝填完成的扇貝殼放入密封盒中冷凍備用。

楊桃醃漬汁

將楊桃洗淨後徹底晾乾後，將楊桃切成長條狀，並以酒精消毒 1 公升容量的醃漬罐。將香料進行烘烤，在醃漬罐中撒入烘好的茴香籽、印度綜合香料粉、黑胡椒、唐辛子鹽。並將楊桃條也放入罐中，盡可能緊密排列。以白葡萄酒醋填滿罐子一半的容量，另一半則用飲用水填滿，確保楊桃全都浸泡入液體之中。加入精製白糖和帶活菌的蘋果發酵汁，置於室溫下進行兩週發酵。

昆布油

將乾燥海帶片放入水中浸泡開來。測量出所需的使用量後，用紙巾輕拍海帶吸取多餘水分，放入多功能料理機（Thermomix）中，倒入葡萄籽油，設定 60° C 的高溫低速調理 15 分鐘。移裝入容器中保存，置於冰箱冷藏過夜。

生干貝淋醋醬

將昆布油過濾，去除海帶與其他雜質，並與楊桃醃漬汁混合，最後加入適量的鹽和糖調味。

料理組裝

將醃漬完成的 1 片楊桃條切成 0.3 公分的立方體，並在每個扇貝殼上擺放 5 顆。用馬鬱蘭葉、醃漬酸豆、楊桃花、多肉植物或可用非洲堇替代、以及勿忘我的花朵或香菜花，點綴裝飾餐點。在供餐前於扇貝殼上淋 2 茶匙醋醬，即可上桌。

拾遺：鵪鶉蛋

「俯拾鵪鶉殼」

主廚筆記

這道菜的靈感借取自無所不在的街頭美食「茶葉蛋」，它受大眾喜愛的程度，普及到連街頭巷尾的便利店都能輕易買到。在這道餐點中，外部糖片質地酥脆，搭配中間黏稠醇厚，是一道口感層次多元，相當值得嚐試的開胃小點。

十人份

鵪鶉蛋 茶漬汁

300 克 熱水
5 包 伯爵茶包（10g）
20 克 紅糖
25 克 壽司醋
7 克 鰹魚醬油
5 克 巴薩米克醋

鵪鶉蛋

12 顆 鵪鶉蛋
10 克 小蘇打粉

棕色牛肝菌調和粉

1.5 克 牛肝菌粉
0.2 克 鹽
0.5 克 肉豆蔻

黑色牛肝菌調和粉

0.6 克 麥芽醋粉
0.5 克 牛肝菌粉
0.4 克 食用竹炭粉

模擬鵪鶉蛋殼糖片

50 克 巴糖醇（Isomalt sugar）
30 克 飲用水
2 克 麥芽糖糊精（Tapioca maltodextrin）
2-3 滴 白色食用色素

鵪鶉蛋 茶漬汁

將伯爵茶包浸泡在 85° C 的熱水中，取出伯爵茶包、蓋上鍋蓋熄火悶 8 分鐘。將其他素材添入茶水中混合均勻。

鵪鶉蛋

在 500 克水中加入 10 克小蘇打粉後煮沸。將鵪鶉蛋放入沸水中煮 90 秒，然後快速移到冰水中冰鎮 90 秒；再將蛋快速放回沸水中再煮 50 秒，又再次快速移到冰水中冰鎮，直至冷卻。依循蛋殼的天然色澤，隨意去除部分帶有黑斑的殼和薄膜，浸泡於茶液中 30 分鐘，以使裸露出來的表面完成上色。浸泡結束，取出蛋移除蛋殼，再浸入茶液中 5 分鐘。最後取出後以濕紙巾覆蓋，放入冰箱冷藏備用。

棕色牛肝菌調和粉

將所有成分混合一起後備用。

黑色牛肝菌調和粉

將所有成分混合一起後備用。

模擬鵪鶉蛋殼糖片

取一只鍋將飲用水加入巴糖醇中加熱，直到溫度達到 155° C，然後將鍋子輕放入一盆冰水中靜置，直到稍微冷卻降溫，再滴幾滴白色食用顏料攪拌均勻。將糖漿倒在絲綢烘焙墊上，讓它冷卻硬化。將硬化的糖敲打成碎片，然後用麥芽糖糊精放入咖啡研磨機中，研磨成細粉，備用。將絲綢烘焙墊放在工作檯上，再取一張烘焙紙描繪出蛋殼的形狀 並剪下，將剪掉圖案的簍空紙樣放於絲綢烘焙墊上方，將糖粉以細篩均勻過濾薄薄平鋪於蛋殼紙樣，並以棕色和黑色牛肝菌粉隨意撒在蛋殼形糖粉上，創造出有如蛋殼斑塊的圖案。放入加熱到 160° C 的烤箱中烘烤，讓糖粉與色塊粉末充分融合，整個過程大約需要 6 至 8 分鐘。當糖一旦融化，就從烤箱中取出，取另一張烘焙紙鋪在糖上，使用擀麵棍將糖推平，將推平後的糖片放入冰箱冷凍硬化。接著取出一個鵪鶉蛋造型的矽膠模具，反著放，使蛋形模具的底部朝上。從冰箱中取出硬化糖片，放在矽膠模具的底部，使用熱風槍將糖慢慢受熱軟化，直到完成覆蓋蛋殼定型，然後存入冰箱冷凍備用。

玉米鬚

4 支 帶殼甜玉米

山羊奶酪珍珠

280 克 玉米罐頭
37 克 山羊奶酪
0.6 克 肉豆蔻
80 克 預留玉米罐內的汁液
足夠的液態氮

點綴裝飾

30 片 碎黑火山岩黑鹽
12 枚 牛皮紙袋
12 個 鳥巢
手持式煙燻機
煙燻乾草
預留黑色牛肝菌調和粉

玉米鬚

將甜玉米剝開外殼取出玉米鬚，將玉米鬚鋪於食物風乾機（Dehydrator）中的托盤，以 32° C 乾燥 3 小時。

山羊奶酪珍珠

將整罐玉米粒（扣除預留的玉米汁液）倒入高效能調理機（Vita-Mix）中高速攪拌，直到呈現沒有任何顆粒的玉米泥。將玉米泥放入梅森罐中密封，放入壓力鍋內，加入足夠的冷水覆蓋到罐子頂部，蓋上壓力鍋蓋，放到爐上以中火慢煮到沸騰。當壓力鍋開始增壓時，以小火續煮 3 小時。烹飪完成後，靜置等待壓力鍋冷卻。冷卻後拿出梅森罐，取出 35 克焦糖化玉米泥，再與山羊奶酪、肉豆蔻和玉米汁混合，直到完全融合。如果醬汁太濃稠，可再多加一點預留的玉米汁，使醬汁達到可以流動的稠度，最後裝入最大的針筒。準備一個裝滿液態氮的容器，握持針筒輕輕加壓，使醬汁一次一滴，滴入液態氮形成珍珠般顆粒。當液態氮上部已累積足夠多的珍珠顆粒時，舀出後存放於冰箱冷凍備用。每份餐點的使用量會放 5 到 8 顆珍珠。

料理組裝

使用鳥巢作裝盤，以少許橄欖油將玉米鬚稍微油煎，直到略呈金黃色澤。將玉米鬚放入鳥巢中，在擺放 6 顆山羊奶酪珍珠。從冰箱中取出鵪鶉蛋，以紙巾吸除水分。以食指沾取黑色牛肝菌調和粉，沾附於蛋的表面不同區域。模擬出蛋殼的深色斑塊。將模擬鵪鶉蛋殼糖片從冷凍室中取出，並敲成大塊碎片，擺入鳥巢中宛如孵化後的破碎蛋殼。在鵪鶉蛋上黏貼 3 片黑色熔岩鹽，將鳥巢小心放入棕色紙袋中，將煙燻乾草放入手持煙燻機中，再將燻煙打入紙袋中，折疊開口封住袋子立即上桌。

靜觀：樹皮攀蕨

「攀附樹皮的蕨類」

主廚筆記

我們是將這道餐點放置於真正的樹皮上呈現，但是呈現的方式其實已隨時間更新過許多版本。最終定案的版本是，我們多添加了一根從樹皮上延伸出來的樹枝。在枝條上，我們裹上馬鞭草泥醬、醃漬的螞蟻、蜂蛹和馬鞭草嫩葉。用餐者將在我們的引導中，一路從舔食枝條，品嘗到可食用的樹皮部分。

八人份

樹皮麵團

137.5 克 麵包粉（水手牌）
50 克 亞麻仁籽粉
12 克 帕瑪森粉
10 克 牛肝菌粉
0.3 克 食用竹炭粉
100 克 牛奶
2.5 克 乾酵母
25 克 室溫奶油

棕色木屑

30 克 全麥麵粉
10 克 核桃粉
6 克 焦糖化奶油
5 克 特級細砂糖
0.65 克 鹽
4 克 特級初榨橄欖油
3 克 可可脂
10 克 日式麵包屑
3 滴 桂皮油

灰色木屑

45 克 核桃
5 克 核桃油
20 克 N-orbit M. 麥芽糖糊精（Tapioca maltodextrin）
0.25 克 食用竹炭粉
0.65 克 鹽

樹皮麵團

將牛奶加熱至 35° C，並加入酵母溶解於其中。將其餘乾式的素材一起加入揉麵缽中。在中間預留一個深凹，加入室溫奶油，再加入含酵母的牛奶，並用手逐漸拌勻混合，直到形成麵團。將麵團揉至呈現表面光滑後，保存於密封盒，置於冰箱冷藏過夜。

棕色木屑

將全麥麵粉和核桃粉，置於 160° C 的烤箱中烘烤至略為金黃，大約需要 15-20 分鐘，然後待其冷卻。取一只鍋，用一點橄欖油將盤中的日式麵包屑煎烤至金黃色。將可可脂與橄欖油隔水加熱，將小麥粉、核桃粉、特級細砂糖、鹽和日式麵包屑混合，一邊淋入油，一邊與麵粉攪拌均勻，最後加入 2-3 滴桂皮油，移到密封容器中備用。

灰色木屑

加入食用竹炭粉，將核桃與麥芽糖糊精以香料研磨機（Spice grinder）磨成粉末。移到碗中，淋上核桃油，均勻攪拌。以鹽調味備用。

核桃果仁油泥

45 克 開心果油
30 克 核桃

松樹 / 馬鞭草 果醬泥

37 克 巴糖醇（Isomalt sugar）
37 克 飲用水
2.55 克 HM 果膠 / 黃色果膠
（HM Pectin / Yellow Pectin）
25 克 馬鞭草葉 / 松樹葉
33 克 葡萄籽油
0.25 克 抗壞血酸 （Ascorbic acid）
22 克 甜蘋果醋

點綴裝飾

8 片 落羽松嫩芽
16 種 食用的常見蕨類嫩芽
24 隻 醃漬螞蟻

核桃果仁油泥

在平底鍋中輕輕煎烤核桃，然後放入高效能調理機（Vita-Mix），加入開心果油高速混合，直到看不到顆粒殘留，完成後移入容器中保存備用。

松樹 / 馬鞭草 果醬泥

以香料研磨機將巴糖醇研磨成粉。將 HM 果膠與粉末狀的巴糖醇 和抗壞血酸混合。將水以小火加熱到輕微沸騰，熄火移出火源，加入果膠混合粉，一邊進行攪拌，確保粉末完全溶解，放回爐中繼續加熱直到沸騰。將熱的果膠溶液倒入高效能調理機中，加入馬鞭草葉以高速攪打混合，直到看不見顆粒殘留後，調到最低速，慢慢淋入橄欖油與果醬泥一同乳化，最後再加入甜蘋果醋。完成後以細篩過濾，留下純粹液體並裝入擠花袋放置於冰箱冷藏備用。

料理組裝

將樹皮麵團對切成兩半，然後輕輕滾壓成適合義大利製麵機的厚度。使用製麵機將麵團擀出， 直到達到設定的 6 號薄度。如果麵團黏稠可撒麵粉。接著將它切成約 13 公分長的片狀。在麵皮上刷一層薄薄的核桃果仁油泥，然後將左側 ⅓ 折疊到中心。再將另一層果仁油泥刷到折疊的表面上。將右側的另一半，折疊覆蓋左側。使用 X-acto 多用途小刀對麵團進行部分劃分和切割，製作出裂紋，讓它模仿出類似於樹皮表面皺皺的紋理。用剪刀剪下 5.5×3 公分不等狀的麵團，使它形成不規則和鋸齒狀的切邊。將油加熱至 165° C，並油炸至輕微金黃酥脆，稍微冷卻後以紙巾輕輕吸附多餘油分。將馬鞭草醬汁塗抹於樹皮裂縫上的紋理處，以勺子背面輕輕塗抹，模擬苔蘚樣貌。在不同區域輕輕撒上兩種粉末，但不要重疊或是完全覆蓋住樹皮。擺飾 4 隻醃漬螞蟻，以及常見的蕨葉嫩芽，並以落羽松嫩芽點綴裝飾。

遠眺：海洋潮間

「浸漬漿果與海洋」

主廚筆記
我想創作出一道別具特色又不常見的貝類料理。這道菜的設計概念，主要是呈現出食材自然的鮮甜與口感，所以沒有額外烹煮，僅通過看似單純的醃漬手法，輕鬆保留食材原味，將它們以原始姿態忠實呈現。

八人份

竹蛤浸漬汁

10 顆 酸豆
25 克 甜鳳梨醋
1 撮 鹽
25 克 油漬乾番茄
5 克 油漬番茄的浸泡油
1 顆 蒜瓣

竹蛤

4 個 活竹蛤
清洗竹蛤用的足量清酒

仿土麵包屑

94 克 完整蒜球
70 克 黑麥汁
130 克 中筋麵粉
1.5 克 食用竹炭粉
45 克 Oreo 餅乾碎
45 克 大蒜油
3 克 乾燥奧勒岡
30 克 腰果粉
調味用鹽、糖、黑胡椒

醃漬紅醋栗

70 克 酸蘋果醋
55 克 玫瑰糖漿
5 克 精製白糖
5 克 粉色玫瑰花瓣
40 克 飲用水
50 克 新鮮紅醋栗

竹蛤浸漬汁

切碎酸豆、油漬乾番茄和大蒜，將所有成分混合在一起，放於冰箱冷藏備用。

竹蛤

將活竹蛤冷凍過夜，隔日放置冷藏解凍。用酒精消毒工作檯面、刀具和砧板。將竹蛤的開口朝向自己，並用鋒利的小刀，深入殼體內側左、右兩邊割開，以取出竹蛤。以剪刀順著竹蛤身體剪開，去除黑色內臟、去除所有可見的雜質粗粒，置於清酒和飲用水中輕輕淘洗。將竹蛤與浸漬汁裝入真空包裝袋，以最高壓進行密封，置於冰箱冷藏醃漬過夜。

仿土麵包屑

切掉大蒜的鬚根，並將整個大蒜以鋁箔包裹，置於 160° C 的烤箱中烘烤 25 分鐘或直到變軟即可。擠壓出烤大蒜，並與黑麥汁均勻混合，隨後加入麵粉，製成麵團。用麵粉輕輕塗抹麵團，然後以擀麵棍推開，盡可能擀到最薄，放入 100° C 烤箱中烘烤 90 分鐘，待其冷卻。將烤過的麵糰，壓成粗碎屑，並放置食物風乾機（Dehydrator）以 35℃ 風乾 8 小時。取出乾燥的麵包屑置入食物處理機中，將其他乾燥類素材一併加入，脈衝幾次直到較大顆粒消失，完成均勻混合。攪拌同時一邊淋入油、鹽、糖和胡椒調味，完成後放入密封容器中保存備用。

醃漬紅醋栗

除了粉色玫瑰花瓣和新鮮紅醋栗外，其他成分進行混合製成醃漬汁。隨後加熱至 60°C，一邊攪拌並充分將糖溶解，將花瓣浸泡於醃漬汁中20分鐘。冷卻後，將新鮮紅醋栗也放入醃漬，置於室溫醃漬一週。

腰果奶

110 克 腰果
250 克 飲用水
0.15% 的玉米糖膠（Xanthan gum）
2 撮 鹽
2 撮 糖

玫瑰油

135 克 葡萄籽油
25 克 乾粉紅玫瑰花瓣

竹蛤混合調味料

預備的竹蛤肉
12 克 仿土麵包屑
10 克 去殼＆烘烤南瓜籽
8-12 毫升 醃漬汁
10 克 切碎的巴西里

巴西里香料膠片

300 克 礦泉水
100 克 巴西里
1 個 八角茴香
2.5 克 粗粒黑胡椒
6.25% 蒟蒻粉 （Konjac gum）
14 克 糖
17 克 酸蘋果醋

點綴裝飾

24 粒 醃紅醋栗
8 顆 竹蛤
16 片 小片金蓮花葉
16 片 小片馬鬱蘭葉

餐具

削尖 16 支樹枝作為餐具

腰果奶

隨意拍碎腰果並烘烤至呈現金黃色澤。將鍋中的水加熱至 85° C，加入烘烤過的腰果，熄火蓋上鍋蓋待其冷卻。以手持式調理棒（Handheld immersion blender）進行攪打，直到沒有任何大顆粒殘留。存放在冰箱過夜。隔天，以細篩過濾液體，並保留過濾後的腰果作為其他用途。將液體稱重，計算出 0.15% 為玉米糖膠的添加量，加到腰果奶中，並以鹽和糖調味。

玫瑰油

將乾燥的玫瑰花瓣與葡萄籽油放入多功能料理機（Thermomix）混合，並設定加熱至 60° C 調理 15 分鐘。移裝入容器待其冷卻，蓋上蓋子後置於室溫存放，等待香氣充分融入至少需等待 30 天。

竹蛤混合調味料

將巴西里略為切碎。烘烤南瓜籽，待其冷卻後略切成小塊。從密封袋中取出竹蛤並保留醃漬汁備用。將竹蛤切成 0.5 公分的小塊。取一個碗，將竹蛤、巴西里、南瓜籽和醃料與鹽、胡椒混合調味。在上餐之前在添加調味麵包屑，以保持它的酥脆口感。

巴西里香料膠片

將水加熱至 85° C，輕柔地將巴西里過水川燙，濾起後置於冰水中冰鎮降溫。將胡椒和茴香加入沸水中，熄火蓋上鍋蓋，浸泡 10 分鐘。以細篩網過濾液體，並連同巴西里一起放入高效能調理機（Vita-Mix）中，以高速攪打混合，直到葉綠素完全釋放，並無殘留顆粒即可。將液體進行秤重，乘以 6.25% 即為蒟蒻粉用量。以攪拌器將蒟蒻粉與巴西里液充分混合。以中火加熱至沸騰後，快速將液體倒入平面烤盤中，然後手持平面烤盤，多方向傾斜 45 度，讓液體快速均勻流動鋪滿形成薄片，將多餘的液體倒出，重新加熱凝膠，以致做出更多香料膠片。最後放入冰箱冷藏備用。

料理組裝

將巴西里香料膠片切成 8 公分 × 4 公分的長方型，並放置足量的竹蛤混合調味料於香料膠片上，確認竹蛤肉均勻分佈於膠片中，並捲成直徑為 1.5 公分的長圓柱狀。將表面沾附大量的仿土麵包屑進行調味，並填裝入竹蛤殼中。裝飾 3 顆醃製紅醋栗、2 片金蓮花葉和 2 片馬鬱蘭葉。在殼中加上 1 茶匙腰果奶與 3 滴玫瑰油。將竹蛤殼移放置到裝滿冰的碗中。放入 2 支削尖的樹枝插入冰中，作為餐具完成料理組裝。

芳馥：驚奇核桃

「堅果香氣之籽，醞釀著想像萌芽」

主廚筆記
在 Feuille Next 中，我們廣泛運用食品級矽膠（Food grade silicone）來製作模具，它能讓我們塑造出不同素材形狀各異的造型。除了這道料理仿製了胡桃殼外，其他餐點中也能發現我們仿製的各種堅果造型，如杏仁、榛果、腰果或花生、扇貝殼等造型。在這道餐點中，我們通過仿製核桃外型，為餐點增添更新奇有趣的元素。當用餐者看著餐盤中的核桃硬殼，卻意料之外地能將殼吃進肚子。設計的緣起正是出於想創作出一道「別相信您所看見的」結合視覺衝擊與味蕾驚喜的餐點！

八人份

核桃殼

85 克 核桃
100 克 飲用水
30 克 鮮奶油
25 克 核桃油
1.7 克 海鹽
2 克 糖
1 片 明膠片／吉利丁（Gelatin sheets）
足夠的液態氮

核桃餡

50 克 奶油乳酪
4 克 楓糖漿
15 克 酸奶
6 克 芥末籽
0.5 克 海鹽
7 克 切碎的芹菜葉
1 支 台灣芹菜，20 公分

核桃殼

烘烤核桃，直到略微呈金黃色澤並釋出香氣。冷卻後，用手將核桃相互揉搓摩擦，以去除帶有苦澀味的皮層。在冰水中泡開明膠片並擠乾，隨後將水加熱至沸騰，將核桃放入熱水中，熄火加蓋悶 15 分鐘。將核桃與溶液以及泡開的明膠片，放置到高效能調理機（Vita-Mix）中，以高速攪拌均勻，最後加入鮮奶油，鹽和糖調味。移至淺的長方形容器保存備用。將核桃殼的矽膠模型，浸入液態氮幾秒鐘，直到表層結霜，然後用小湯匙將核桃泥填入核桃殼模具中，靜置幾秒後，倒出多餘的核桃泥，模具內側便會附著形成一層薄泥，再將它浸入液態氮中幾秒即可快速冷凍固化。完成後將裝有核桃泥的矽膠模具，放入密封盒中盡快冷凍。

核桃餡

將奶油乳酪與楓糖漿一同攪拌，直到呈現柔軟絲稠的狀態。加入酸奶，均勻攪拌，再加入芥末籽和鹽調味。隨意略切芹菜綠葉，浸泡冰水 5 分鐘，瀝乾後以紙巾輕拍乾燥，吸除多餘水分。以 0.3 公分的間距切碎芹菜莖，並和芹菜葉一起調入奶油乳酪與酸奶調和而成的內餡中，並以胡椒調味後，放入冰箱冷藏。

核桃本體

- 3 根 中等大小香蕉
- 5 顆 蒜瓣
- 1 顆 小洋蔥
- 35 克 黑糖
- 1 茶匙 印度綜合香料
- 1 湯匙 唐辛子鹽
- 35 克 黃豆豆腐乳
- 5 克 魚露
- 2 茶匙 帶活菌的蘋果發酵汁（製程參發酵果汁）
- 3 克 紅蔥酥
- 10 毫升 核桃油
- 15 克 核桃
- 0.9 克 鹽
- 8.5 克 白砂糖
- 1 片 明膠片 / 吉利丁（Gelatin sheets）
- 50 克 打發鮮奶油

芹菜汁

- 100 克 芹菜莖
- 10 克 巴西里葉
- 0.3% 玉米糖膠（Xanthan gum）
- 16 克 甜鳳梨醋
- 0.25 克 鹽

點綴裝飾

- 10 顆 真正的核桃殼
- 8 片 預留的芹菜嫩葉

核桃本體

香蕉去皮後，大致切成小塊。洋蔥切片後，在鍋中倒入 30 毫升橄欖油，以中火拌炒，並加入大蒜、黑糖、印度綜合香料，直到呈現金黃色澤並略為焦糖化。再加入香蕉、唐辛子鹽、魚露，豆腐乳和黃豆，以小火繼續烹煮，直到接近沸騰。用鍋鏟將香蕉搗碎，直到所有東西都融合呈現糊狀。繼續烹煮，直到香蕉進一步融合。再加入鹽和胡椒調味。待其冷卻後，移裝入梅森罐中。加入 2 茶匙帶活菌的蘋果發酵汁，室溫下放置 5 週。由於二氧化碳會在罐內產生，因此蓋子只需稍微蓋住即可，保持氣體有散出的空間。在發酵結束後，密封瓶蓋並將梅森罐放入鍋中，添加冷水直到完全覆蓋，隨後逐漸加熱至沸騰，目的是為了終止發酵過程。持續在沸水中煮 5 分鐘後熄火等待冷卻。

將明膠片放入冰水中發泡，發泡完成後擠出明膠片多餘的水分。將 85 克發酵的香蕉糊，倒入平底鍋中，小火時加入鹽和糖調味混合，並放入紅蔥酥和泡開的明膠片。等待糖和明膠片溶解後，熄火待其冷卻。將烤好的核桃切成 0.2 公分塊狀。將核桃油加入香蕉糊中。將鮮奶油單獨攪打至中等發泡，並調入香蕉糊以及切碎的核桃塊。移裝到擠花袋後，填充進核桃形狀的矽膠模型後冷凍。

芹菜汁

將芹菜莖與巴西里榨汁，取得 72 克液體，並過濾去除纖維雜質。隨後加入醋、鹽調味，然後以總重量計算玉米糖膠的用量。加入玉米糖膠後，以手持式調理棒（Handheld immersion blender）進行攪打，將芹菜汁與玉米糖膠均勻混合後，放置於冰箱 10 分鐘其膠質充分吸收水分。

料理組裝

從冷凍室取下核桃殼與仿製核桃，填入 ½ 匙的核桃餡塞入核桃殼中，並舀出 ½ 茶匙芹菜汁加入殼中。上方放上仿製核桃，擺盤於冰凍的岩石上。以些微的芹菜嫩葉點綴裝飾，在可食用的仿製核桃旁邊，擺放一些真正的核桃硬殼裝飾，即可立即上桌。

璀璨隅景：秘境花園

「窗框一隅，探出美豔花園」

主廚筆記
可以採用不同類型的可食用花卉搭配點綴，可以將花瓣撒在土壤上方。醋醬也有另一種型態呈現，可將洋甘菊茶醋裝入醬汁瓶中，在品嘗用餐時，由用餐者自行將醋醬倒入，如此可避免土壤碎屑浸泡在醋汁中，顯得過度濕潤。

十二人份

玫瑰乳酪布蕾

10 朵 乾燥粉紅玫瑰
250 克 鮮奶油
30 克 玫瑰果糖漿
1 片 Krema 圓盤乳酪，選配
3 顆 蛋黃

茭白筍薄片

50 片 茭白筍莖部削薄片

玫瑰乳酪布蕾

將蛋黃、乳酪和一半的糖漿進行攪拌，直到均勻混合。將另一半糖漿加入鮮奶油中，加熱至 85° C，再加入乾燥玫瑰花，熄火蓋上鍋蓋悶 15 分鐘。將玫瑰鮮奶油過濾，並擠壓玫瑰花以釋出多餘水分。用鮮奶油補回烹煮過程中逸失的液體量，使重量回到 250 克。將混合好的玫瑰鮮奶油，緩慢倒入蛋液中，並輕輕攪拌均勻。過濾去除雜質。待其冷卻後，裝入真空包裝袋，設定最高壓進行真空，循環此步驟兩次以除去所有氣泡。將直徑 5 公分的圓形矽膠模具排成一列，對齊後以保鮮膜墊底。（在此使用 8 洞連排的圓形矽膠模具兩組，可依照自家的圓形模具依照同樣的方式製作）隨後將處理好的鮮奶油混合溶液倒入模具，達到 2.5 公分的高度。放入 165° C 烤箱平盤中烘烤，在盤中倒入熱水，至少泡到矽膠模具的 ⅔ 位置，烘烤 30-40 分鐘或直到定型。不時確認表面不要燒焦。當烘烤完成待其冷卻後，將矽膠模具移至食物風乾機（Dehydrator），設定 45° C 烘乾 12 小時。輕輕抬起襯底的保鮮膜，以免損壞布蕾，然後以另一片保鮮膜覆蓋上方，小心翻轉，放置另一個圓形容器上支撐奶酪。再移除先前烘烤襯底時的保鮮膜，再繼續烘乾 8 小時。當烘乾循環結束後，以紙巾擦去多餘的油，放入冰箱冷藏備用。

茭白筍薄片

使用蔬菜削皮刀在茭白筍莖部削出長片狀。使用蒸籠蒸 5 分鐘，然後將它們放上食物風乾機的托盤上，以 38° C 下烘乾 2.5 小時或烘乾至完全乾燥。裝入密封容器儲存備用。

油封香甜櫻桃番茄

36 顆 櫻桃番茄
20 克 氧化鈣（Calcium oxide）
1 公升 飲用水
覆蓋用的足量橄欖油

花園土壤

10 克 罌粟籽
25 克 玉米麥芽糊精
（Tapioca maltodextrin）
25 克 義大利香料油
20 克 全麥麵粉預拌粉
20 克 日式麵包粉
0.26 克 食用竹炭粉
0.15 克 鹽
2 克 海苔片
30 克 米香

洋甘菊茶醋醬

200 克 飲用水
4 克 洋甘菊茶包
2.5 克 菊花
15 克 桂花糖漿
3 克 蜂蜜
0.16% 玉米糖膠（Xanthan gum）
5 克 甜蘋果醋

罌粟花香霧

100 克 過濾水
30 克 罌粟糖漿

點綴裝飾

24 朵 馬纓丹花
12 片 冰花
36 隻 醃製森林螞蟻
8 朵 紫羅蘭
16 朵 三色堇
12 隻 蟋蟀
15 毫升 青檸精油

油封香甜櫻桃番茄

挑選圓形、直徑大約 2 公分的甜櫻桃番茄。在沸水快速川燙 30 秒，置於冰水中冰鎮，將番茄去皮。使用 1 公升冷水中加入氧化鈣，將去皮後的番茄浸泡在氧化鈣溶液中，大約浸泡 1 小時，每 20 分鐘攪拌溶液一次。完成後，將番茄充分洗淨、擦乾。移至淺容器中，倒入橄欖油，覆蓋住番茄大約 ⅓ 的位置。再放入食物風乾機以 50° C 烘乾 12 小時，之後放置冰箱冷藏備用。

花園土壤

以略微濕潤的比例米 1：水 1.65，將 50 克的長粒米，例如印度香米，完全煮熟。煮熟後，移到食物風乾機 的托盤中，以 55° C 烘乾 2 小時或更長時間，直到觸感呈現完全乾燥、外觀轉為半透明狀。加熱油鍋至 200° C，放入乾燥後的長米油炸，當米浮起到表面，就可撈起，留意不要讓膨脹的米香在油鍋中太久，以免產生焦黃變硬影響口感。取一只鍋，加一點橄欖油煎日式麵包粉，直到略呈金黃色澤。另取一個鍋，以中火煎烤全麥麵粉，直到略呈金黃色澤。將煎過的日式麵包粉、煎烤過的全麥麵粉、麥芽糖糊精、海苔片、香料油、食用竹炭粉，都加入食物處理機（Food processor）中，以脈衝閃打幾次，直至均勻混合。隨後加入鹽和糖調味，儲存於密封容器中。

洋甘菊茶醋醬

將水加熱至 85° C，放入洋甘菊茶包和菊花，熄火蓋上蓋子悶 8 分鐘。拿起茶包與菊花前，盡量擠壓茶包和花朵以釋出水分，讓茶水的量達到約 120 克。除了玉米糖膠，將其他成分添入茶水中。攪拌溶解蜂蜜和糖漿後過濾。加入玉米糖膠（將液體進行秤重，乘以對 應的比例，即為用量），並使用手持式調理棒（Handheld immersion blender）攪打融合。裝入真空包裝袋中，以中壓進行循環真空以除去氣泡，放置冰箱冷藏保存。

罌粟花香霧

將糖漿溶於水中，裝填至噴霧罐中，置於冰箱備用。

料理組裝

將蟋蟀放入冰箱冷凍 45 分鐘，讓它們入睡。將乳酪布蕾切成兩半，放在有斜度的深碗一側。將 3 顆櫻桃番茄放在乳酪布蕾周圍 12 點鐘、4 點鐘、8 點鐘的位置。將油鍋加熱至 160° C，並油炸茭白筍薄片和蟋蟀。將它們放於紙巾上以吸收多餘的油分。在布蕾上放置 6-7 片茭白筍薄片，並輕輕撒上 1 至 2 湯匙的花園土壤。以 2 朵帶莖的馬纓丹花球，插入布蕾，再用 1 朵冰花作為花球的葉子。在花上添加幾隻醃漬螞蟻，再將剩下的花瓣分散撒於盤中裝飾點綴。將 1 湯匙洋甘菊醋醬淋上碗底，再以滴管將 6 滴青檸精油滴在醋醬上。 以罌粟花香霧噴灑於花朵上，就能上桌了。

協奏芳澤：蓮池塘畔

「河岩堆砌的蓮池塘，有芳香、游魚與氣泡」

主廚筆記
食譜示範以鯖魚為例，但也可以採用其他的魚類代替。主要是依循永續海洋為原則，避免使用日漸減少的魚種。這道食譜示範的靈感來自池塘，在品嘗活動期間，我們還會使用沿著湖邊生長的樹叢或常見植物作為取材，裝飾餐盤週邊，以創造出宛如置身湖邊的用餐體驗。

八人份

魚高湯

- 115 克 芹菜
- 400 克 黃洋蔥
- 600 克 大頭菜汁
- 400 克 鯉魚骨頭和魚頭
- 400 克 鯖魚邊料和骨頭
- 30 克 橄欖油
- 200 毫升 干型（Dry）白葡萄酒
- 3 公升 飲用水
- 3 克 魚露
- 25 克 酒釀
- 155 克 切碎的韭菜莖

柑橘香料

- 20 克 新鮮檸檬草
- 3 片 新鮮月桂葉
- 20 克 新鮮泰國檸檬葉

鯖魚片

- 1 條 中等大小的新鮮鯖魚
- 塗抹用的轉麩醯胺酶（Transglutaminase）

鯖魚醃漬汁

- 10 克 磨碎的薑
- 86 克 小黃瓜醃漬汁
- 8 克 白味噌
- 10 克 鰹魚醬油
- 5 克 青檸精油
- 2 克 魚露
- ½ 增添香氣的萊姆皮
- 1 茶匙 乾燥奧勒岡葉
- 1 茶匙 乾燥羅勒葉
- 18.5 克 黃砂糖

蒔蘿油

- 100 克 葡萄籽油
- 85 克 新鮮蒔蘿

魚高湯

鯖魚和鯉魚骨放入 180° C 烤箱烘烤 25 分鐘，直至表面呈金黃色澤。將芹菜和洋蔥洗淨並切成小塊。去除大頭菜皮，切成大立方塊，然後以榨汁機榨出約 600 克大頭菜汁。取一個深鍋，以橄欖油炒洋蔥和芹菜，直到呈現金黃色澤。熄火，將魚骨、白葡萄酒、大頭菜汁、冷水加入鍋中。將高湯煮沸後以小火續滾 2 小時，然後將高湯過濾去除所有雜質。隨後將高湯沸滾以濃縮湯汁，蒸發到 776 克。放入柑橘香料，蓋上鍋蓋悶 8 分鐘。之後再次過濾高湯，加入魚露、酒釀、鹽、糖調味。每份餐點都會配有 90 克的高湯。將高湯輕煨燉煮，加入韭菜花莖川燙。放入高效能調理機（Vita-Mix）並攪打成粗泥狀，釋放出韭菜香氣與葉綠素。最後以細篩網過濾，留取湯汁，待其冷卻後，放入冰箱備用。

鯖魚片

製作這道餐點前，請盡可能選用最新鮮的鯖魚。開始之前先以消毒酒精將工作檯面、刀具、砧板進行消毒。先將鯖魚去除內臟、切除頭尾。單手抵著魚身（像要處理生魚片那般），刀具從尾部進入，貼著魚骨，往魚頭方向劃開。去除魚骨與平行於脊柱的血管、並切除魚皮、剔除魚刺，得到兩片去皮無刺乾淨的鯖魚片。用保鮮膜覆蓋工作檯面，然後放置魚片，皮面位置朝下。廣泛將轉麩醯胺酶撒在魚片上，把兩片魚黏合一體（還原成魚體的樣貌），再用保鮮膜將它緊緊包裹固定，再用真空包裝機（Vacuum sealer）以最高壓進行真空封口後，放置於冰箱冷藏 6 小時。

鯖魚醃漬汁

薑削皮、研磨成薑泥。取一個碗，將所有醃漬需使用的成分加入，攪拌均勻。之後取出一個能平放魚片的長方形容器，將混合醬汁倒入。在服務前1小時，再從密封袋中取出鯖魚片醃漬其中。

蒔蘿油

將蒔蘿快速川燙後，迅速置於冰水中降溫。以篩網瀝水甩乾，並使用紙巾盡量去除多餘水分。將葡萄籽油和蒔蘿放入多功能料理機（Thermomix），以60°C 的高溫調理10分鐘。冷卻後裝至容器中，蓋上蓋子，放置於冰箱冷藏過夜，靜待釋放香氣。

醃漬栗子

煮熟的去殼栗子
足量的鳳梨醋用來浸泡醃漬

發酵酸白菜奶油醬

1.5 克 茴香籽
1.3 克 孜然籽
1.0 克 香菜
125 克 飲用水
150 克 動物性鮮奶油
8 克 黑糖
1.28% 結蘭膠(Goma gellan)
0.05% 六偏磷酸鈉
(SHMP /
Sodium Hexametaphosphate)
0.85 克 鹽
65 克 發酵的白菜汁
0.7% 玉米糖膠(Xanthan gum)
0.8% 關華豆膠(Guar gum)

木薯粉圓(西米露)醋

30 克 小顆的木薯粉圓(西米露)
300 克 椰子水
50 克 甜蘋果醋
50 克 酸蘋果醋

黃瓜醃漬汁

30 克 飲用水
30 克 新鮮蒔蘿
50 克 甜蘋果醋
1 條 小黃瓜

蒔蘿醋泡沫

50 克 甜蘋果醋
177 克 粉圓(西米露)醋液備用
100 克 礦泉水
30 克 新鮮蒔蘿
1.5% 大豆卵磷脂(Soy lecithin)

點綴裝飾

48 顆 小鵝卵石
80 朵 帶莖、葉的金蓮花
24 朵 帶莖的秋海棠花
40 片 蒔蘿葉
24 株 海蘆筍

醃漬栗子

將栗子切成 0.5 公分的立方體,倒入足量的醋將栗子完全浸泡。蓋上蓋子後置於冰箱冷藏 1 週。

發酵酸白菜奶油醬

將香料類材料進行烘烤,直到香味釋放後,放入咖啡研磨機中研磨成粗粉。將鮮奶油與水混合,加熱至 85° C 後,將所有混合香料放入,並蓋上鍋蓋悶 15 分鐘。隨後將液體過濾,乘以對應的比例,即計算出結蘭膠與六偏磷酸鈉的用量,隨後與黑糖預先混合後,再加入液體中。用手持式調理棒(Handheld immersion blender)攪打融合,將它煮沸並再持續烹煮 2 分鐘。完成後將鍋子移出爐具,放置一旁待其冷卻,冷卻後放入冰箱冷藏 3 小時。當液體凝固成凝膠時,將凝膠隨意切成立方體,之後使用高效能調理機(Vita-Mix)調理至呈現光滑稠狀。以最細密的篩網過濾,以確保質地均勻,然後加鹽調味。另取一只鍋,將發酵白菜汁煮沸,加入測量後的玉米糖膠和關華豆膠(將液體進行秤重,乘以對應的比例,即為用量)。攪拌均勻後,放置 10 分鐘等待膠體與液體融合。將凝結的酸白菜汁與調味奶油均勻攪拌。移至容器中保存,置於冰箱冷藏備用。

木薯粉圓(西米露)醋

將椰子水和兩種醋倒入鍋中煮沸,再將西米露一同加入沸水中煮 5 分鐘。然後熄火,蓋上蓋子悶 15 分鐘。15 分鐘結束時,掀蓋攪拌,並再次煮沸,煮沸後熄火,上蓋靜待 8 分鐘,8 分鐘後掀蓋待其冷卻。取出 177 克的醋液作為後續製作泡沫醋使用。將其餘的醋液連同西米露,保留備用。

黃瓜醃漬汁

切碎新鮮蒔蘿。將水、醋和蒔蘿混合於容器中。將黃瓜切成 4 段,使用蘋果去核器將黃瓜切成圓柱體。之後將黃瓜柱切成 0.5 公分的圓片,放入蒔蘿醋液中。將黃瓜醃漬汁倒入真空袋後,進行兩次真空循環抽出空氣,以利快速醃漬黃瓜圓片,隨後放入冰箱冷藏備用。

蒔蘿醋泡沫

將預留的 177 克西米露醋液與水、甜蘋果醋、蒔蘿葉混合一起。以手持式調理棒加以攪打調理,釋放出蒔蘿的香氣,儲藏於冰箱冷藏過夜。第二天,以細篩網將蒔蘿醋液過濾。將液體進行秤重,乘以 1.5%,即為大豆卵磷脂的用量。將大豆卵磷脂加入蒔蘿醋中,再以手持式調理棒加以融合。置於冰箱冷藏備用。

料理組裝

將烤箱預熱至 260° C。隨後將鵝卵石放置於烤箱中加熱 10 分鐘。使用手持式調理棒傾斜放入,將空氣打入蒔蘿醋液中,以產生泡沫。使用前先讓泡沫靜置 30 秒後再使用。將鵝卵石放置在淺湯碗的 12 點鐘位置。隨後將發酵酸白菜奶油醬裝入醬汁鍋中,一邊攪拌的同時,慢慢加溫至 45° C,不要煮沸。將白菜奶油醬以湯匙勺刮,如同刮勺冰淇淋般,讓奶油醬於湯匙中形成檸檬形狀,放置在 6 點鐘位置,並稍微朝向碗的中心位置。將奶油醬左右兩側壓平,形成中間突起的新月造型。將鯖魚從醃漬液中取出,以 2.5 公分間隔進行切塊,然後用紙巾擦乾鯖魚表面。使用噴槍輕輕炙燒魚片的魚皮面,並以鹽和胡椒調味,將於輕靠在奶油的脊邊。瀝乾醃漬黃瓜圓片與栗子。在鯖魚片上放置 6 片相互略微交疊的黃瓜圓片。將醃漬栗子散放於奶油醬上。將西米露醋液連同其中的西米露稍微加熱後,過濾,在奶油醬的左、右兩側各別添加 1 茶匙的西米露,並滴下 ½ 茶匙蒔蘿油。以湯匙舀取足夠的蒔蘿醋泡沫,在 12 點方向與 4 點鐘、8 點鐘方向,分別覆蓋住魚的兩側。以剪刀將金蓮花的葉子,剪下一塊切口,使葉片猶如荷葉一般的形狀。以金蓮花葉、秋海棠花、蒔蘿葉和海蘆筍裝飾點綴。最後將 90 克湯加熱,端餐至品嘗者面前後,再將湯緩緩注入碗中,即可享用。

毗鄰：紫醉洋蔥

「旁岸土壤洋蔥茂生」

主廚筆記

阿根廷紅蝦具有特別柔軟、可塑的質地。尤其以 57° C 烹飪阿根廷紅蝦，更能凸顯出它特有的柔嫩卻富彈性的口感，沒有其他蝦可以取代這種特性。也正因這層特性，這道料理特別指定以阿根廷紅蝦作為主要食材。清酒粕製成的發酵混合液，能強化洋蔥風味，所以醃漬後的 2-4 天之間最合適使用。如果超過一週，洋蔥可能會因過度發酵，而失去原有的甜味。

八人份

洋蔥高湯

690 克 黃洋蔥
500 克 紅洋蔥
125 克 紅蔥
100 克 青蔥
125 克 巴薩克米醋
80 克 威士忌
150 克 雪利酒
4 公升 飲用水
300 克 蘋果汁
3 片 明膠片 / 吉利丁（Gelatin sheets）
40 克 溜醬油（Tamari）
15 克 昆布海帶
125 克 味醂

洋蔥茶

100 克 飲用水
1 克 薰衣草花
100 克 過濾後的洋蔥高湯
30 克 薰衣草茶

發酵洋蔥

8 顆 有機小型黃洋蔥，約 2-3 公分長
250 克 黑麥汁
250 克 清酒粕
50 克 豆腐乳和黃豆

醃漬珍珠洋蔥

20 顆 各式品種的珍珠洋蔥
315 克 覆盆子醋
215 克 甜菜根汁
100 克 精製白糖

洋蔥高湯

將不同品種的洋蔥概略切碎，並以一點橄欖油將黃洋蔥炒至金黃色，倒入醋與威士忌洗鍋，收汁蒸發一半的水分。將紅洋蔥、紅蔥、青蔥放入 220° C 的烤箱中，烤到表面燒焦。將炒洋蔥與烤洋蔥連同青蔥混合一起，放入深鍋中。加入水、蘋果汁、雪利酒，然後將它煮沸。煮沸後轉小火慢煨 4 個小時。去除高湯表面雜質。在煨煮結束時，將高湯進行過濾，除去雜質與食材。隨後加入醬油、昆布海帶、味醂，續煮 30 分鐘。將明膠片泡開擠除多餘水分，並加入 750 克的溫熱高湯中，待冷卻後放置冷凍過夜。在篩網上方放上過濾棉布，將冷凍的湯塊放在襯有過濾布的篩網上，底下放置一只深鍋，在移至冰箱冷藏，讓湯塊慢慢溶解，過濾後，取得清澈高湯。

洋蔥茶

將水加熱至沸騰，投入薰衣草花，熄火蓋上蓋子悶 10 分鐘。另取一個鍋，將過濾後的高湯加熱，並倒入 30 克薰衣草茶，以鹽和糖調味，放置一旁備用。

發酵洋蔥

將黑麥汁、清酒粕、豆腐乳和黃豆混合一起。移至一個能夠容納洋蔥的長方形容器。將洋蔥對切成兩半，只去除最外層的表皮。之後放入黑麥汁混合溶液中，將洋蔥的兩半完全浸泡。放置於室內溫暖的地方，發酵 2-3 天。

醃漬珍珠洋蔥

將珍珠洋蔥切成兩半，去掉最外層皮膜，並將每片洋蔥瓣分開，並擺放一邊備用。取一只鍋，將甜菜根汁中火煮至沸騰，直到濃縮至糖漿般的稠度。再將醋、糖與濃縮的甜菜根汁混合，倒入不會與食物起化學反應的容器（避免使用銅鍋）。將預備的洋蔥瓣添加進甜菜根糖醋漿中，放入真空機裡，設定最高壓，循環抽取兩次真空。放置於冰箱冷藏 3 天，使洋蔥充分醃漬入味。

糖漬橘子皮

170 克 飲用水
2 顆 橘子
75 克 橙汁
50 克 糖
25 克 液態葡萄糖

胡椒傑克乳酪

200 克 胡椒傑克乳酪

薰衣草奶油乳化水

100 克 飲用水
2 克 薰衣草花
125 克 奶油

阿根廷天使紅蝦

8 隻 紅蝦

青蔥

16 支 中等大小青蔥

糖漬橘子皮

以削皮器削取橘子表皮。由於橘皮內部的白色部分會苦，所以需以刀去除白色部分，只留橘色的皮表。將橘皮切成長條狀，於沸水中川燙 10 秒鐘，總共進行 3 次，以去除苦味。將橘皮薄片與水、橙汁、糖和葡萄糖混合，然後煮沸。煮沸後轉至小火慢煮，持續煮到液體呈現出糖漿狀的濃稠度，並且橘皮也呈現出透明感，與糖漿充分融合。

胡椒傑克乳酪

將胡椒傑克乳酪切成長寬 2.5 × 2.5 公分、厚度為 0.5 公分的正方形薄片，完成 8 人份備料。

薰衣草奶油乳化水

將乾燥的薰衣草花放入 85° C 的熱水中，熄火蓋上蓋子悶 10 分鐘，完成薰衣草茶。過濾薰衣草茶，將奶油切為 2 公分的立方體。過濾薰衣草茶，逐步加入奶油塊，一次一顆，一邊攪拌，完成薰衣草奶油乳化水，放置一旁備用。

阿根廷天使紅蝦

將紅蝦去殼、去頭部、尾部。切開蝦背，清除蝦腸線。以紙巾仔細將蝦仁擦乾，並將蝦仁放入真空包裝袋中，然後將預先準備好的薰衣草奶油乳化水覆蓋蝦體。使用真空包裝機 （Vacuum sealer）以最高壓將袋子真空封口，隨後將裝有紅蝦的真空袋在 57° C 下，烹煮 25 分鐘，完成後放至一旁冷卻。

青蔥

徹底清潔洗淨青蔥，但不要切掉根部。從根部向上，留取總長度至少為 15 公分後，切掉上方多餘的綠色部分。蓋上濕紙巾，放置冰箱冷藏。

綜合香料麵包粉

3.5 克 芫荽籽
1 克 肉豆蔻籽
3 克 香菜籽
2.6 克 孜然籽
20 克 日式麵包粉
40 克 黑麥麵包
7 克 芝麻油
7 克 糖
調味用的鹽和胡椒

點綴裝飾

24 片 塌棵菜嫩葉
24 片 小片油菜葉
預留的青蔥
24 片 薰衣草葉
40 朵 薰衣草花
40 朵 洋蔥花
10 克 0.1 公分的切丁韭菜莖
16 片 百里香嫩芽

綜合香料麵包粉

將香料放入鍋中烘烤，直到香味釋出，隨後以咖啡研磨機研磨成香料粉末。將日式麵包粉以一些橄欖油煎，直到呈現金黃色澤。以食物風乾機（Dehydrator）設定 50℃，將黑麥麵包烘乾 8 小時。完成後放入多功能料理機（Thermomix），將麵包調理成細小的麵包屑。將黑麥麵包屑進行烘烤，直到散發出香氣並呈現出淡金黃色。混合日式麵包屑、黑麥麵包屑、糖、香料和芝麻油，以食品調理機進行脈衝閃打，攪拌均勻，再以鹽和胡椒調味。

點綴裝飾

將發酵的洋蔥洗淨並以紙巾壓乾。以紅外線燒烤爐烘烤，直到洋蔥最外層的表皮部分燒焦。剝除燒焦的外層，取一隻火槍，快速燒烤洋蔥邊緣使焦化。並將每瓣分開，持續保溫。將密封袋的紅蝦放入水浴器中，設定 55° C 水浴 8-10 分鐘。完成後從密封袋中取出蝦並擦乾。放於湯碗的 12 點鐘風向，頂端再放著一顆胡椒傑克乳酪薄片，然後用噴槍炙燒蝦體，輕輕焦化表面的乳酪。在蝦仁上方放置大約 10 顆切碎的韭菜莖，然後在乳酪上擺放 2-3 根橙皮。將 4 片洋蔥瓣，擺放在 2 點鐘、5 點鐘、6 點鐘和 9 點鐘的位置，同時在中間預留出注入洋蔥茶的空間。將 3 片醃漬的珍珠洋蔥，放置於烘烤過的洋蔥內緣。取一個平底鍋，以少許橄欖油將青蔥和小片油菜葉爆香，直到熟透略呈金黃色澤。將兩隻煎過的青蔥各放於洋蔥瓣的頂部，綠色蔥段朝向蝦。點綴一片塌棵菜嫩葉，放置於洋蔥瓣之間，並將爆香後的油菜葉放於 3 點鐘、6 點鐘、9 點鐘位置。以薰衣草花、薰衣草葉、百里香嫩葉、洋蔥花點綴裝飾。在洋蔥花瓣內和洋蔥邊緣撒上 2-3 茶匙的綜合香料麵包粉。將洋蔥茶加熱放於花茶壺中，每份餐點用量為 85 克。送餐上桌時，在用餐者面前緩緩注入洋蔥茶，瞬間將其他風味相互融合，即可食用。

俯瞰：小農植場

「小農植場，栽甜菜根、粗糧放牧母牛」

主廚筆記

這道餐點以模擬型態，創造出意料之外的驚喜效果。我先讓用餐者誤以為是要享用牛排，卻鋪陳了幾個視覺線索，暗示這道為蔬食餐點。並在餐盤中擺飾了奶牛模型，送餐時，還會告知用餐客人「請享用牛排」，這些過程都將使品嘗的顧客疑惑不已。其實我想通過這道餐點傳遞一項信息：「蔬食餐點是能與肉類菜餚擁有同質美味的！」，進而為無肉不歡的用餐者，帶來驚喜與新的味蕾衝擊，發自內心感到其實素食也能擁有多元的層次感的。餐點中的穀粒燉飯是非必需的，可以隨意刪增。甜菜根帶有的獨特風味與口感，最適合點品嘗原味，或簡單佐上花椰菜奶油醬，就能創造最純粹的味蕾體驗。

八人份

甜菜根前置作業

2 顆 中等大小甜菜根
20 克 氧化鈣（Calcium oxide）
1 公升 冷水

乾牧草油

100 克 橄欖油
30 克 牧草

花椰菜奶油醬

250 克 飲用水
40 克 腰果
20 克 白巧克力
73 克 花椰菜
0.9% 結蘭膠（Goma gellan）約 2.45 克
100 克 酸奶
50 克 大葉的酢漿草
1.5 克 糖
0.9 克 鹽

醃漬紅紫蘇葉

8-10 小片 紅紫蘇嫩葉
215 克 白葡萄酒醋
200 克 柚子酒
50 克 糖

甜菜根前置作業

將甜菜根去皮，切為 4 公分 × 6 公分 × 1.6 公分厚的長方塊。在冷水中加入氧化鈣，製成氧化鈣溶液。將甜菜根長方塊浸泡於溶液中 1 小時，每 20 分鐘攪拌一次，以確保溶液充分作用，形成膠質反應。結束後以冷水徹底清洗甜菜根並輕輕擦除多餘水分。裝入真空袋，添加足量的義大利風味橄欖油加以覆蓋，以最高壓力進行真空封口。然後將水浴器加熱至 85° C，將甜菜根水浴調理 3 小時。完成後，待其冷卻即可放入冰箱過夜，讓甜菜根更加入味。

乾牧草油

將牧草置於 180° C 的烤箱中烘烤 10 分鐘。使用剪刀將牧草剪為 5 公分的長段，放入多功能料理機（Thermomix）中。加入橄欖油，並維持 60° C 低速烹調 10 分鐘。隨後裝入容器，放於室溫中保存過夜。

花椰菜奶油醬

將腰果烘烤至略呈金黃色澤。將水煮沸後，加入腰果，熄火蓋上鍋蓋悶 10 分鐘。使用手持式調理棒（Handheld immersion blender）把腰果打成細顆粒狀後，置於冰箱冷藏過夜。第二天，將腰果奶過濾後放置一旁備用，此時應有大約 200 克的腰果奶。將腰果奶進行秤重，將秤重的量 × 0.9 即為結蘭膠（Goma gellan）用量。將結蘭膠粉末與糖混合，隨後加入冷腰果奶中，以手持式調理棒均勻攪打。之後將液體煮沸，放入冰箱冷藏後會凝結成膠狀備用。將花椰菜蒸煮直至熟透。將腰果凝膠隨意切碎，放入高效能調理機（Vita-Mix）中，並加入白巧克力、蒸熟花椰菜和酢漿草，攪打成非常細緻的濃稠醬體。將醬體與酸奶混合，最後用鹽調味，置於冰箱冷藏備用。

醃漬紅紫蘇葉

挑選小片的紅紫蘇嫩葉。將醋、糖、柚子酒混合攪拌均勻，倒入不會與食物起化學反應的鍋具（避免使用銅鍋）。將紅紫蘇嫩葉浸入混合醋液中，至少浸泡 3 天。

李子楔片

20 顆 紅色 / 黃色李子
100 克 白巴薩米克醋
100 克 飲用水
175 克 梅酒
15 克 糖

穀粒燉飯

75 克 飲用水
125 克 牛奶
10 克 麵粉
25 克 巴薩米可醋膏
30 克 清酒粕
25 克 熟成煙燻切達起士
20 克 燕麥粒
10 克 奇亞籽
20 克 珍珠大麥

香蒜當歸葉粉

70 克 當歸葉
10 克 烤南瓜籽
1 顆 蒜瓣
140 克 橄欖油
12 克 帕瑪森粉
45 克 木薯麥芽糊精
（Tapioca maltodextrin）
調味用鹽、胡椒粉

紅紫蘇粉

2 克 紅紫蘇粉
2 克 麥芽醋
5 克 茴香油
10 克 木薯麥芽糊精
（Tapioca maltodextrin）
0.5 克 鹽
0.5 克 黑胡椒粉

棕色粉末

22 克 爆米香
2 克 麥芽醋粉
20 克 日式麵包粉
20 克 木薯麥芽糊精
（Tapioca maltodextrin）
3 克 牛肝菌油
1.75 克 牛肝菌粉
0.8 克 鹽

李子楔片

將李子洗淨徹底擦乾。對切成兩半並去掉種子。將醋、水、梅酒和糖攪拌均勻，然後倒入不會與食物起化學反應的鍋具中（避免使用銅鍋）。將切半的李子浸入醋中，放置於室溫中慢慢醃製、發酵 1 個月。

穀粒燉飯

將牛奶和水混合後，慢慢煮沸。再轉小火，慢慢加入麵粉，但迅速攪拌，直到所有麵粉都陸續加入牛奶中，完全融合，煮到呈現濃稠狀。熄火後移開熱源，將熟成煙燻切達起士塊加入牛奶糊中，攪拌確保起士充分融合。加入清酒粕、巴薩米可醋膏，攪拌混合均勻。以細篩推刮過濾，以鹽調味後放置一邊備用。將燕麥粒浸泡於冷水中 30 分鐘，然後煮沸。轉小火續煮約 10 分鐘，直到燕麥粒煮到完全熟透，但仍保有些微口感。將奇亞籽浸泡於熱水中 10 分鐘、將珍珠大麥浸泡於冷水中 30 分鐘，然後煮沸。一樣慢慢煮沸，續煮 20 分鐘，直到煮熟，但不至於分解的程度。過濾大麥和奇亞籽的水分，再加入先前製作好的清酒粕醬並攪拌均勻。

香蒜當歸葉粉

將當歸葉以沸水川燙 1 分鐘，然後迅速移入冰水中冰鎮冷卻。用紙巾盡可能地吸除當歸葉的多餘水分。使用高效能調理機（Vita-Mix），放入當歸葉、大蒜、橄欖油、南瓜籽、帕瑪森起士粉，混合成光滑稠泥，製成香蒜當歸葉醬。將 20g 香蒜香蒜當歸葉醬裝入碗中，並加入麥芽糖糊精攪拌均勻，製成油基粉末，隨後儲存於冰箱中冷藏備用。最後將剩餘的香蒜當歸葉醬裝入擠花袋中備用。

紅紫蘇粉

將茴香油與麥芽糖糊精混合，加入紫蘇粉、醋粉、鹽和胡椒粉混合並攪拌成粉末。一起裝入容器中。

棕色粉末

將棕色粉末製作所需的所有成分，放入食物處理機（Food processor），脈衝混合攪打成粗粉，再裝入容器備用。

綜合香料粉

1 茶匙 芫荽籽
1 茶匙 茴香籽
½ 茶匙 孜然籽
½ 茶匙 乾奧勒岡葉
½ 茶匙 乾羅勒葉
½ 茶匙 乾百里香葉

點綴裝飾

80 片 野生百里香嫩葉
80 片 甜菊嫩葉
40 朵 醃漬夜來香嫩葉
24 片 醃漬酸黃瓜 - ¼ 片
8 片 醃漬李子楔片 - 8 等份切丁
8 片 綠葉酢漿草
8 片 當歸嫩葉
8 片 蒔蘿嫩葉
24 片 當歸花卉嫩葉
40 粒 醃漬芫荽籽
8 片 醃蒔蘿花冠與嫩芽
8 克 預留的綜合香料粉
24 隻 乳牛模型

綜合香料粉

烘烤香料直到釋放出香氣，再將烘烤後的香料放入香料研磨機（Spice grinder）中研磨成粉，儲存於密封容器中備用。

點綴裝飾

從密封袋中取出甜菜根長方塊，並以紙巾輕拍吸除多餘水分，將袋中的汁液與油汁保留備用。使用紅外線燒烤爐將甜菜根以中火烘烤約 20 分鐘，並在烘烤製程中不時翻面交替。當烹飪過程結束時，甜菜根會呈現出深褐色，有如肉一般的質地。接著再刷上袋子中預留的甜菜根浸泡汁，防止烤過的甜菜根變乾。將穀粒微微加熱，並輕輕攪拌以確保受熱均勻。如果穀粒燉飯太濃，可再加一些牛奶稀釋。依據需求斟酌調整調味料。取一只餐盤，再取一張餐盤大小的烘焙紙，擺在餐盤上，割除 5 公分 × 7.5 公分長方形，將花椰菜奶油醬以 1 公分的厚度塗抹於長方形紙樣上。然後輕輕將紙樣提起，就能取得長方形的奶油醬。將裝有當歸香蒜醬的擠花袋，剪出微小孔洞，在花椰菜奶油上擠出細線，畫出農場區塊的邊界，再撒上紅紫蘇粉、棕色粉、香蒜當歸葉粉，區隔出不同的農田區塊。最後為農田植上各種香草，例如將野生百里香、甜菊和醃製花卉嫩芽，點綴到深綠色的線條上頭作為區分裝飾，即完成美味的農田。將 1-2 湯匙的穀粒燉飯，放到甜菜根的長形片上。然後反轉甜菜根片，使穀粒燉飯墊在下方。將甜菜根放在置於奶油醬的一旁側角。用發酵黃瓜片、李子楔片、蒔蘿葉尖、酢漿草、當歸葉、芫荽籽和醃製的蒔蘿花冠點綴裝飾甜菜根，將香料粉撒於甜菜根的兩側。最後加上童趣的裝飾，將乳牛模型擺放於盤周，彷彿暗示我們準備吃的是一塊牛排！

雷動潮湧：傳鮮海味

「海味．牡蠣、烏賊。驟雨，挾雷鳴雲霧飄傳鮮香」

主廚筆記

海鮮通常與酸性水果是絕佳拍檔，它們互補的特性，能將料理美味推升更高境界，更加鮮甜美味。我個人一直都都很喜歡百香果的明顯酸香，不過蜂蜜西洋梨更讓人大吃一驚，它口感清爽也香味濃郁持久，食用後唇齒間藏存特殊的芬芳香甜久久不散。將西洋梨以義大利香料油浸漬後，於明火上烘烤，再將西洋梨與醃漬烏賊搭配，完美融合成一道既香甜又鮮美的海鮮佳餚。

海之一 / 烏賊

八人份

蜂蜜西洋梨

4 顆 蜂蜜西洋梨（巴特利），小顆半熟
20 克 氧化鈣 （Calcium oxide）
1 公升 冷水

烏賊醬汁醃料

15 克 檸檬風味冷壓橄欖油
15 克 檸檬汁
½ 顆 萊姆皮
½ 顆 檸檬皮
15 克 檸檬利口酒
5 克 檸檬伏特加
鹽、糖、胡椒調味

烏賊前置作業

1 隻 新鮮大烏賊
500 克 飲用水
15 克 檸檬汁
30 克 蘋果醋
2 片 月桂葉
2 片 泰國檸檬葉
25 克 清酒

烏賊乳酪填料

5 克 巴西里，切碎
4 塊 Laughing cow 乳酪塊
1 茶匙 烏賊浸漬油
70 克 烏賊醬汁醃料
鹽、胡椒粉調味

蜂蜜西洋梨

以蔬菜削皮器將西洋梨去皮，對切成兩半，然後用水果挖球器去籽。在冷水中加入氧化鈣，製成氧化鈣溶液。將西洋梨放入溶液中浸泡 1 小時，每 20 分鐘攪拌一次，以確保溶液充分作用，形成膠質反應。完成後徹底洗淨，並將西洋梨以紙巾擦拭乾燥。隨後移至真空袋中，加入足量的義大利香草油浸泡，並以最高壓進行真空封裝。將水浴器預熱至 85° C，將油漬西洋梨進行水浴調理 40 分鐘。冷卻後，放置一旁備用。

烏賊醬汁醃料

將烏賊醬汁醃料所列出的所有材料混合，然後以鹽、糖、新鮮現磨的胡椒粉進行調味，靜置一旁備用。

烏賊前置作業

烏賊準備工序包含去除內臟、軟骨、外皮、觸鬚。將烏賊身體放於砧板上，從中切開取得兩半。用刀刮淨內膜、內臟。將觸手保存以備其他用途，徹底清洗後並以紙巾拍乾。將半顆檸檬擠壓出汁，混入水中，並加入蘋果醋、月桂葉、泰國檸檬葉、清酒加以混合，製成基底。將基底湯液煮沸後熄火，將預備的烏賊浸入熱水 3 秒鐘，然後迅速投入冰水中冰鎮降溫。將準備好的烏賊移入真空袋中，並倒入足量的醃漬汁以覆蓋烏賊。使用最高壓進行真空封裝，放於冰箱冷藏 3 小時。

烏賊乳酪填料

將巴西里切成細碎。將乳酪塊再切分成 8 個更小的正方體，然後在巴西里中滾動。從密封真空袋中取出烏賊、拍乾除去多餘水分，切成 0.5 公分的立方體。將烏賊塊和剩餘的巴西里、醃漬汁、乳酪塊混合，加入鹽、新鮮現磨胡椒調味備用。

鮮奶油蘋果醋

40 克 鮮奶油
10 克 甜蘋果醋
0.6 克 鹽調味

玻璃馬鞭草油

80 克 馬鞭草葉
100 克 葡萄籽油
50 克 巴糖醇（Isomalt sugar）
25 克 飲用水
3 公分的不鏽鋼圓型圈

點綴裝飾

48 朵 醃漬夜蘭香花
32 片 奧勒岡葉
4 支 大蒜花莖
16 朵 香雪球花
預留的西洋梨
預留的烏賊乳酪

鮮奶油蘋果醋

將甜蘋果醋加入奶油中，均勻攪拌至到呈現濃稠感。再以鹽調味後，移裝入醬料擠壓瓶中，放入冰箱冷藏備用。

玻璃馬鞭草油

將馬鞭草葉放入沸水中川燙，然後迅速移入冰水中冰鎮冷卻。撈起後盡可能以紙巾擠壓吸乾水分。將葉子放入高效能調理機（Vita-Mix）中，倒入葡萄籽油，均勻攪打充分混合，放入密封容器中浸漬，於冰箱冷藏過夜。第二天，以棉布過濾油體，將馬鞭草濾除。取一只鍋，先放入巴糖醇（Isomalt sugar），再加入 25 克飲用水，並以中火煮到沸騰，持續保持滾沸，同時用探針監測溫度。當糖溫達到 150° C 時，迅速將鍋子浸入冷水降溫，直到溫度降至 80° C。將鍋子放回爐子上，稍微加溫，以達到接近糖漿的稠度。接著將圓形模具浸入糖中幾次，直到圓形模具的內側邊緣形成薄膜。隨後取 1 茶匙馬鞭草油，舀入圓形模具中。油的重量會使糖膜下降，形成內含馬鞭草油的透明糖墜。過程中可能需要多嘗試幾次，直到形成一個外型完美精緻的糖墜。在室溫下將精巧的糖墜完全浸入葡萄籽油中保存，室溫保存，不要冷藏。

點綴裝飾

準備一張燒烤用炭床。將韭菜莖切成 0.5 公分的小圓段備用。從真空密封袋中取出切半的西洋梨，置於炭火上燒烤，直到略呈金黃色澤、表面起皺即可。以鮮奶油蘋果醋填充西洋梨內腔，在梨上放置 1 茶匙的烏賊乳酪。以 4 片奧勒岡葉、2 朵香雪球花，5 個大蒜花莖和醃漬夜蘭香花點綴裝飾。最後將預留的玻璃馬鞭草油糖墜放在半顆西洋梨上，即可完成料理。

海之二 / 牡蠣

八人份

牡蠣奶酪

400 克 飲用水
4 片 新鮮泰國檸檬葉切碎
半顆檸檬皮與檸檬汁
3 支 紅蔥
1 顆 蒜瓣
1 茶匙 白醋
1 茶匙 清酒
125 克 生牡蠣
25 克 牛奶
90 克 鮮奶油
1 條 香草豆莢
2.5 克 糖
0.5 克 鹽
1 張 明膠片 / 吉利丁（Gelatin sheets）
50 克 白巧克力
50 克 可可脂
15 克 萊姆風味橄欖油
1 茶匙 唐辛子鹽
調味用的海鹽
足量的液態氮（Liquid nitrogen）

海藻醋醬

60 克 白蘿蔔汁
10 克 味醂
3 克 香檳醋
5 克 甜蘋果醋
2.5 克 芥末醬
1 條 小黃瓜
16 片 日本鹿尾菜褐藻

斑蘭醬醋醬

50 克 石蓮花
10 克 新加坡斑蘭抹醬
7 克 芥末醬
3 克 法國芥末
8 克 蘋果醋

點綴裝飾

8 個 牡蠣殼
24 顆 可可豆碎仁
24 朵 野蒜花
24 片 蒔蘿葉
10 毫升 蒔蘿油
5 克 圓鰭魚黑魚子醬
16 片 日本鹿尾菜褐藻
預留的巧克力牡蠣奶酪

牡蠣奶酪

將泰國檸檬葉、檸檬汁和檸檬皮、醋、清酒和辛香料加水煮沸，製作川燙基底。一旦基底湯液沸騰，熄火。當溫度降至 85° C 時，加入牡蠣後靜置 5 分鐘。完成後將牡蠣放入冰水中冰鎮冷卻。過濾後將牡蠣以紙巾吸除多餘水分。將牛奶和鮮奶油放入鍋中，加熱至 85° C，然後熄火，再將香草莢切開，刮下香草籽，連同莢體一同投入牛奶中蓋上鍋蓋悶 10 分鐘。將混合的牛奶液過濾，並連同牡蠣、糖、鹽一起放入高效能調理機（Vita-Mix）中，然後以高速調理成光滑泥狀。在冰水中將明膠片泡開。擠乾後放入高效能調理機（Vita-Mix）並於低速調理至完全混合。將牛奶牡蠣混合糊以最細的篩網過濾，裝入真空袋，進行 2-3 次真空以除去所有氣泡。將混合糊注入模擬牡蠣形狀和大小的矽膠模具中，並放入冰箱中冷藏備用。將白巧克力、可可脂、唐辛子鹽和橄欖油，混合放入雙層蒸鍋中，加熱到足以融化巧克力並與橄欖油相互融合的程度。將牡蠣奶酪放入液態氮中停留幾秒，直到牡蠣奶酪結凍後從模具中取出後，將每個牡蠣奶酪插入串針，然後浸入巧克力溶液中，拿起後撒上海鹽薄片，並讓多餘的巧克力滴落。盡量讓巧克力溶液薄薄沾附即可，最後將完成的巧克力牡蠣奶酪放於冰箱冷藏備用。

海藻醋醬

將白蘿蔔榨汁。將醋、味醂、芥末醬、蘿蔔汁混合一起攪拌均勻，再以鹽調味。將蘋果取芯器插入小黃瓜中，取得圓柱狀的果肉，即使連帶瓜皮一同取下也沒有問題。將黃瓜圓柱切成 0.1 公分的薄圓片，將黃瓜原片浸漬入白蘿蔔醋汁。

斑蘭醬醋醬

將石蓮花榨汁。取一個容器，將斑蘭抹醬、芥末醬、法國芥末、蘋果醋混合攪拌均勻。加入石蓮花汁一同攪拌，並裝至醬料壓瓶中，放於冰箱備用。

料理組裝

將 6 片黃瓜圓片並排排列，將巧克力牡蠣奶酪放在中心。將鹿尾菜褐藻浸泡在斑蘭醬醋醬中，直至柔軟，隨後取 2-3 片放置於牡蠣奶酪和黃瓜片上方。將大約 ½-1 茶匙的斑蘭醬醋醬，舀至牡蠣殼的內層。在殼內隨意點綴 3 顆可可豆碎仁。取用圓鰭魚黑魚子醬隨意擺放於殼內。在每個殼中點綴 3 朵野蒜花、3 片蒔蘿葉。最後在醋醬上淋上幾滴蒔蘿油，即可完成料理！

佳美足蹤：護花春泥

「暮然回首身後路徑，足跡化作雨中泥濘腳印」

主廚筆記

這道是一道互動佳餚。我設計了幾個觸動感官的元素，當料理上桌之時，誘發用餐者，啟動所有感官神經來探索這道料理。我希望傳遞一幅具有景緻氣氛的切身感受，宛如身歷其境地打著赤腳，徒步在雨後的森林小徑之中。因此，我特別設計了一道仿泥濘醬，並專程訂製幾個「陶瓷腳」，用腳印在醬汁壓印時就會留下足跡，同時在用餐的記憶中留下一枚印記。邀請用餐者，一面用餐的同時，一面參與餐食的互動創作，親手壓印出屬於自己的足跡！這道餐點的周邊點綴，也忠實還原了森林植被的生態，帶給用餐者如臨實景的景觀感受。在餐點上桌前，我們會邀請用餐者閉上眼睛，然後我們會溫柔的講述故事，引導走進想像情境之中，帶領自己來到森林小徑探險，突然，雷聲大作、還感受到皮膚上有細雨、嗅到土壤的濕氣，在營造情境的同時，我們運用了音響播放應景的環境音效、使用水霧機，滴入特殊的香水，使空氣瀰漫著潮濕土壤的氣味，再以乾冰製造出地面上潮濕而飄渺的霧氣，我們將這些巧思集結一起，使場景結合感官更顯真實，創造出品嘗料理之外還擁有豐富的感官感受，猶如正在觀賞一齣舞台劇般的體驗，將用餐者帶入情境，並實際參與，與藝術餐點交融為創作共同體。

四人份

鵪鶉胸肉

2 隻 鵪鶉

鵪鶉高湯

1.25 公斤 生鮮鵪鶉
1 顆 大顆黃洋蔥
1 顆 蘋果
1 根 芹菜棒
2 束 百里香
2 公升 過濾水

醃漬鵪鶉胸肉

預留鵪鶉胸肉
4-6 顆 紅蔥
3 顆 蒜瓣
8 克 磨碎的薑
50 克 酸黃瓜醃漬汁
10 克 鰹魚醬油
12 克 黑糖

油封鵪鶉腿

預留鵪鶉腿肉
3 顆 蔥
3 顆 蒜瓣
1 束 百里香
30 克 橄欖油

鵪鶉胸肉

將鵪鶉對切成兩半，然後跟據胸骨緩緩將鵪鶉胸肉連皮去除下來。隨後切斷關節處的鵪鶉腿。將胸肉、腿肉、其餘邊料預留，放於冰箱冷藏備用。

鵪鶉高湯

將烤箱預熱至180° C。將鵪鶉身體與邊料，放入烤箱，烤至金黃色，大約20分鐘。取一只深鍋，以些許橄欖油將洋蔥炒至金黃色散發香氣。隨後加入烤鵪鶉、蘋果、芹菜棒、百里香，加水。以中火煮沸後，轉小火輕煨慢燉 3 小時，務必將表面雜質撈除。完成後將高湯過濾，然後滾沸濃縮，直到高湯蒸發減至一半的量。

醃漬鵪鶉胸肉

將切好的紅蔥、切碎的蒜瓣、薑、酸黃瓜醃汁、醬油、黑糖混合一起，製作成醃漬醬汁。將鵪鶉胸肉移到真空包裝袋中，加入 50 克醃漬醬汁，以最高壓設置下進行真空封裝。

油封鵪鶉腿

輕輕切碎蒜瓣與紅蔥，與橄欖油和百里香、鵪鶉腿肉一同裝入真空包裝袋中，以最高壓進行真空密封。將恆溫水槽預熱至 85° C，將腿肉浸泡調理 6 小時。完成後冷卻，置於冰箱冷藏備用。

仿泥濘醬

2 片 鯷魚肉片
30 克 紅蔥
40 克 大蒜
1.5 克 乾羅勒
1.2 克 奧勒岡
2.0 克 印度綜合香料
10 克 油蔥酥
100 克 棕色蘑菇
125 克 杏仁甜酒
45 克 雪莉酒醋
75 克 干型（Dry）葡萄酒
15 克 黑糖
25 克 鰹魚醬油
200 克 鵪鶉高湯
50 克 洋蔥高湯
（製作方式參照本書 239 頁）
4 克 食用竹炭粉
20 克 白松露醬
85 克 動物鮮奶油
按 250 克的液體重量計算：
0.54% 高酰基結冷膠
（High acyl gellan gum）約 1.34 克
0.75% 低酰基結冷膠
（Low acyl gellan gum）約 1.88 克
3 顆 蛋黃
2 片 明膠片 / 吉利丁（Gelatin sheets）
2 滴 桂皮精油

細藜麥土

50 克 混合藜麥
20 克 酒釀米的部分，將塊狀搗散
3 顆 蒜瓣
20 克 烘烤杏仁
60 克 新鮮羅勒葉
50 克 大蒜風味橄欖油
20 克 帕馬森起司
3-4 片 鯷魚肉片
鹽、糖調味

仿泥濘醬

略將蒜瓣切碎、紅蔥和蘑菇切片。取一只平底鍋，倒入些許大蒜風味橄欖油，加入鯷魚肉片、蒜片、羅勒、奧勒岡、辣椒片、油蔥酥，再加入印度綜合香料，煸炒到釋放出香氣。最後加入蘑菇，炒到呈現金黃色。倒入杏仁甜酒和雪利酒醋洗鍋收汁，濃縮至蒸發減少一半的量。再添加鰹魚醬油、黑糖，一樣濃縮至蒸發減少一半的量。再添加鰹魚醬油、黑糖，略炒稍微收汁，再加入鵪鶉高湯和洋蔥高湯並進行煮沸。煮沸後轉小火慢燉，續煮 10 分鐘。將醬汁湯液轉移至高效能調理機（Vita-Mix），攪打混合成柔綢緞般的醬汁。最後加入鮮奶油，均勻混合，再以鹽、黑胡椒進行調味。待其完全冷卻後，計算 250 克蘑菇醬汁所需的兩種結冷膠的使用量。將結冷膠加入冷卻的蘑菇醬汁後，以手持式調理棒（Handheld im-mersion blender）進一步混合。將醬汁再次煮沸，沸騰後續煮 2 分鐘，移入耐熱容器中備用。當仿泥濘醬完全冷卻膠化之後，隨意略切為小塊，放入高效能調理機，再加入 3 顆蛋黃、2 滴桂皮精油一起混合均勻。泡開明膠片。將 50 克仿泥濘醬倒入鍋中，並加入明膠片一同攪拌。將鍋略微加熱，加熱程度僅需能將明膠片溶解即可。再倒回高效能調理機中，以低速攪打，確保明膠均勻分散。以烘焙紙襯入 6 x 11 公分的長型烤模，將醬汁緩緩倒入模具中，隨後再加入食用竹炭粉，以刮刀略為攪拌，不要攪拌到完全融合，讓醬汁中仍能看見黑色線條的程度即可。以水蒸法放入 155° C 的烤箱，大約烘烤 20 分鐘。放入烤箱時需放在最下層烤架，以確保醬汁表面不會燒焦。待醬汁冷卻後，覆蓋保鮮膜，送入冰箱冷藏備用。

細藜麥土

取一只鍋，將水煮沸後加入混合藜麥，烹煮大約 10 分鐘，盡量保留藜麥原有的顆粒口感，完成後過濾並放置一邊備用。將大蒜風味橄欖油、鯷魚片、新鮮羅勒葉、蒜瓣、帕馬森起司和杏仁，以手持式調理棒混合一起，再以鹽、糖調味，製成細藜麥土醬。挖取 2 湯匙的羅勒葉醬與藜麥混合後，再加入酒釀米拌勻，放置冰箱備用。

醃漬白蘿蔔

50 克 飲用水
150 克 白葡萄酒醋
20 克 日式風味醬油
15 克 糖
2 克 鹽

香料南瓜泥

½ 顆 南瓜，直徑約 25 公分
4 茶匙 肉桂粉
½ 茶匙 肉豆蔻粉
1 茶匙 研磨五香粉
1 茶匙 研磨丁香粉
2 茶匙 研磨薑粉
200 克 煮熟南瓜
20 克 焦糖化奶油
35 克 南瓜油
25 克 南瓜籽，需預先烘烤
鹽、白胡椒調味

卵石表面塗醬

300 克 飲用水
10 克 糖
3 克 鹽
90 克 奶油起司
按 400 克的液體總重量計算：
0.24% 結蘭膠（Goma gellan）約 0.96 克
1.6% 洋菜粉（Agar-agar）約 6.4 克
1.5 克 食用竹炭粉
預備南瓜卵石
預備白蘿蔔卵石
根據需求使用液態氮（Liquid nitrogen）

粗糧壤土

50 克 黑巧克力
15 克 可可豆碎仁
20 克 葵花籽
25 克 松露油
20 克 麥芽糖糊精
（Tapioca maltodextrin）
10 克 麥芽醋粉
1.2 克 食用竹炭粉
20 克 日式麵包粉
8 克 黑芝麻
鹽、胡椒粉調味

醃漬白蘿蔔

將水、白葡萄酒醋、日式風味醬油、糖、鹽混合一起成為醃漬汁。將白蘿蔔切成幾塊長度在 1.8-2.2 公分不等，再進一步削成猶如鵝卵石外形。將削好的白蘿蔔浸泡冰水 10 分鐘，然後以紙巾拍乾除去水分。將浸漬醬汁與白蘿蔔裝入真空包裝袋，以最高壓進行循環真空，完成後放入冰箱冷藏備用。

香料南瓜泥

取一只平底鍋，加入食譜中列出的香料：肉桂粉、肉豆蔻粉、五香粉、丁香粉、薑粉，進行調拌混合並加以乾煎直到釋出香氣，裝入一只容器中備用。預備南瓜香料，將南瓜對切成兩半，使用一半並保留另一半備用。去除南瓜籽，再對切成 4 等份。將切好的南瓜放入微波爐高溫調理 10 分鐘，視微波爐實際的功率狀況，必要時可再增長時間。一旦南瓜塊摸起來很柔軟，便可用湯匙將南瓜肉舀出，放入高效能調理機，並調理成細緻泥狀。再加入 2 茶匙南瓜香料，以最低速進行攪打混合。完成後裝入梅森罐中，蓋上蓋子，放入裝滿冷水的壓力鍋中。固定壓力鍋蓋，慢慢煮沸。煮沸後轉小火，續煮 3 小時。3 小時後，南瓜泥中的糖分會呈現焦糖化。當壓力鍋完全冷卻後，將 200 克焦糖化的南瓜泥移入高效能調理機，再加入烘烤過的南瓜籽、南瓜油、焦糖化奶油，混合調理光滑的香料南瓜泥，最後以鹽、胡椒進行調味。填充裝入擠花袋中，擠入卵石形狀的矽膠模具後放入冷凍。

卵石表面塗醬

將奶油起司、糖、鹽加入水中，再加入結蘭膠和洋菜粉（將液體進行秤重，乘以對應的比例，即為用量），以手持式調理棒攪打均勻後進行煮沸。以兩個鍋子分裝溶液，並以最小火的程度在爐子上保溫，以免溶液凝膠化。隨後將食用竹炭粉加入其中一個鍋中，均勻攪拌。從冷凍庫中拿出矽膠模具，取下 3-5 個冷凍南瓜卵石，以串針插入後浸入液態氮中幾秒。舀取 1-2 茶匙的白色卵石塗醬到黑色卵石塗醬中。將冷凍南瓜浸入黑色塗醬後快速拿起，讓南瓜表面形成帶有白色條紋，如同天然石紋的凝膠。取出串針，去除針孔洞周圍形成的殘膠，並為孔洞處塗抹塗醬修復孔洞，隨後置於冰箱冷藏備用。對於醃漬的白蘿蔔卵石，也採用相同的方式進行卵石塗醬。每份餐點將各別配置 1 顆白蘿蔔卵石與 2 顆南瓜卵石。

粗糧壤土

將巧克力置於紅外線烘烤爐中 3-5 分鐘，直到巧克力表面呈現焦狀。以少許橄欖油將日式麵包粉煎至金黃色。另取一只鍋單獨乾煎可可豆碎仁、葵花籽、芝麻直到釋放香氣。將烘烤過的食材與其他的食材項目，全都放入食物處理機（Food processor），以脈衝攪打幾次，形成粗糙如碎屑般的混合素材。最後以鹽、新鮮研磨的黑胡椒進行調味，放置室溫下備用。

羊肚菌蘑菇

- 12 朵 羊肚菌（2-4 公分長）
- 100 克 熱水
- 60 克 雞高湯
- 35 克 焦糖化奶油
- 30 克 甜蘋果醋

香料青蔬

- 23 克 五香粉
- 11 克 孜然粉
- 6 克 乾奧勒岡
- 6 克 月桂粉
- 4.3 克 豆蔻粉
- 100 克 龍鬚菜，嫩緞帶鬚
- 100 克 空心菜
- 75 克 奶油
- 100 克 飲用水
- 30 克 橄欖油

菜燉鵪鶉腿

- 4 片 預留的油封鵪鶉腿
- 3 顆 蒜瓣
- 5 支 紅蔥
- 10 克 鵝油紅蔥酥
- 12 克 杏仁條
- 30 克 干型（Dry）白葡萄酒
- 30 克 甜鳳梨醋
- 55 克 杏仁奶
- 預備鵪鶉烹調汁
- 100 克 雞高湯
- 50 克 動物性鮮奶油
- 15 克 山芹菜葉
- 5 克 韭菜花莖
- 調味用鹽

點綴裝飾

- 48 朵 繁星花
- 8 朵 夏堇花
- 26 片 齒葉矮冷水麻嫩葉
- 24 片 馬齒莧嫩芽
- 8 朵 醃漬香菜花朵與籽苗
- 8 支 陶瓷製腳印章

羊肚菌蘑菇

將熱水淋上羊肚菌，浸泡 10 分鐘。以最細的篩網過濾，將浸泡水保留備用。將羊肚菌放入冷水中淘洗 3 次，除去所有粗粒雜質，但小心不要破壞或損壞羊肚菌。將浸泡水、雞高湯、奶油、醋混合並煮沸。煮沸後轉小火慢煨，加入羊肚菌煮 3 分鐘。完成後取出羊肚菌，讓混合高湯滾沸濃縮蒸發減至一半，完成後再放入羊肚菌，讓它在濃縮的高湯中沾附光澤的醬汁，放置一旁備用。

香料青蔬

將香料粉混合一起，儲存於容器中。將蔬菜徹底清洗、瀝乾，以冰紙巾蓋好放置冰箱冷藏。將水煮沸後熄火，放入奶油小塊再加入橄欖油，將其充分攪拌形成奶油液，放置一旁備用。

菜燉鵪鶉腿

密封袋中取出腿肉。輕輕倒出油，但保留凝膠狀醬汁。拉開大腿肉，檢查確認其中沒有摻雜小骨頭。大略將肉與山芹菜葉切碎。將韭菜花莖洗淨，並以 0.5 公分間距切段。將大蒜、紅蔥和鵝油紅蔥酥在平底鍋裡爆香，直到香氣四溢。加入杏仁條，煮至半透明。再加入干型白葡萄酒、甜鳳梨醋進行洗鍋收汁，然後加入杏仁奶、雞湯以及密封袋中預留的鵪鶉腿肉的醬汁。放入大腿肉，煮沸稍微濃縮醬汁，隨後加入鮮奶油，然後小火慢煮至 3-4 分鐘。最後加入切碎的山芹菜葉與韭菜花莖，攪拌混合，以鹽調味後放置一旁備用。

料理組裝

從模具中取出仿泥濘醬。修剪去除烘烤過程中，造成略微燒焦的醬汁表面。完成後切成 11 × 5 × 厚 1.3 公分的長條狀。將鵪鶉胸肉，放入 55° C 的恆溫水槽覆熱 8 分鐘。完成後將胸肉從真空包裝袋中取出，以紙巾輕吸除多餘水分，並用噴槍炙燒表面，直到皮表微焦。將鵪鶉胸肉擺放於厚木板中央位置，上方放置切為長條的仿泥濘醬，於 100° C 的瓦斯烤箱中加熱 5-8 分鐘。於此同時，將先前備妥的青蔬沾覆足量的奶油水。然後將奶油青蔬放入紅外線燒烤爐中，離火源最近的最上方層架位置炙烤蔬菜。直到蔬菜表面呈現稍微乾燥或略為燒焦時，再加入預備的香料調味，蔬菜就準備完成了。將仿泥濘醬加熱後，從烤箱中取出，將長方形木板的長邊朝向自己。使用抹刀，塗抹醬汁左右兩側，向外平整延伸，但保持中間的厚度。將 1 湯匙的菜燉鵪鶉腿放於 6 點鐘位置，靠在泥濘醬的邊緣，並將菜燉鵪鶉腿左右整理排序成一線。以烤製的奶油香料青蔬，排序於 12 點鐘位置，從左到右排列成長長一線，接近於醬汁的長度。略為撒上顆粒粗糙的粗糧壤土，覆蓋菜燉鵪鶉腿和奶油青蔬，以模擬出如同森林小徑兩側的土壤情境。取 1 茶匙細藜麥土，輕輕地從中心點朝醬汁的左右兩側隨意分散放置，並輕輕將它們推入仿泥濘醬中。在 1 點鐘、2 點鐘、4 點鐘的位置，放置 3 支沾附醬汁亮澤的羊肚菌。將南瓜卵石放於 10 點鐘位置、白蘿蔔卵石放於 8 點鐘位置。以花朵和植物點綴成一線，用繁星花、馬齒莧和夏堇花來裝飾蔬菜，並在醬汁的兩側放置 3 片長度不等的齒葉矮冷水麻嫩葉。在 9 點鐘位置插入醃漬的香菜花朵與籽苗，最後擺放我們特別訂製的「陶瓷腳印章」。讓用餐者親自在醬汁上壓印，在餐點中留下屬於自己的「足跡」。

芽尖：蘆筍之森

「森徑兩旁蘆筍劍突竄生」

主廚筆記

這道菜的靈感，是出於想創造一個蘆筍從土壤中萌發的場景，伴隨著周邊生長的雜草、土壤、卵石，營造出蘆筍的棲地。另外我也一直想創作出一道，沒有米飯但口味清爽的燉飯料理。直到有一天我在超市閒逛，貨架上的杏仁條小魚乾正凝視著我，霎那靈機一動，心想何不試試看！於是便誕生這道，使用新鮮鰤仔魚烹製而成的杏仁燉飯。

八人份

空氣感韭菜奶油霜

75 克 雞高湯
20 克 醃漬甜味小黃瓜汁
155 克 飲用水
8 克 HM 果膠 / 黃色果膠
（HM Pectin / Yellow Pectin）
30 克 細砂白糖
120 克 鮮奶油
50 克 韭菜
6 顆 蒜瓣
30 克 焦糖化奶油
30 克 杏仁露
調味用鹽、胡椒粉
以下以 250 克為計算比例單位
1.5% 甲基纖維素 F50
（Methocel F50）約 3.75 克
0.1% 玉米糖膠（Xanthan gum）
約 0.25 克

黑麥芽土壤

100 克 低筋麵粉
30 克 杏仁粉
35 克 腰果粉
10 克 糖
2 克 鹽
70 克 黑麥汁
3 撮 食用竹炭粉
9 克 杏仁粉
15-20 克 焦糖化奶油
5 克 松露油

白蘆筍

3 枝 2A 等級白蘆筍

蘆筍嫩芽

40 枝 中等大小綠蘆筍

空氣感韭菜奶油霜

取一只鍋，將雞高湯、醃漬汁和水一起放入鍋中，預備基底。再將細砂白糖與果膠粉混合，直至均勻混合。稍微切碎韭菜和蒜瓣。將鮮奶油加熱至 85° C 熄火，將切碎的韭菜和大蒜浸泡其中，蓋上鍋蓋悶 15 分鐘，然後過濾鮮奶油。將鮮奶油進行秤重，添補烹飪中逸失的量，達到總重量為 120 克的韭蒜鮮奶油。以中火將高湯基底加熱，當達到 50° C 時，加入果膠粉，同時均勻攪拌使粉末充分融合。繼續煮直到沸騰，沸騰後續煮 2 分鐘。完成後熄火，放入焦糖化奶油、韭蒜鮮奶油和杏仁露。隨後以總重量 250 克的韭蒜奶油杏仁霜，乘以對應的比例，計算出玉米糖膠和甲基纖維素 F50 的重量，用手持式調理棒（Handheld immersion blender）均勻攪打混合，置於一旁冷卻。

黑麥芽土壤

將低筋麵粉、杏仁粉、腰果粉，三種粉混合，於 150° C 的烤箱中烘烤 20 分鐘，直至略微呈金黃色澤。將冷卻的粉粉移入碗中，加入糖、鹽和黑麥汁，均勻混合。將麵團壓平至 0.3 公分厚，然後轉移放入食物風乾機（Dehydrator）中，設定 80℃ 烘乾 10 小時，或者以 90℃的烤箱取代亦可。第二天，將剩餘的杏仁粉烘烤至釋出香味並呈現金黃色澤。輕輕地將脫水後的麵團稍微撥分開來，放入食物處理機（Food processor）中並脈衝攪打幾次，以製作出碎屑粗粒。隨後再加入烤杏仁粉、食用竹炭粉、焦糖化奶油、松露油，一樣以脈衝方式攪打，直到均勻混合。以鹽調味後，放於室溫下備用。

白蘆筍

用蔬菜削皮刀去除蘆筍皮。將蘆筍皮保留備用。使用鋸齒削皮刀削蘆筍，以取得長條的蘆筍絲。浸泡在冰水中冰鎮 5 分鐘，瀝乾，更換冰水，重複 2 次。完成後覆蓋上濕紙巾保濕，置於冰箱冷藏備用。

蘆筍嫩芽

將綠蘆筍清潔洗淨。削皮，將蘆筍皮保留備用。將蘆筍嫩端各別切成 2、2.5、3、3.5 公分等不同長度。將剩餘的蘆筍切為 0.8 公分厚的圓片，放置於冰箱冷藏備用。

蘆筍風味奶油液

50 克 預留蘆筍皮
60 克 飲用水
60 克 鮮奶油
15 克 切碎的大蒜丁
20 克 檸檬馬鞭草葉
6 克 蜂蜜
0.95 克 鹽
0.1%玉米糖膠（Xanthan gum）
50 克 預留的空氣感韭菜奶油霜

山蘿蔔葉油

80 克 山蘿蔔葉和莖
80 克 葡萄籽油

番薯卵石麵團

1 顆 中等大小黃番薯
60 克 全麥粉
120 克 煮番薯水
40 克 焦糖化奶油
0.85 克 鹽
2 顆 中等大小雞蛋
0.9 克 食用竹炭粉
20 克 醃漬甜味小黃瓜切碎

杏仁奶

400 克 飲用水
80 克 烘烤過的杏仁

蘆筍風味奶油液

將水與鮮奶油混合，加熱至 85° C，並投入蘆筍皮和切碎的大蒜，熄火蓋上鍋蓋悶 10 分鐘。接著放入高效能調理機（Vita-Mix），再加入檸檬馬鞭草葉攪打成果泥狀並以釋出葉綠素，接著以最細的篩網將它過濾，並加壓擠出多餘水分。加入蜂蜜和預留的空氣感韭菜奶油霜與玉米糖膠（將液體進行秤重，乘以對應的比例，即為玉米糖膠用量），使用手持式調理棒混合均勻，最後加入鹽調味。

山蘿蔔葉油

將山蘿蔔葉放入沸水中過水川燙 10 秒鐘，撈起盡速浸泡於冰水中快速降溫。瀝乾後隨葡萄籽油放入高效能調理機，攪打為細膩稠狀。移至冰箱冷藏過夜備用。第 2 天，以篩網過濾，除所有雜質，並裝入醬料壓瓶中備用。

番薯卵石麵團

清潔番薯，取一只鍋煮沸足夠熱水，將番薯連皮煮至熟透、軟化，預留煮番薯水備用。熟透軟化後，將皮去除後將番薯搗碎成泥。將水、奶油、鹽放入鍋中煮沸後熄火，加入麵粉，將它混合拌勻，直到形成麵團。放回爐上加熱 2 分鐘，用抹刀持續攪拌，直到麵粉的接觸面呈現光澤，並不再沾黏鍋子。接著以電動攪拌器攪拌麵團，協助散熱直到麵團冷卻。當觸摸麵團確實已經冷卻時，加入雞蛋並繼續攪拌直到平滑融合。將番薯泥進行秤重，測量後取出等量的麵粉蛋糊，並混合食用竹炭粉和切碎的小黃瓜。以些許橄欖油潤濕手掌，將麵團塑做為長 2.5 公分卵石形狀的小塊麵團。每份餐點會配置 4 顆，需做足 8 人份用量。

杏仁奶

將杏仁烘烤至釋放香氣，並呈淡淡的金黃色澤。將水加熱至 85° C 後熄火，將杏仁浸泡熱水中加蓋悶 15 分鐘。隨後使用手持式調理棒，略將杏仁打碎，放置於冰箱冷藏浸泡過夜。第 2 天，將杏仁奶過濾並保留杏仁顆粒備用。

蘆筍杏仁義大利燉飯

8 片 鯷魚肉片
20 克 蒜末
40 克 紅蔥
40 克 焦糖化奶油
88 克 杏仁條
120 毫升 干型（Dry）葡萄酒
120 克 杏仁奶
120 克 雞高湯
80 克 新鮮魩仔魚
30 克 糖漬小魚乾
80 克 蘆筍圓片
8-10 克 接骨木花糖漿
5 克 蜂蜜
5-10 克 毫升 杏仁露
調味鹽、胡椒

點綴裝飾

24 片 台灣細芹菜莖
40 片 山蘿蔔葉
24 朵 山蘿蔔花
預留的白蘆筍絲
預留的黑麥土壤

蘆筍杏仁義大利燉飯

用蒜末、焦糖化奶油拌炒和紅蔥與鯷魚肉片，直到香氣撲鼻。加入杏仁條，直到均勻沾附奶油，呈半透明光澤。隨後加入白葡萄酒洗鍋收汁。當葡萄酒幾乎蒸發完後，加入杏仁奶和雞高湯，續煮杏仁 5 分鐘。之後加入新鮮魩仔魚和蘆筍片，續煮 3 分鐘。再加入接骨木花糖漿、杏仁露和蜂蜜，最後用新鮮研磨的胡椒粉與鹽進行調味，最後加入糖漬小魚乾。

完成

通過切割和修剪芹菜莖部，使它呈現出類似樹枝的形狀，每份餐點將使用 2-3 枝，預備足夠使用量。將修剪後的芹菜，浸泡於冰水中冰鎮 5 分鐘。換水後再次浸泡 2 次，以去除所有苦味。加熱一鍋油至 175° C，將先前預備好的番薯卵石麵團油炸至略微金黃色澤。置於烤箱層架以 100° C 保存備用。使用手持式調理棒，將先前備妥的韭菜奶油調理為光滑泥狀。裝到奶油槍（iSi Gourmet whip），並用 1 顆 NO_2 小鋼瓶進行加壓，並置於加熱至 50° C 的水浴中預熱 10 分鐘。以少許橄欖油和奶油拌炒蘆筍嫩芽幾分鐘。不要過度烹煮，使蘆筍保持清脆口感，最後以鹽、現磨胡椒粉調味。

料理組裝

將燉飯置於圓盤中間淺凹的中心。取 3-5 根白蘆筍絲，纏繞小拇指達到長度大約 5 公分，形成捲狀的白蘆筍絲，置於燉飯上。取 2 湯匙麥芽土壤，直線撒放於燉飯的兩側。將空氣感韭菜奶油霜擠出，覆蓋於杏仁燉飯上，但不要覆蓋住黑麥土壤。然後從中間稍微向右側偏離的位置，撒上另一小堆黑麥土壤。將番薯卵石麵團，放置在 10 點鐘、11 點鐘、1 點鐘、3 點鐘位置。將蘆筍短芽，靠著番薯卵石麵團位置的各個方向種入。將芹菜枝沾附蘆筍風味奶油液後夾起，隨意放置三株在蘆筍芽附近。在燉飯的週邊四處，裝飾點綴一些小片的山蘿蔔嫩葉和花朵。調和等量的山蘿蔔葉油與蘆筍風味奶油液，淋 2 勺在 6 點鐘的位置，即可立即供餐。

蜿蜒：花間小徑

「跋涉蜿蜒柳暗花明，文明又一村」

主廚筆記
我經常關注人類活動對環境造成的影響危害。這道餐點設計概念就是傳遞這層憂慮。蜂蠟冰淇淋以不同含量的關華豆膠分為黑白兩種冰淇淋。黑色冰淇淋，此處使用了大量的關華豆膠，使冰淇淋變得粘稠、牽絲，呈現不舒爽的口感。上方褶皺的黑色蒜薄片，加強示意了人類壓迫自然環境所帶來的破壞。我進一步讓這個區域缺少花瓣點綴，闡述著當人類文明侵入大自然時，所有的植物也都連帶消滅殆盡的意境。

八人份

蜂蠟冰淇淋

200 克 鮮奶油
35 克 蜂蠟
130 克 牛奶
1.5 克 關華豆膠（Guar gum）
45 克 液態葡萄糖
40 克 糖
100 克 濾過乳清的優格

榴槤蜜果醬

150 克 飲用水
110 克 榴蓮蜜
150 克 飲用水
4 克 HM 果膠 / 黃色果膠
（HM Pectin / Yellow Pectin）
3 克 檸檬酸
15 克 糖
85 克 糖
75 克 榴蓮蜜泥
1 片 明膠片 / 吉利丁（Gelatin sheets）

印度欖仁軟糖

200 克 飲用水
75 克 印度欖仁
15 克 明膠
35 克 浸泡後的欖仁水
100 克 葡萄糖
75 克 砂糖
40 克 浸泡後的欖仁水
1 克 檸檬酸
30 克 浸泡後的欖仁水
8 克 花粉

蜂蠟冰淇淋

將牛奶與鮮奶油混合一起。將蜂蠟切分成小塊狀，然後連同鮮奶油牛奶一同裝入真空包裝袋中，以最高壓設定真空密封。完成後將密封袋浸泡入設定為 60° C 的水浴 30 分鐘。放置冰箱直到冷卻。將蜂蠟鮮奶油牛奶以棉布過濾到平底鍋中。將關華豆膠加入糖中攪拌均勻。將液態葡萄糖與鍋中的牛奶混合攪拌，然後加入關華豆膠和糖粉。將牛奶調和物加熱至 60° C，同時進行攪拌確保關華豆膠充分融合沒有結塊。續煮 5 分鐘，待其冷卻。加入濾過乳清的優格。放入冰磨機（Pacoiet）的專用容器中，蓋上蓋子進行冷凍。請重複這個流程，再製作出另一份添加 3.0 克關華豆膠的蜂蠟冰淇淋備用。

榴蓮蜜果醬

將榴槤蜜切成兩半，以湯匙刮舀出附著在兩側的果肉。以 110 克果肉與 150 克水混合進行煮沸。煮沸後轉小火，蓋上鍋蓋，續煮 10 分鐘。隨後移到高效能調理機（Vita-Mix），攪打混合成光滑果泥。另外將明膠片將泡開，擠乾後備用，將黃色果膠、檸檬酸、糖加入，攪拌均勻。取一只鍋加入 150 克水，以小火低溫煮沸，至維沸騰，再加入調合過的果膠混合粉攪拌均勻，使果膠完全分散溶解於水裡。隨後將它煮沸，再加入 85 克糖，攪拌直到溶解。續煮並用探針監測溫度，直至溫度達到 105° C，關火離火，當溫度下降回 100° C 時，加入 75 克的熟榴槤蜜泥並攪拌均勻。最後加入泡開的稠狀明膠片，放置室溫進行冷卻後，放入冰箱冷藏備用。

印度欖仁軟糖

用蔬果削皮刀刮取印度欖仁果皮。取一只鍋將水煮沸，熄火後將果皮浸泡熱水中，蓋上鍋蓋悶15分鐘。稍微移動鍋蓋，透出小開口散出蒸氣，並開大火將液體煮滾，緩緩濃縮減量至 150 克。過濾液體後儲存一旁備用，果皮直接丟棄。將 35 克的浸泡後的欖仁水倒入真空包裝袋，再將明膠片直接放入袋中泡開。設定最高壓進行真空密封，並放入加熱至 55° C 的水浴中 30 分鐘，使明膠在其中溶解。取另一只鍋，將 100 克的浸泡後的欖仁水，加入葡萄糖、糖、檸檬酸，混合後一起煮沸。續煮直到溫度達到 108° C，將鍋子移出爐子，等待溫度降至 100° C 時加入剛才的欖仁明膠液混合均勻。當溫度降至 80° C 時，預先將最後 30 克浸泡後的欖仁水和花粉先均勻融合，再添入鍋中。隨後倒入動物形狀的矽膠模具，如兔子或松鼠並進行冷凍。模具使用上，需挑選高度約在 2-3 公分，且底部平坦。以便脫模後，動物軟糖能夠站立擺放。

椅子造型酥餅

60 克 全麥粉
20 克 杏仁粉
10 克 糖粉
20 克 焦糖化奶油
10 克 番茄風味橄欖油
10 克 原味跳跳糖

橙花水風味醬

200 克 全脂牛奶
10 克 橙花水
16 克 玉米澱粉
10 克 白砂糖
0.9 克 鹽
70 克 酸奶

螺旋藻粉

30 克 水
35 克 巴糖醇（Isomalt sugar）
1.6 克 檸檬酸
2 克 小蘇打
15 克 液態葡萄糖
10 克 麥芽糊精（Tapioca Maltodextrin）
3.5 克 藻粉

黑蒜薄片

60 克 黑蒜
60 克 飲用水
20 克 蜂蜜
20 克 巴薩米克醋膏
0.6 克 鹽

椅子造型酥餅

將全麥麵粉和杏仁粉置於 160° C 的烤箱烘烤 15 分鐘，直到表面略呈金黃色澤。將番茄風味橄欖油與焦糖化奶油混合，置於一邊備用。將烘焙過的麵粉和上述的奶油混合液、糖粉混合，均勻攪拌直到完全融合。混合後的粉團看起來應為濕潤感，並能夠在手指與手掌擠壓塑形後能保持形狀，然後壓入椅子形狀的矽膠模具，一邊壓密緊實，直到壓到中間位置時，置入原味跳跳糖並施壓加以密實，再繼續以深色酥餅填充，直到完成充填後，置於冷凍備用。

橙花水風味醬

取一只鍋，將牛奶與橙花水混合，加入玉米澱粉和白砂糖，並將鍋子加熱至 75° C，同時均勻攪拌並保持溫度 5 分鐘。完成後待其冷卻，加入鹽、酸奶，攪拌均勻後儲存於冰箱備用。

螺旋藻粉

將巴糖醇、檸檬酸、葡萄糖和藻粉加入水中。使用探針監測溫度，將混合物加熱至 150° C。到達溫度後熄火，加入小蘇打均勻攪拌，隨後倒在絲綢烘烤墊上待其冷卻。放入食物處理機（Food processor）中，加入麥芽糊精研磨成粗粉儲存於冰箱冷凍備用。

黑蒜薄片

將黑蒜從蒜皮中取出。取一只鍋，加水煮沸，加入巴薩米克醋膏和鹽，隨後加入黑蒜，蓋上鍋蓋，小火悶煮 8 分鐘。置入高效能調理機（Vita-Mix），混合攪打成光滑的泥狀。倒到絲綢烘烤墊上，並將黑蒜泥鋪展成厚度約 0.5 公分的薄層，置於食物風乾機 （Dehydrator），以 60° C 烘乾 8 小時。完成後拿起薄片，切成 6×4 公分的長方形。存放置於食物風乾機中，以最低溫度持續烘乾備用。

麥片

30 克 燕麥片
110 克 飲用水
1 克 海鹽
10 克 楓糖漿

黑色冰淇淋

預留含關華豆膠（Guar gum）的蜂蠟冰淇淋
預留的燕麥片
0.75 克 食用竹炭粉

芒果醋

100 克 芒果醋
0.1% 玉米糖膠（Xanthan gum）
0.1% 關華豆膠（Guar gum）

點綴裝飾

80 朵 帶莖的食用花卉
24 片 小朵金蓮葉
預留的蜂蠟冰淇淋
預留的黑蒜薄片
預留的椅子酥餅
預留的螺旋藻粗粉
預留的 QQ 軟糖

麥片

取一只鍋將水煮沸，加入燕麥片、海鹽與楓糖漿煮至稠狀，冷卻後用手將它粗略地剝成小塊碎屑。

黑色冰淇淋

將先前已預備那份，裝有添加關華豆膠蜂蠟冰淇淋的專用容器，放入冰磨機（Pacoiet）進行研磨，然後再加入食用竹炭粉和燕麥碎屑，攪拌均勻進行冷凍。

芒果醋

將玉米糖膠和關華豆膠粉混合（將液體進行秤重，乘以對應的比例，即為用量），撒在醋上，攪拌均勻，放置於室溫 10 分鐘。10 分鐘後再次攪拌，並以細篩過濾並裝填入注射器中備用。

料理組裝

將餐皿預先放入冰箱冷凍，直到呈現冷凍冰涼的狀態。舀取 1 匙榴蓮蜜果醬置於餐皿中央，並以湯匙向右平鋪。將蜂蠟冰淇淋放入冰磨機研磨後舀取入盤中，輕輕塑造成長而不規則的形狀。並以橙花水風味醬覆蓋蜂蠟冰淇淋。舀出另外 1 匙黑冰淇淋，放在蜂蠟冰淇淋的右側邊緣處。取出大約 8 公分的黑蒜薄片，略為塑形成褶皺狀，使用紅外線烘烤爐，將薄片烘烤至微焦酥脆，放於黑色冰淇淋的頂部。取出椅子形狀的酥餅，放置於黑蒜脆片上方。將螺旋藻粗粉撒於橙花水風味醬上，然後以食用花瓣隨意點綴裝飾，但請避開黑色冰淇淋的部分。將膠狀濃稠的芒果醋，滴幾滴於金蓮葉的表面，看起來有如露珠一般，再安插種植於白色的蜂蠟冰淇淋周圍，最後將松鼠造型的QQ 軟糖放在蜂蠟冰淇淋上，即可立即上桌。

水坑：雲裡楓景

「跋涉蜿蜒柳暗花明，文明又一村」

主廚筆記

靈感發生在我於森林公園裡，進行日常慢跑的過程中，這份令人動心而精巧微景就出現在我眼前。時序剛好來到秋季，所有的栗樹與橡樹都脫去了樹葉，無數的大片樹葉與橡實，鋪成了一片美麗的金黃地毯。循著金黃大道慢跑著，我的每一步伐，都會踢起葉片發出 沙沙聲響，直到偶然發現一窪水坑，便停下腳步駐足欣賞。就在這一刻，一片橡樹葉乘風精準飄落於水坑中，載浮載沉地，有如一艘 小船，這一份景緻，讓我懷想起孩提時製作的輕舟紙船。創作這道菜的初心，是為紀念我們 90 年代的童年記憶。

八人份

楓糖慕斯

- 1 顆 蛋黃
- 35 克 楓糖漿
- 15 克 接骨木花糖漿
- 75 克 濾過乳清的優格
- 半片 明膠片
- 40 克 蛋白
- 35 克 巴糖醇（Isomalt sugar）
- 65 克 鮮奶油

楓香葉茶

- 30 克 楓香葉
- 380 克 飲用水
- 1 支 香草莢
- 0.2 克 食用竹炭粉
- 5 克 黑糖
- 30 克 接骨木花糖漿
- 0.2 克 食用色素青銅粉（選配）
- 0.1% 玉米糖膠（Xanthan gum）
- 0.2% 關華豆膠（Guar gum）

山羊乳酪碎石

- 60 克 山羊奶酪
- 40 克 飲用水
- 24 克 榛果糖漿
- 60 克 牛奶
- 4 顆 醃漬綠橄欖
- 0.4 克 食用竹炭粉
- 0.7 克 鹽
- 2.84 克 乳酸鈉
- 900 克 飲用水
- 8 克 海藻酸鈉（Sodium alginate）

楓糖慕斯

將楓糖漿、接骨木花糖漿、蛋黃加入碗中，攪拌融合。移到雙層蒸鍋隔水加熱，並繼續攪拌直到呈現泡沫狀，並且稍微變稠，使溫度升高至 65° C。將明膠片置入冰水中泡開並擠壓以去除多餘水分，與蛋黃楓糖漿一起攪拌。接著將鮮奶油打發至中等發泡，並儲存於冰箱冷藏備用。將巴糖醇以 15 克的水，加熱至 121° C，製成義大利蛋白霜。當糖醇的溫度達到 115° C 時，使用電動攪拌器將蛋白打發至中等發泡。當糖達到 121° C 時熄火，緩緩以流線方式注入蛋白霜中。繼續攪拌直到糖漿完全加入，保持攪拌直到蛋白霜完全冷卻至室溫，呈現光澤厚實感。將濾過乳清的優格攪打至軟化，混合入蛋黃楓糖漿中。再將一半蛋白霜一同混入，然後加入打發好的鮮奶油。攪拌完成後，直接注入石頭造型的盤皿中，直到注入大約 1.2 公分深的慕斯，放入冰箱冷藏備用。

楓香葉茶

將香草莢對切成兩半，刮下香草籽備用。將楓香葉概略撕開備用。將 380 克水煮沸，放入楓香葉、香草莢、香草籽，熄火，蓋上鍋蓋浸泡 15 分鐘。完成後取出香草莢並轉移至高效能調理機（Vita-Mix）中，輕微攪打以釋放出香氣。通過最細的篩網濾除雜質。將楓香葉茶倒回調理機中，加入黑糖、接骨木糖漿、食用竹炭粉、黃銅粉、玉米糖膠、關華豆膠（將液體進行秤重，乘以對應的比例，即為用量），低速攪打混合。裝入醬料壓瓶中儲存於冰箱備用。

山羊乳酪碎石

將山羊奶酪、水、牛奶、糖漿、醃漬綠橄欖、食用竹炭粉、乳酸鈉混合一起，使用高效能調理機（Vita-Mix）徹底攪打充分混合。完成後移裝入醬料壓瓶，並將之擠入卵石造型的矽膠模具中，冷凍備用。取另一只鍋將水和海藻酸鈉進行混合，使用手持式調理棒充分融合，製成藻酸溶液，放置冰箱冷藏至少 8 小時。

核桃堅果糖仁油

30 克 核桃
80 克 核桃油
0.5 克 鹽

穀物麥片土壤

3 杯 燕麥片
1 杯 南瓜籽
1 杯 葵花籽
1 杯 無加糖椰子片
1.25 杯 生胡桃，粗切碎
¾ 杯 楓糖漿
½ 杯 橄欖油
½ 杯 黃砂糖

綜合香料

3 克 孜然籽
3.5 克 八角
3 克 薑粉
0.8 克 丁香
0.7 克 鹽

楓香葉

各種大小的楓香葉
96 克 焦糖南瓜泥
80 克 優格乳清
2.5% 酥片薄膜粉
（Crisp film powder）約 5.3 克
5 克 黑糖
30 克 焦糖化奶油
0.9 克 鹽

無花果浸漬糖漿

8 顆 乾燥無花果
50 克 飲用水
50 克 Hefeweizen 啤酒
5 克 楓糖漿
0.45 克 鹽
6.5 克 焦糖化奶油
18 克 蘇格蘭威士忌

核桃堅果糖仁油

將核桃烘烤直到釋放香氣呈現出金黃色澤，隨後放入高效能調理機（Vita-Mix）中，並加入核桃油、鹽調理為光滑稠狀，裝入醬料壓瓶中放置於冰箱冷藏備用。

穀物麥片土壤

分別將燕麥、南瓜籽、生胡桃、葵花籽置於 160° C 的烤箱中烘烤 10 分鐘，直至釋放出堅果香氣。將綜合香料進行烘烤後，放入香料研磨機（Spice grinder）中研磨成粉，置於一邊備用。取一只鍋，加入楓糖漿、橄欖油、黑糖，在鍋中稍微加熱並持續攪拌，直到糖完全溶解。將所有烘烤的堅果與椰子片一同放入碗中，加入溶解完成的糖漿液，再加入 2 克香料後攪拌均勻，充分混合。完成後倒入烤盤中，並完全鋪平展開覆蓋整個烤盤，確認堅果各別獨立，不相互堆疊。放入 150° C 的烤箱烘烤 30 分鐘，直到完全乾燥，每 10 分鐘需開啟烤箱攪拌一次。完成後置於室溫冷卻備用。

楓香葉

用葡萄籽油輕輕噴灑葉背並擦拭多餘的油。將酥片薄膜粉（將液體進行秤重，乘以對應的比例，即為用量）加入優格乳清中，攪拌均勻即可。將其他所列成分混合一起，加入優格乳清中，攪拌成細緻泥狀。將南瓜泥混合物塗抹於葉背，厚度為 0.2 公分，然後移到食物風乾機（Dehydrator）中，以 35° C 下脫水烘乾 1.5-2 小時，直到南瓜泥可以一片脫落取下。將葉子弄皺後再風乾 12 小時，直到完全乾燥呈現脆感。在風乾循環結束時，使用噴槍輕輕炙燒南瓜楓香葉，使葉子的紋理更加鮮明、更真實。完成後保存於風乾機中，並將溫度保持為 35° C，直至供餐使用。

無花果浸漬糖漿

將奶油焦化後將所有成分混合於容器中。將無花果乾切為 4 等份，浸泡於威士忌混合溶液中，並放置於冰箱冷藏過夜。

奶油啤酒

- 50 克 楓糖漿
- 15 克 焦糖化奶油
- 27 克 動物性鮮奶油
- 15 毫升 蘋果醋
- 6 毫升 蘭姆酒
- 0.5 克 鹽
- 1.75：1 比例為德國小麥啤酒比奶油糖漿

橡實冠

- 50 克 優格白巧克力
- 25 克 72%苦甜巧克力
- 15 克 罌粟籽

橡實

- 40 克 70%苦甜巧克力
- 30 克 優格白巧克力
- 70 克 可可脂
- 預留冷凍的奶油啤酒
- 足量的液態氮（Liquid nitrogen）
- 食用黃銅粉

點綴裝飾

- 80 片 綠色酢漿草
- 24 片 落羽松嫩芽
- 16 顆 過水川燙的核桃，去皮

奶油啤酒

將楓糖漿加熱至 121° C，加入動物性鮮奶油和焦糖化奶油均勻攪拌。請小心，因為糖漿與奶油可能會飛濺。鮮奶油和奶油加入完成後，再加入醋、鹽、蘭姆酒。然後將液體稱重，計算出加入德國小麥啤酒的比例。將室溫下的德國小麥啤酒混合後，倒入橡實造型的矽膠模具中，放置於冷凍固化。

橡實冠

將白巧克力隔水加熱融化到 42° C 的溫度，隨後加入苦甜巧克力進行混合。加入罌粟籽並填充橡子頂部形狀的矽膠模具並抖掉多餘的部分。將巧克力放在冰箱中放置至少 3 小時。

橡實

將兩種巧克力與可可脂以隔水加熱融化。注意別讓鍋中的水沸騰。如果溫度太熱，請先將鍋子移出火源降溫。當巧克力完全融化，達到 45° C 時，以刮刀攪拌直到溫度降至 40° C 時，從冰箱冷凍取出先前製備妥當的橡實，並將它們從模具中取出。以串針插入橡實頂部，短暫浸入液氮中使其硬化，再浸泡入巧克力融液一次，確認所有表面都完整被覆蓋，並抖掉多餘溶液。由於從橡實溫度低，巧克力塗層應該很快會開始硬化。拔除串針後，修除串針位置週邊的突起塗層，取一點巧克力溶液將孔洞密封修復，儲存於冰箱備用，讓內部的奶油啤酒，讓奶油啤酒融化成液體。待上桌之前，再從冰箱中取出橡實並用紙巾擦拭水氣。將小刷子沾附少許黃銅粉，將橡實兩側塗漆上色，使橡實更加逼真。

料理組裝

從冰箱中取出盛裝著慕斯的石頭盤皿，將長側與自己平行放置。舀取 1.5 匙的穀物麥片土壤放置於盤皿的 12 點鐘位置，然後輕輕地將它們撥弄成細長的橢圓形，朝向 3 點鐘和 9 點鐘方向。準備一個裝滿過濾水的容器。將冷凍的山羊乳酪碎石取出，放入加熱到微溫的海藻酸鈉溶液中 5 分鐘，過程裡輕輕攪拌，避免長時間沉入底部。使用濾網勺將乳酪撈起，放於過濾水中清洗，再次撈起時，以乾淨的毛巾隔著濾網勺擦拭底部，以吸除多餘水分。將乳酪碎石分別放置於 1 點鐘、3 點鐘、9 點鐘和 11 點鐘的四個位置。從威士忌糖漿中取出無花果，用乾淨的毛巾吸除多餘水分，將 2 顆無花果放置於靠近碎石的地方。在 1 點、10 點鐘位置點綴幾顆橡實冠。將 3 片南瓜楓香葉貼附依靠於石頭上。將川燙過去皮的核桃放在 3 點鐘、10 點鐘和 12 點鐘三個位置。用酢漿草和落雨松嫩芽裝飾點綴碎石。將帶有橡實冠的完整橡實，插入 8 點鐘位置的慕斯。將楓香液擠到慕斯的表面完全覆蓋。將 3-6 滴壓碎的核桃堅果 仁糖油擠壓於表面。最後再取一片楓香葉，點綴於 6 點鐘位置，呈現出有如一片楓葉飄入水坑的景緻，即可完成上桌。

飄渺：炭火炊煙

「遠處明滅著炭火，燻煙飄逸天際」

主廚筆記

我一直都想為用餐者建立與餐點互動的深度體驗，使他們在用餐同時，除了口腹得到滿足，也能投入感官，專注感受餐飲的互動體驗。幾經思考，還有什麼會比直接讓用餐者進行燒烤，更能吸引用餐者注意力呢！在炭火中串烤棉花糖的經驗，激發我的靈感，我甚至將這種體驗進一步擴展，特別設計探索環節，讓用餐者通過尋找可食用的木炭，添加用餐的驚喜趣味。

特別提醒的是，不要將番薯長時間浸泡於氧化鈣溶液中。我們的目地是塑造一層薄薄的表皮，一方面保護番薯內部鬆軟的質地，又能創造外側皮部充滿咬勁的口感，展現出多層次的味蕾享受。

八人份

烤木香氣冰淇淋

100 克 蘋果木屑
650 克 全脂牛奶
60 克 糖
2 撮 鹽
60 克 液態葡萄糖
10 克 葡萄糖（Dextrose）
17 克 奶粉
3.5 克 抗結晶劑（Anti-crystallizing agent）
3 滴煙燻液

葫蘆巴香料粉

60 克 小麥粉
20 克 糖粉
30 克 杏仁粉
2.5 克 葫蘆巴粉，磨碎
0.5 克 黑火山岩黑鹽
20 克 橄欖油

南瓜籽糖片

60 克 南瓜籽
15 克 巴糖醇（Isomalt sugar）
10 克 糖
1 克 肉豆蔻粉
5 克 黑芝麻籽

烤木香氣冰淇淋

將木屑置於紅外線烤爐的下層烘烤，直至略微燒焦並微飄出煙。將牛奶加熱至 85° C，將烘烤後的木屑加入牛奶中，熄火蓋上鍋蓋，悶 15 分鐘。將抗結晶劑與糖混合，攪拌均勻。使用細篩網將牛奶過濾除木屑渣，隨後將鹽、液態葡萄糖、葡萄糖加入一起，混入牛奶中並滴入煙燻液，使用並用手持式調理棒（Handheld immersion blender），均勻融合。將牛奶糖液煮沸，煮沸後續煮 2 分鐘後待其冷卻。冷卻後再次使用手持式調理棒，徹底攪碎凝結的冰淇淋液，移至冰磨機（Pacoiet）的專用容器中進行冷凍。

葫蘆巴香料粉

將全麥麵粉和杏仁粉置於 160° C 的烤箱中烘烤 10 分鐘，在烘焙進行途中將麵粉底部與上方的位置以抹刀翻動，讓整體受熱均勻，直到呈現出金黃色澤，放置待其冷卻。將葫蘆巴粉烘烤，放入香料研磨機（Spice grinder）研磨成粉末。將杏仁麵粉、糖粉、葫蘆巴粉、鹽和橄欖油混合，置於食物處理機（Food processor）中，脈衝幾次均勻攪打混合，隨後裝入容器置於室溫備用。

南瓜籽糖片

個別烘烤南瓜籽與黑芝麻，直到呈現金黃色澤，放置一邊備用。取一只鍋，將巴糖醇（Isomalt sugar）和糖，以及 20ml 的水，加入混合並加溫至 120° C。加入南瓜籽、黑芝麻、肉豆蔻粉，攪拌混合。糖會再結晶，但請繼續煮，直到它融化並呈現出略微焦糖化。從鍋中倒入襯有烘焙蠟紙的烤盤上壓平待其冷卻。冷卻後，用手剝碎成小塊並冷凍保持糖片鬆脆的口感。

番薯木炭

1 公升 冷水
20 克 氧化鈣（Calcium oxide）
3 顆 紅番薯，中等大小
500 克 飲用水
225 克 黑糖
20 克 煙燻的碎木片
1 條 香草莢
4 克 食用竹炭粉
30 克 魷魚墨汁

巧克力卷

150 克 70%苦甜巧克力

糖霜花瓣

55 克 滅菌蛋白
4 片 明膠片 / 吉利丁（Gelatin sheets）
20 片 大朵綉紫薇花瓣
20 克 防潮糖粉

海苔棉花糖

20 克 玉米澱粉
30 克 防潮糖粉
½ 片 明膠片 / 吉利丁（Gelatin sheets）
50 克 覆盆子醬
20 克 精製白糖
1 顆 蛋白
60 克 巴糖醇（Isomalt sugar）
1 克 檸檬酸
20 克 飲用水
2 片 明膠片 / 吉利丁（Gelatin sheets）
10 克 海苔紫菜醬

番薯木炭

將氧化鈣與 1 公升冷水進行混合，製成氧化鈣溶液。將番薯去皮，切成 5 公分的長條塊。使用刀背將番薯表面進行細線刻劃，將表面花紋模仿刻畫為木炭紋路。完成後浸泡於氧化鈣 溶液中 45 分鐘。在水龍頭下，將它充分清洗乾淨。將木屑置於紅外線烘烤爐下層烘烤，直至適度燒焦並生煙。將一鍋 500 克的水進行煮沸，隨後放入烘烤後的木屑，熄火，蓋上鍋蓋悶 15 分鐘。將香草莢對切成兩半，刮除香草籽備用。過濾水中的木屑後，加入黑糖、香草莢、香草籽、食用竹炭粉、魷魚墨汁，攪拌均勻後將它煮沸。煮沸後加入番薯木炭，以小火煨慢煮 3 小時，直到番薯內部完全軟化。完成後將番薯木炭保留於香料糖漿溶液中，置於冰箱冷藏備用。

巧克力卷

大略切碎巧克力。預留 20 克，其他以隔水加熱進行融化。當巧克力溫度達到 45° C 時，將它移出火源，同時使用刮刀進行攪拌協助降溫至 40° C。將 20 克預留的巧克力放入，持續攪拌並監測溫度。當溫度降至 30° C 時，去除所有尚未熔化的巧克力。在工作檯面或冷的平面，塗抹一層薄薄的巧克力溶液來確認調溫狀態。如果巧克力在幾分鐘內開始凝固，那麼巧克力融液的調溫狀態已完成，即可略為將巧克力加熱並保持在 32° C。將稍後要倒入巧克力的工作檯面（因檯面低溫需求，以不鏽鋼或大理石為宜），進行清潔與消毒。將巧克力薄薄塗抹於大面積的表面上，等待幾分鐘，直到巧克力開始凝固，並且在觸摸時不會沾黏手上或留下指紋。趁巧克力完全硬化前，以金屬刮刀保持約 45°角，刮推巧克力，直到形成捲曲的巧克力捲。趁巧克力完全硬化前，盡可能來回刮取，因為在製作出完美的巧克力卷前，可能需要多練習幾回。完成後將巧克力捲移裝入冰箱冷藏備用。

糖霜花瓣

使用打蛋器略為打散蛋白，將乾燥明膠片弄碎。將蛋白和明膠碎片移裝入真空耐熱包裝袋中，設定最高壓進行真空密封。隨後置於加熱至 60° C 的水浴中浸泡 30 分鐘。將大朵綉紫薇花瓣清潔洗淨，以紙巾拍乾吸除水分，並在花瓣上薄刷一層蛋白明膠液。最後撒上防潮糖粉，放於食物風乾機（Dehydrator）托盤中，以 35° C 進行脫水烘乾 8 小時。

海苔棉花糖

將玉米澱粉均勻地撒於烤盤中，加熱至 130° C 下烘烤 20 分鐘，待其冷卻，混合糖粉後放置一旁備用。將烘焙蠟紙摺成一個長方平底容器，尺寸為 28×28×5 公分，並將混了糖的玉米澱粉均勻地撒在烘焙紙表面。泡開 ½ 明膠片放置一邊備用。將覆盆子醬加熱至60° C，加入糖，混合均勻，隨後加入明膠片直到完全溶解，放置一邊冷卻備用。取一只鍋，將水和巴糖醇混合，並加熱至 121° C。將明膠片泡開後，擠出多餘的水分備用。當糖的溫度達到 115° C 時，以電動攪拌器將蛋白打發至中等發泡，並在溫度達到 121° C 後，緩慢的加入於糖漿中。隨後加入泡開的明膠片，繼續攪拌，直到溫度逐漸降低，完全冷卻至室溫。此時蛋白霜的體積應增加了一倍，看起來濃密、黏稠具有光澤。再加入海苔醬，均勻攪拌。使用抹刀，將蛋白霜填入撒了玉米澱粉的長方平底容器，填至一半位置。並在蛋白霜上，以室溫的覆盆子醬，覆蓋一層 0.2 公分的薄層。再用剩餘的蛋白霜覆蓋住覆盆子醬，再以更多的玉米澱粉調和糖粉，撒於蛋白霜的頂部。放置於室溫冷卻後進行冷凍。充分冷凍後，切成 2.5×2.5 公分的正方形。

玉米薄餅

110 克 玉米泥
110 克 全麥麵粉
1 克 鹽
1.9 克 茴香粉
0.45 克 肉豆蔻粉
額外撒用的麵粉

燃火液粉

23 克 酒精濃度為 90%的烈酒
35 克 N-Zorbit M 麥芽糖糊精
53 克 粗海鹽
30 克 木屑
2 克 食用竹炭粉

點綴裝飾

16 片 大朵緲紫薇花瓣
16 塊 大小不一的木炭
4 支 削尖的樹枝，25-30 公分

玉米薄餅

將鹽和玉米泥、茴香粉、肉豆蔻粉加入麵粉中，揉合成麵團，持續揉捏麵團直到表面呈現光滑均勻。之後讓麵團休息 **10** 分鐘。以擀麵棍將麵團推開，盡量推至約 **0.1** 公分的薄度，或使用擀麵機協助推薄。根據需要取一些麵粉，撒上麵團底部以避免沾黏。移至烤箱平盤，並於 **160°C** 的烤箱中烘烤 **20** 分鐘。冷卻後將薄餅剝碎為大約長 **10** 公分、寬 **6** 公分形狀不規則的薄餅，並保存於密封容器中備用。

燃火液粉

取一只碗，將酒精濃度為 90%的烈酒，添加入麥芽糖糊精中，均勻攪拌。加入鹽和木屑、食用竹炭粉，持續攪拌直到完全混合，完成後放置於密封容器中備用。

料理組裝

將要承裝冰淇淋的盤皿預先放入冷凍 10 分鐘。從香料糖漿溶液中取出番薯木炭，輕輕洗去糖漿，隨後放置於 35° C 的食物風乾機（Dehydrator）中脫水風乾 30 分鐘，直到表面乾燥，觸碰時不黏手即可。以一些小鵝卵石排成圓圈佈置於石盤上，中間留下空位。將燃火液粉置於中心位置，並使用真正的木炭覆蓋於四周，但在真正的木炭中，隱藏一個可以食用的番薯木炭。將玉米薄餅放置木炭旁。供餐時，以削尖的樹枝串著棉花糖端上桌，隨後點燃用餐者面前的炭火，遞交棉花糖讓用餐者親自烘烤。我們會引導用餐者將烤過的棉花糖夾著薄餅一起品嘗。在烤棉花糖的同時，開始預備如下述所示的冰淇淋。將裝有木炭冰淇淋的專用容器，置入冰磨機（Pacoiet）中研磨。杓取冰淇淋表面，在挖杓中形成橢圓狀的冰淇淋，放置於平盤中央。在冰淇淋周圍撒上 1 匙的葫蘆巴粉。在 3 點鐘位置，將 3-5 片巧克力捲插入冰淇淋中，然後將 1 個捲壓碎，撒於巧克力捲周圍。取 3 片糖霜花瓣插入冰淇淋中，並於上面再撒上 3 至 5 片新鮮花瓣即可上桌，並引導用餐者尋找到可以食用的番薯木炭搭配冰淇淋一同享用。

雲朵：湛藍天際

「天際湛藍襯著雲朵」

主廚筆記

蓬鬆綿密的雲朵以藍天為底，展現瞬息萬變的各式風情。我們可以用肉眼看見雲彩，看起來彷彿擁有棉花糖的觸感，但我們卻無法觸碰雲彩，無法觸及它微妙的水凝薄霧。我以蛋白霜，創做了蓬鬆雲朵，但卻有別於人們常見的蛋白霜，它的觸感輕盈、充滿空氣感， 這些蛋白霜輕巧地在舌尖消融化開。這是一道富有多層口感的料理設計。使用各項質地元素，凸顯出蛋白甜霜的輕盈，呈現出明顯對 比。冰淇淋中添加一點蘭姆酒，提亮用餐者的想像力，在天馬行空中描繪出屬於自己的雲朵。

八人份

雲朵

150 毫升 礦泉水
0.5 克 百香果香精
1 克 食品級二氧化矽 （Silicon dioxide）
5 克 蛋白粉
0.8 克 食用珠光色素藍色
30 毫升 飲用水
1.5 克 羥丙基甲基纖維素（HPMC / Hydropropyl methyelcellulose）
120 毫升 飲用水
100 毫升 飲用水
100 克 麥芽糖糊精（Tapioca maltodextrin）

馬鬱蘭油

80 克 葡萄籽油
30 克 乾燥馬郁蘭葉
5 克 乾燥百里香葉
3 滴 油溶性食用色素藍色

酸葡萄酒凝膠液

62 克 干型（Dry）葡萄酒
2 克 海藻酸鈉 （Sodium alginate）
13 克 糖
62 克 干型（Dry）葡萄酒
1 克 乳酸鈣（Sodium lactate）
0.8 克 六偏磷酸鈉（SHMP / Sodium Hexametaphosphate ）
0.5g 檸檬酸鈉（Sodium citrate）
½ 條 香草莢
2 滴 食用色素白色

雲朵

將百香果香精加入 150 毫升的礦泉水中，放置一旁備用。將二氧化矽、蛋白粉和藍色珠光色素粉混合一起，加入百香果水中。持續攪拌直到完全融合。移裝入真空包裝袋，以最高壓設定進行真空密封。放置於冰箱冷藏，讓粉末與水分充分融合至少 8 小時。將 HPMC 加入 30 毫升水中攪拌均勻。再加入 120 毫升水，使用手持式調理棒（Handheld immersion blender）充分混合。隨後移裝入真空包裝袋中，以最高壓設定進行真空密封。放置於冰箱冷藏，讓纖維素與水分充分融合至少 8 小時。完成融合後，將這兩件真空袋的內容物一起倒入調理盆中，然後高速打發直到中度發泡。另取一個鍋，將 100 克水、麥芽糖糊精進行混合，混合後煮沸並續煮至溫度達到 110° C。將電動攪拌器轉至中低速，緩緩將糖漿細細倒入調理盆中，直到充分混合均勻。隨後將速度加快至中高速持續攪拌，使調理盆的百香果蛋白糖霜溫度降低。用兩把湯匙製作各種尺寸、形狀不規則形狀的蛋白雲朵，然後置於烘焙紙上，放入食物風乾機（Dehydrator）的托盤中，將「雲朵」以 35° C，脫水烘乾 8 小時，直到完全乾燥。

馬鬱蘭油

將葡萄籽油與乾燥馬鬱蘭葉和乾燥百里香葉置入多功能料理機（Thermomix），以 60° C 中速攪拌 15 分鐘。移裝入容器中，放置於冰箱冷藏過夜。第二天，以細篩過濾除去固體留下馬鬱蘭油， 添加食用色素攪拌均勻後，移裝入醬料壓瓶中冷藏備用。

酸葡萄酒凝膠液

將香草莢對切成兩半，刮下香草籽備用。將海藻酸鈉加入糖中，攪拌均勻。使用手持式調理棒，將 62 克干型（Dry）葡萄酒與海藻酸鈉、糖充分混合。冷藏於冰箱 6 小時，讓海藻酸鈉充分融合於葡萄酒中。再將 SHMP 和檸檬酸鈉混合一起，加入另外 62 克白葡萄酒中，均勻攪拌直到乳酸鈣完全溶解消失。將藻酸葡萄酒液放置於冰箱冷藏，等待 6 小時充分作用。完成後將手持式調理棒放入藻酸葡萄酒液中，開啟調理機以產生渦旋，同時逐漸倒入含有乳酸鈣的白葡萄酒中，繼續攪打混合，直到完全融合。將香草莢對切成兩半，刮下香草籽連同色素，加入葡萄酒凝膠液中均勻混合。隨後移裝到深碗中，進行真空以移除氣泡，完成後放置於冰箱冷藏備用。

湛藍冰淇淋

150 克 椰奶
175 克 全脂牛奶
25 克 液態葡萄糖
25 克 糖
2.0 克 穩定劑
（Franco-Louise stabilizer 2000）
8 克 奶粉
60 克 濾過乳清的優格
80 克 鳳梨汁
25 克 檸檬汁
30 克 蘭姆酒
40 克 藍柑糖漿
0.4 克 檸檬酸

藍色冰殼

200 克 椰子水
2.5 克 乾燥蝶豆花
60 克 新鮮椰肉
1 片 明膠片／吉利丁（Gelatin sheets）

白色冰殼輪廓

112 克 濾過乳清的優格
30 克 酸奶
10 克 糖

湛藍冰淇淋

將穩定劑加入糖中攪拌均勻。取一只平底鍋，將椰奶、牛奶、液體葡萄糖、奶粉混合。並將穩定劑糖液也添加入牛奶中，使用手持式調理棒進行攪打融合。隨後將牛奶進行煮沸，沸騰後續煮 3 分鐘。熄火待其冷卻。再加入濾過乳清的優格、鳳梨汁與檸檬汁進行混合，均勻攪拌。置入冰磨機（Pacoiet）的專用容器中進行冷凍。將蘭姆酒、藍柑糖漿、檸檬酸混合一起，放置一旁備用。上桌前，再將蘭姆酒調和液放入冰磨機的專用容器中，研磨製成冰淇淋。

藍色冰殼

將明膠片泡開，擠乾多餘水分後備用。將椰子水加熱至沸騰，放入蝶豆花，熄火，蓋上鍋蓋悶 10 分鐘。過濾蝶豆花水，並盡量擠出花朵中多餘的水分。椰子水烹煮過程中可能會逸失一些量，需將缺失的量以椰子水補回。隨後加入泡開的明膠片，再次輕輕加熱椰子汁直到溶解。將椰肉放入高效能調理機（Vita-Mix）中，再倒入紫色的椰子水，然後以高速攪打成光滑稠狀，然後移裝入醬料壓瓶中備用。

白色冰殼輪廓

將酸奶與濾過乳清的優格、糖混合一起，攪拌均勻。將直徑為 5 公分的圓形矽膠模具放於桌上。將一些優格放置在圓形模具的底部和側面，繪製出隨意的條紋，模擬白雲。將椰子泥倒入矽膠模具的底部，約 0.3 公分厚的，使果泥表面呈現水平、平整，進行冷凍。當果泥冷凍後，在其上方，放置另一層直徑約 4 公分的圓形矽膠，並以一些鵝卵石往下重壓。再以更多的椰泥填補兩個模具之間的空隙，填補高度達到 3 公分。當空隙完全填滿時，確認沒有產生所有氣泡，有的話則將之戳破，置於冷凍庫備用。

奇亞籽

3 茶匙 奇亞籽
150 克 飲用水
40 克 百香果糖漿

油煎法式長棍

1 條 法國長棍麵包
15 毫升 橄欖油

點綴裝飾

64 片 馬鬱蘭嫩芽
24 片 茴藿香葉
8 朵 三色堇
24 片 巧克力薄荷或科西嘉薄荷
預備的油煎法式長棍
預留的奇亞籽

奇亞籽

將百香果糖漿溶解於水中，將奇亞籽浸泡水中，直至完全泡開，放置於冰箱冷藏備用。

油煎法式長棍

將長棍麵包撕扯成 24 片約 1.5 公分長的片狀。確保撕碎足夠的用量，然後以少量橄欖油將麵包稍微油煎一下，直到酥脆。放置一旁備用。

料理組裝

預先將供餐的碗冷凍 10 分鐘。將點綴用的葉子與花朵徹底清潔洗淨，並以紙巾拍乾吸除水分。將三色堇花瓣分開置於一邊備用。小心從模具中取出冷凍椰子冰殼，因為它們很脆弱。把冰殼倒過來放置於稍微加熱的平底鍋中，使因結冰彭脹不規則的邊緣溶化變得整齊。將萊姆酒調和液加入湛藍冰淇淋中，放入冰磨機中研磨，隨後以湯匙杓取冰淇淋，放置於椰子冰殼中，再將它翻過來放入碗的中間。隨後在碗皿中心添加一匙馬鬱蘭油。用少量的酸葡萄酒凝膠液，淋在冰殼和馬鬱蘭油上方。使用過濾杓，從糖漿中舀取 1 茶匙的奇亞籽，點綴於冰殼兩側。在冰殼周圍點綴 3 個酥脆的麵包塊。從食物風乾機中取出雲朵，並在冰殼旁邊的 3 點鐘位置並排放置 2 朵雲。在 9 點鐘位置擺放另一朵雲。在雲朵上隨意裝飾薄荷花、三色堇花瓣、茴藿香葉和薄荷葉，但需避免覆蓋到冰殼。完成後即可立即上桌。

泥漿池：地熱溫泉

「參著地熱溫泉蒸氣騰冒，散逸空中緊緊相繫無法分開」

主廚筆記

紐西蘭國家公園以豐沛的間歇地熱噴泉聞名。尤其羅托魯瓦鎮，擁有著名的火山地形與岩漿地熱噴泉，非常值得一睹風采。過去幾年我曾到訪此處，便一直想創作出一道像地熱泥漿池一般，會騰冒、噴發的料理。通過乾冰和特製盤皿的協助下，我終於能夠創作出這道趣味橫生的溫泉甜點。運用微型樹木、乾枯樹枝，模擬打造出宛如四周都是硫磺、火山的地熱景觀的場景。

四人份

巧克力錐

100 克 優格白巧克力
50 克 可可脂
4 份 預備的特製火山口盤皿，
直徑 8 公分、深度 3 公分

芳馥百里香白酒醬

50 克 乳清
50 克 葡萄糖
85 克 新鮮百里香
30 克 干型（Dry）葡萄酒
25 克 檸檬利口酒
150 克 動物性鮮奶油
0.15 克 玉米糖膠（Xanthan gum）
0.1 克 關華豆膠（Guar gum）

可可豆碎仁奶酪

180 克 鮮奶油
50 克 牛奶
20 克 可可豆碎仁
20 克 榛果糖漿
1 片 明膠片 / 吉利丁（Gelatin sheets）

木耳墨色慕斯

12 克 精製白糖
110 克 全脂牛奶
4 克 魷魚墨汁
25 克 鹹鴨蛋，蛋白蛋黃混合
40 克 白木耳
100 克 濾過乳清的優格
60 克 打發鮮奶油

巧克力錐

將可可脂與巧克力隔水加熱進行融化，直到完全變成液態。注意不要讓外鍋的水煮沸，因為溫度過高會使巧克力燒焦。將巧克力倒入高 5 公分、直徑 4 公分的錐形矽膠模具中，倒出多餘的巧克力並確保所有表面均已沾附塗層，巧克力塗層必須盡可能薄。完成後放置於冰箱冷藏至少 3 小時。3 個小時後取下巧克力錐。將平底鍋放在爐中加熱至微溫，將巧克力冰錐的的底部，放置於稍微加熱的平底鍋中，使冰錐因結冰造成的鋒銳邊緣變得圓滑，當這些不規則的邊線融化後，便會呈現出滑潤的樣貌。慢慢融化直到錐體的高度，與火山口盤皿的深度一樣高。完成後放入盤中，擺放位置偏離中心，放入冰箱冷藏備用。

芳馥百里香白酒醬

將 50 克乳清和 50 克葡萄糖混合預備成糖漿基底。將糖漿基底煮沸後熄火，連同百里香葉移入高效能調理機（Vita-Mix）中，然後高速攪打混合成稠狀，並使用最細的篩網將糖液進行過濾。將 40 克百里香糖漿和檸檬利口酒加入乾白葡萄酒中。將葡萄酒糖液與動物性鮮奶油混合，再撒入玉米糖膠、關華豆膠，攪拌均勻。將鮮奶油過濾後倒入火山口造型的碗中，深度為 1 公分，置於冰箱冷藏備用。

可可豆碎仁奶酪

將牛奶、鮮奶油一起倒入鍋中，加熱至 85° C。放入可可豆碎仁，熄火，蓋上鍋蓋悶 20 分鐘。將明膠片泡開，擠乾多餘的水分備用。將牛奶鮮奶油過濾，秤量重量，將烹煮過程中逸失的量以鮮奶油補回。稍微覆熱鮮奶油溶液，並加入糖漿、泡開後的明膠片，均勻攪拌直到溶解。待其冷卻至室溫時，放入真空包裝機中，循環兩次真空以去除所有氣泡。取出冷藏的火山口造型盤以，以湯匙協助奶酪填入碗中，以免干擾下方的白酒醬，裝填深度為 2 公分，完成後放置於冰箱備用。

木耳墨色慕斯

取一只鍋，將糖、牛奶、鹹蛋、魷魚墨汁放入鍋中煮沸，加以攪拌將糖溶解。將白木耳蒸 10 分鐘，直到觸摸時略微黏稠。將煮熟的白木耳與墨汁牛奶移入高效能調理機（Vita-Mix）中，高速攪拌 6 分鐘，直至白木耳呈現豐盈的空氣感。將打發鮮奶油至中等發泡，儲存於冰箱冷藏備用。濾過乳清的優格拌入白木耳墨汁牛奶中，與打發鮮奶油一起拌勻，直到完全融合。從冰箱取出碗，在奶酪上方，淋上最後一層，厚度 0.5 公分的木耳慕斯，剛好完全覆蓋奶酪。連同剩餘的慕斯存放於冰箱冷藏備用。

黑醋栗冒泡液

50 克 傳統燕麥片或全麥片
300 克 椰子汁
4 克 乾蝶豆花
1.1 克 海鹽
63 克 椰漿
60 克 黑醋栗利口酒
0.12% 的玉米糖膠（Xanthan gum）

草本茶冰沙

300 克 礦泉水
15 克 糖
10 克 葡萄糖
0.6 克 檸檬酸
1.1 克 HM 果膠 / 黃色果膠
（HM Pectin/Yellow Pectin）
3 克 乾馬鬱蘭
2 克 乾洋甘菊
2 克 檸檬紅茶
2 克 乾菊花瓣

焦化蛋白霜

2 顆 蛋白
40 克 巴糖醇 （Isomalt sugar）
20 克 液態葡萄糖
25 克 過濾水
1 克 檸檬酸
2 克 松露油
1 顆 萊姆皮

點綴裝飾

50 克 乾冰
預留的木耳慕斯
預留草本茶冰沙
預備足夠的液態氮
預留焦化的巧克力土壤、蘆筍土壤，
（作法請參閱「護花春泥」和「蘆筍之森」）
情境佈置使用：水洗乾淨的樹枝、
小顆鵝卵石、微型樹模型

黑醋栗冒泡液

將燕麥放到烤箱平盤中，一片片分開不要重疊，置於 160° C 的烤箱中烘烤 10 分鐘。將椰子水煮沸，加入烘烤完成的燕麥、乾蝶豆花，熄火，蓋上鍋蓋悶 20 分鐘。將燕麥椰子水以細篩網過濾，並擠壓麥片去除多餘水分，儲存備用。將海鹽、椰漿、黑醋栗利口酒加入燕麥椰子水中。再加入玉米糖膠（將液體進行秤重，乘以對應的比例，即為用量），以手持式調理棒（Handheld immersion blender）攪打混合均勻。存放於冰箱冷藏備用。

草本茶冰沙

將水煮沸，加入香草與檸檬紅茶浸泡 5 分鐘，完成後過濾去除雜質。將檸檬酸、糖混合一起加入果膠中均勻攪拌融合。將攪打融合的果膠調和物混合入草本茶中，並煮沸。續煮沸 1 分鐘。待其冷卻後倒入扁平容器中冷凍。以叉子刮取冰沙表面，形成大小不一的碎冰沙，儲放於冰箱冷凍備用。

焦化蛋白霜

取一只鍋，將水、巴糖醇、液態葡萄糖、檸檬酸混合於鍋中煮沸。續煮，直到溫度達到 115° C。此時，使用電動攪拌器將蛋白高速打發，直到蛋白的體積增加一倍，呈現中等發泡。當糖漿的溫度達到 121° C 時，熄火，並將糖漿緩緩添加入打發的蛋白中，並繼續攪拌，直到溫度降到室溫，此時蛋白霜應呈現光澤感與帶有黏稠感。隨後加入松露油、萊姆皮攪拌均勻。將火山口造型盤皿從冰箱取出，並將一些蛋白霜塗抹於盤皿兩側，並使用噴槍將蛋白霜焦化。完成後將盤皿放置於冰箱備用，剩餘的蛋白霜也存儲於冰箱備用，直到供餐時使用。

料理組裝

將岩石和鵝卵石放在盤皿的外側，並以折斷的小樹枝和樹模型裝飾點綴。將預留的蛋白霜從冰箱取出，使用大湯匙將蛋白霜舀入液態氮中，讓它急速冷卻 30 秒。同時取另一把勺子，將液態氮舀到蛋白霜頂部直到完全凍結。隨後將之碎化為大小不一的塊狀，撒在火山口盤皿的表面。使用噴槍將蛋白霜焦化。將兩種土壤撒於盤皿各處。從冰箱拿出預留的木耳慕斯，以小湯匙每次舀取一小團，大約 1-1.5 公分高，順著盤中心周圍的位置，疊堆成火山口造型，以便容納黑醋栗冒泡液。將慕斯的邊緣朝中心抹平，並埋藏巧克力圓錐。取一只小刀，在明火上微微加熱，然後切除錐體尖端，形成大約直徑 1-1.5 公分寬的開口。取出預留的乾冰，使用毛巾包裹乾冰，將其敲打成粉末狀，填入錐體的空隙之中。從冰箱拿出預留草本茶冰沙，浸泡在液態氮 1 分鐘，然後將冰沙撒在靠近中心的外圍處。將黑醋栗泡泡液，秤重取出 50 克裝入擠壓瓶中。在送餐上桌之時，引導用餐者將黑醋栗泡泡液倒入中心位置，彷彿觀賞到眼前的岩漿地熱噴泉的泥漿池正在湧動，還會發出宛如歌聲的起伏旋律。必須等待泡泡騰冒完畢後，才能盡情品嘗這道餐點。

森林歸賦：花生・林後

主廚筆記

由於很多人對堅果過敏，特別是花生。當時我創作這道料理時，秉持的概念是想為花生過敏的用餐者，提供一道可以安心品嘗的「花生」甜點。如果他們無法享用真實花生，至少我能以模仿，保留花生外型，置換為可安心食用的成分。在那份版本的食譜設計中，我去除一切花生元素。而在這份食譜中，我加回花生。保有花生果仁的風味，以不同的加工方式，使花生變化為其他面貌呈現出這道甜點。

八人份

薰衣草巧克力甘納許

- 50 克 72%苦甜巧克力
- 125 克 動物性奶油
- 2 克 乾燥薰衣草花朵

葡萄冰淇淋

- 250 克 無子綠葡萄
- 30 克 轉化糖漿
- 30 克 糖
- 100 克 飲用水
- 2 片 明膠片／吉利丁 （Gelatin sheets）
- 250 克 濾過乳清的優格

巧克力土壤

- 15 克 榛果可可醬
- 10 克 麥芽糊精 （Tapioca maltodextrin）
- 75 克 72%苦甜巧克力
- 100 克 液態葡萄糖
- 40 克 全麥麵粉
- 33 克 可可粉
- 66 克 杏仁粉
- 45 克 焦糖化奶油
- 30 克 黃砂糖
- 20 克 花生粉

花生堅果糖

- 20 克 全麥麵粉
- 7 克 焦糖化奶油
- 7 克 花生粉
- 13 克 烘烤過的花生
- 5 克 糖粉
- 0.45 克 鹽
- 3 克 開心果油
- 5 克 可可脂

薰衣草巧克力甘納許

將鮮奶油加熱至 85° C，放入薰衣草花，熄火蓋上鍋蓋，悶 15 分鐘。將鮮奶油過濾並按壓薰衣草，以去收取被花朵吸收的鮮奶油。將過程中逸失的液體以鮮奶油補足，直到液體總量回到 125 克。再次加熱至 80° C，倒入巧克力中。以手持式調理棒（Handheld immersion blender）均勻混合。手持式調理棒的攪拌，有助於將巧克力與奶油融合，完成後置於室溫備用。

葡萄冰淇淋

將綠葡萄洗淨拍乾，或以紙巾吸除水分。放入高效能調理機（Vita-Mix），攪打成光滑果泥。將明膠片泡開，擠乾多餘水分後備用。略微將水加熱，溶解糖、轉化糖漿、明膠片。待其稍微冷卻後，加入葡萄泥，並與濾過乳清的優格一起攪拌均勻。轉移冰磨機（Pacoiet）的專用容器中進行冷凍。

巧克力土壤

將榛果可可醬與麥芽糖糊精充分攪拌均勻，取得榛果醬細粉。取一只鍋將液態葡萄糖加熱至 155° C，快速拌入巧克力中並充分攪拌融合。倒入襯有絲綢烘焙墊的平盤待其冷卻。將全麥麵粉與杏仁粉混合，放入 160° C 的烤箱烘烤 20 分鐘，直到顏色略呈金黃色澤並放置一旁待其冷卻。將融化的焦糖化奶油與黑糖混合後放置一邊備用。混合烘烤完成的麵粉與花生粉，並加入焦糖化奶油黑糖，均勻攪拌。將葡萄糖巧克力放入食物處理機（Food processor）中打碎，再加入花生麵粉調和物，以及可可粉、榛果可可醬粉，以脈衝閃打幾次形成粗糙的碎屑。用鹽調味後置於一邊備用。

花生堅果糖

將全麥麵粉、焦糖化奶油、花生粉、糖粉、鹽混合一起攪拌均勻。放入 180° C 的烤箱中烘烤 15 分鐘，直到略微呈現金黃色澤後放置待其冷卻。將開心果油與可可脂融化，並加入剛才製備的基料中。將花生烘烤並切成碎花生，加入一起。戴上手套，舀取 2 至 3 湯匙碎花生混合粉，置於掌心，以手指抓捏，壓塑成直徑約 2 公分的圓柱體，置於冰箱冷凍備用。

偽造花生

100 克 優格白巧克力
20 顆 帶殼生花生
56 克 煮熟的軟花生
15 毫升 薑汁
15 克 黑糖漿
65 克 煮花生水
6.5 克 蘇格蘭威士忌
撒粉用的可可粉

點綴裝飾

預留煮熟的花生
6 顆 大的紫葡萄
4 片 冰花嫩芽
8 朵 馬鬱蘭花
8 片 巧克力薄荷葉
4 朵 綠紫蘇嫩芽與嫩葉
12 朵 鼠尾草花

偽造花生

在此使用的白巧克力不需要調溫，可以直接置入冰箱冷藏定型。將白巧克力以 40° C 隔水加熱融化，隨後以湯匙舀取白巧克力融液，注入花生造型的矽膠模具中。搖動並倒出多餘巧克力液，將矽膠模具蓋起後，置於冰箱冷藏備用。請製作 9 顆花生，以防 1 顆破損可替換使用。取出花生外型的巧克力殼，然後取針過火加熱，熔化出一個能注射填裝的孔洞。用 300 克水煮花生，直到軟化。過濾後保留煮花生的水。從花生殼中取出花生仁。將烹煮花生的水，濃縮蒸發減量至一半。取一只鍋，倒入秤量的煮花生水，再加入薑汁、黑糖、威士忌、煮熟的花生，使用手持式調理棒，混合攪打成細緻稠狀。以篩網過濾，再繼續下個動作前必須待其完全冷卻。冷卻後，將調和花生泥裝填入注射器，注入先前備妥的白巧克力花生殼中，直到完全填滿。取一塊巧克力將它融化，以融化巧克力來密封填補注射針孔，使外殼表面光滑不留痕跡。在上桌前，再使用刷子輕刷上可可粉，讓偽造花生的外觀更加真實。

料理組裝

將葡萄切成薄片備用。將盤皿預先冷凍 10 分鐘。以湯匙的背面，在盤中央放置一團薰衣草甘納許。在甘納許的左側、右側兩側，放置 3 片交互重疊的葡萄片，將水煮柔軟花生撒在葡萄片上。將裝有冷凍葡萄冰淇淋的專用容器從冷凍庫取出，再放入冰磨機進行研磨。以湯匙勺刮，讓冰淇淋於湯匙中形成檸檬型，放在甘納許的頂部。以湯匙背面將冰淇淋塑型，目的使它形成三角形斜坡，在冰淇淋的 3 點鐘、9 點鐘、12 點鐘方向，微壓延伸，形成一個細長的冰面。但保留 6 點鐘方向的冰淇淋有足夠厚度，蓋過甘納許不外露。用巧克力土壤碎屑覆蓋冰淇淋的上方，並以手將花生堅果糖圓柱扳碎，在冰淇淋的左側放置 1-2 小塊。最後將偽造花生放在與冰淇淋垂直，略偏左側的邊緣處。將點綴的花草植物，隨意種入鋪有巧克力土壤的位置，完成裝飾後就能立即上桌品嘗。

Feuille Next 鄉村麵包

主廚筆記

我盡力不浪費並循環再造。在食譜中，我沒有將未用到的麵包拋棄，而是通過脫水處理並將它們加工成細粉，然後與麵粉混合，添加製成新的麵包，從而完成循環再造。將回收再造的麵包粉，先進行烘烤再加入製作流程中，會更添另一種芳香。鄉村麵包使用了傳統 的製程，沒有使用任何商用酵母，只採用構成麵包的最基礎必備元素：水、麵粉、鹽和從空氣中捕獲的天然酵母。

八人份

第 1 天

50 克 黑麥粉
50 克 過濾水

第 5 天

100 克 全麥麵粉
100 克 過濾水

第 6 天

100 克 全麥麵粉
100 克 過濾水

預備製程

將 50 克水與黑麥粉充分混合，移裝入滅菌過的梅森罐中。以棉布覆蓋罐口，以橡皮筋固定，放置室溫約 22 至 24°C，發酵 5 天。根據室溫會影響發酵過程，可能需要等待 4 至 8 天。在第 5 天結束時，將食譜中的全麥麵粉與水混合，添入裝前一批發酵麵團的梅森罐中。以刮刀將兩批麵團充分拌勻。

發酵作用應以展開，麵團的體積會逐漸增加。如果麵團已經洩氣緊縮，則表示天然酵母已經完全將麵團中可用的所有碳水化合物消耗殆盡，並且不再產生二氧化碳來膨發麵團。在第 6 天，從梅森罐中移取出一半的發酵麵團作為其他用途，例如煎餅。將另一批全麥麵粉與水混合，並加入留有一半發酵麵團的梅森罐中。使麵團得已再次發酵，讓天然酵母達到最大活躍程度。

食譜中以發酵黑麥汁取代水，為麵團發酵增添額外輔助。將 10 克帶活菌的蘋果發酵汁，加入 500 克 黑麥汁的玻璃容器中，並等待 3-4 天製成發酵黑麥汁。當液體中產生大量碳酸氣泡時，即可使用。

我們採用未食用完的麵包，切成薄片置於食物風乾機（Dehydrator）烘乾直到完全乾燥。然後將乾麵包放入香料研磨機（Spice grinder）中磨成細粉。然後輕輕地將這些麵包屑烘烤至釋出香味，成為「重複利用的麵包屑」素材。採用未食用完的麵包再次利用，是源於不浪費食材資源的想法。

FEUILLE 鄉村麵包

348 克 強化麵包粉
80 克 重複利用的麵包屑
420 克 發酵黑麥汁
（發酵基底請參閱發酵果汁製程）
100 克 天然酵母
10 克 岩鹽

製作方法

將麵粉和重複利用的麵包屑混合一起，放置一邊備用。先將天然酵母添加到發酵黑麥汁中混合均勻，將麵粉倒入玻璃碗中，再倒入發酵黑麥汁。在此份食譜中沒有需要揉麵團，請用手翻拌直到液體與麵粉充分融合。將手伸入麵團的底部，以順時針方式將底部翻折至頂部，直到麵團的每一面都折疊過至少一次。以保鮮膜覆蓋碗，防止麵團變乾，靜置麵團醒 30 分鐘。30 分鐘後，添加岩鹽並重複折疊過程 2 次，兩次間的休息間隔為 30 分鐘。將麵團分為 3 等份，準備 3 個大的圓形碗以容納麵團，墊上棉布，並將多餘的麵粉撒於布上防止麵團沾黏。將麵團整形為球體，放置於墊布的碗中，再撒上大量的麵粉，並以棉布覆蓋麵團。再以保鮮膜緊緊封住碗，放置冰箱冷藏至少 3 天充分發酵，培育出天然酵母的香氣。將麵團從冰箱中取出，置於室溫 30 分鐘讓酵母進一步甦醒。將烤箱預熱至 260° C，放入荷蘭鍋（鑄鐵鍋）10 分鐘。從烤箱中取出鑄鐵鍋，快速將麵團翻到鍋中。需要盡量小心，不要在過度按壓導致麵團洩氣。用刀鋒在麵團表面劃兩刀，形成有如葉片般的弧形。蓋上鍋蓋，放入傳統烤箱的最低層架子中，烘烤 40-45 分鐘。在烘烤週期結束時，從烤箱中取出麵包並移到架上冷卻。當麵包移出烤箱後，麵包的內部仍在進行熟成。請等待麵包完全冷卻後才切麵包。如果 2 天內沒有食用，需將麵包冷凍保存。不要存放於冰箱，以免麵包變乾。

餐後茶點

主廚筆記

當用餐來到尾聲，餐廳多半會供應一些小蛋糕、甜品，但是我不知道為什麼一定要是甜點？我想顛覆約定俗成的形式，提供一些鹹味茶點。在節奏高昂的主餐快板後，尾聲帶入協調的水果與清爽蔬點，彈奏著清淡、濃郁及美味的多重協奏，這就是我想為您獻上的 Feuille 餐後茶點！

果之一，葡萄

二十人份

油封葡萄

20 顆 無籽紫葡萄
覆蓋用的足量葡萄籽油

軟糖

2 顆 八角
1 條 肉桂棒
½ 茶匙 小茴香
½ 茶匙 杜松子
½ 茶匙 四川胡椒
50 克 糖
7 克 HM 果膠 / 黃色果膠
（HM Pectin / Yellow Pectin）
200 克 Maria DeL Mar 紅葡萄酒
100 克 糖
50 克 水
50 克 紅葡萄酒
5 克 蘋果酸

綜合香料

1.4 克 肉豆蔻
3 克 小豆蔻

點綴裝飾

1 顆 萊姆或香水檸檬皮
20 枝 削尖的樹枝

油封葡萄

將葡萄徹底清洗並瀝乾。乾燥後，將葡萄轉移放置到，能將它完全水平並排放置的容器中。倒入足量的葡萄籽油，覆蓋葡萄 3/4 的表面。放入食物風乾機（Dehydrator）的托盤中，以 60° C 風乾 10 小時。

軟糖

將香料混合一起，在平底鍋中烘烤至釋放出香氣。將 280 克紅葡萄酒煮沸，加入香料，熄火蓋上鍋蓋悶 15 分鐘。完成後將葡萄酒過濾，並分別成 200 克和 50 克兩份。將果膠粉加入 50 克糖中均勻攪拌。取一只鍋，將水倒入 200 克紅酒中進行煮沸。當酒水的溫度達到 50° C 時，加入果膠糖粉，同時均勻攪拌，溶解果膠粉。持續烹煮直到沸騰，隨後加入剩餘的糖，均勻攪拌，直到紅酒液溫度達到 108° C。將蘋果酸加入預留的 50 克紅酒中，攪拌溶解並加入烹煮的紅酒糖液中攪拌均勻。完成後倒入 15×15 公分，內襯保鮮膜的正方形容器，倒入液體後的完成厚度約為 0.5 公分。放置一旁冷卻備用。

綜合香料

以平底鍋烘烤肉豆蔻和小荳蔻，製作綜合香料。放入香料研磨機（Spice grinder）中研磨成細粉，裝入容器中備用。

點綴裝飾

使用一個跟葡萄相同直徑的金屬環，將紅酒軟糖壓取出圓片。從葡萄籽油中取出葡萄，以紙巾吸除油分。對切成兩半，然後將樹枝削尖，將紅酒果凍圓片固定在葡萄中間。撒上綜合荳蔻粉，在葡萄上撒上一些檸檬皮增添芬芳，即可上桌品嘗。

果之二・蘋果

二十人份

5 顆 富士蘋果
5 克 蘋果醋
0.3 克 抗壞血酸 （Ascorbic acid）
300 克 飲用水
150 克 糖
0.5 克 蘋果酸

蘋果皮粉末

預留的蘋果皮 （取自上方食譜）
預留的蘋果糖漿
20 克 蘋果皮
8 克 麥芽糊精 （Tapioca Maltodextrin）

填餡馬斯卡彭

75 克 馬斯卡彭起司
20 克 芒果風味醋
2 克 糖
5 克 櫻桃白蘭地
1 撮 鹽
50 克 鮮奶油
10 顆 去殼開心果

點綴裝飾

24 小片 科西嘉薄荷葉
12 朵 科西嘉薄荷花朵
預留的蘋果糖漿
10 克 切碎開心果

蘋果泥片

將蘋果削皮，並保留果皮。去除蘋果籽。取一只鍋將水、糖、蘋果酸均勻混合，煮沸並攪拌溶解，製作蘋果糖漿基底。將蘋果隨意切成小塊，加入糖漿烹煮 30 分鐘直到軟化。過濾煮熟的蘋果，並保留蘋果糖漿備用。將蘋果移到高效能調理機（Vita-Mix），加入抗壞血酸，混合攪打成細緻果泥。將果泥在絲綢烘烤墊上，塗抹成 0.2 公分薄層，連同烤墊一起置入食物風乾機（Dehydrator）中，以 40℃ 烘乾 6 小時，直到乾燥。將蘋果泥片切成 5×5 公分的正方形，裝入盒中，放入冰箱冷凍備用。如需堆放蘋果泥片，請在其中放置一張烘焙紙，以避免蘋果泥片相互沾黏。

蘋果皮粉末

將蘋果糖漿煮沸，然後將蘋果皮浸入川燙 10 秒鐘。隨後將果皮移到食物風乾機中，設定 40° C 烘乾 6 小時，直到乾燥。待其冷卻後冷凍大約 3-4 小時，隨後將麥芽糊精和冷凍蘋果皮片放入香料研磨機（Spice grinder）中研磨成粉，放入冰箱冷凍備用。

填餡馬斯卡彭

將糖、鹽加入芒果醋中，攪拌均勻。將醋液輕輕攪拌加入馬斯卡彭起司，直到變濃稠。將鮮奶油打發至中等發泡，連同櫻桃白蘭地翻拌入馬斯卡彭中。將開心果略切為 0.3 公分的碎塊，一同翻拌入馬斯卡彭。完成後移裝入擠花袋，並冷藏於冰箱備用。

點綴裝飾

從冰箱中取出蘋果泥片。先讓它恢復室溫再繼續下個動作。將蘋果皮滾成錐體，將填餡馬斯卡彭鮮奶油，擠入蘋果泥片錐體中。在露出的馬斯卡彭上撒上開心果、蘋果皮粉撒於蘋果泥片。將薄荷葉與花浸泡入蘋果糖漿中，然後將沾附糖漿的薄荷裝飾點綴於蘋果皮上，即可完成上桌。

植之一、紅紫蘇葉橙汁捲

十五人份

綜合香料

- 1 茶匙 芫荽籽
- 1 茶匙 茴香籽
- ½ 茶匙 孜然籽
- ½ 茶匙 乾奧勒岡葉
- ½ 茶匙 乾羅勒葉
- ½ 茶匙 乾百里香葉

柳橙與萊姆皮

- 1 顆 柳橙
- 1 顆 萊姆
- 1 顆 柳橙汁
- 120 克 糖
- 120 克 飲用水
- 預留食譜中的綜合香料

點綴裝飾

- 15 支 紅紫蘇葉，帶 5 公分莖
- 15 朵 香菜花
- 10 克 原味跳跳糖

綜合香料

將芫荽籽、茴香籽、孜然籽，放入平底鍋中乾煎，直到釋出香氣。完成後與乾奧勒岡葉、羅勒葉、百里香葉混合，放置一旁備用。

柳橙與萊姆皮

將柳橙與萊姆以蔬菜削皮刀，削出長長的皮片。再以小刀除去表皮白色的部分，以免影響口味變苦，隨後將果皮切成長條。在鍋中加入足夠的冷水覆蓋皮片並慢慢煮沸。煮沸後，過濾，保留皮片、水倒掉，重複此過程兩次。將糖、水、橙汁混合在一個平底鍋中，攪拌直到糖完全溶解，然後將皮片與預先備妥的綜合香料加入一起，然後煮沸。煮沸後轉小火續煮，直到溫度達到 121° C。將鍋子移出火源，將柳橙香料糖液倒在襯有絲綢烘焙墊的烤盤上，待其冷卻。完成後將冷卻的柳橙香料糖液放入 50° C 的烤箱中，不使用對流模式，以恢復糖液柔軟可塑的質地。

點綴裝飾

將紅紫蘇葉洗淨並以紙巾擦乾。使用叉子刮取約 1 小匙黏稠的柳橙香料糖液。戴上手套，以手捏塑成 3 公分長的圓柱狀。放置於葉子的莖側，並將葉子捲著柳橙香料柱。當柳橙香料柱的表面稍微被葉子覆蓋時，撒上一條約 ½ 茶匙的原味跳跳糖，並繼續將葉子捲起。收尾時將莖插入靠近葉尖的位置，加以固定防止葉片散開。最後以香菜花點綴裝飾，即可上桌。

植之二、羽衣甘藍香脆片

十五人份

羽衣甘藍脆片

1 束 羽衣甘藍，大約 8 片大葉子
預備羽衣甘藍川燙用水

紅番茄粉

5 顆 牛番茄
10 毫升 日曬番茄乾浸漬油

綜合香料

5 克 黑胡椒
1 克 白胡椒粉
0.5 克 肉豆蔻粉
1.5 克 辣椒粉
1 撮 鹽
2 克 紅糖
15 克 橄欖油

薑酒醋香霧

250 克 白葡萄酒醋
100 克 月桃薑花苞（艷山薑）

點綴裝飾

75 小片 各式食用花瓣
中等尺寸的刷子
足量的橄欖油刷油利用
預留的羽衣甘藍脆片

羽衣甘藍脆片

羽衣甘藍葉徹底清潔洗淨。取一只足以容納整個羽衣甘藍葉的大鍋，將一鍋水煮沸。川燙羽衣甘藍葉片 30 秒，然後快速放入冰水中冰鎮降溫。將羽衣甘藍葉切成大約 6×6 公分的尺寸，不必切成完美的正方形，概略即可，保留葉子最厚莖的部分用於其他用途。將切好的葉片擺放於食物風乾機（Dehydrator）的托盤上，使用專用細網壓覆於羽衣甘藍葉上方，以在乾燥過程中維持葉片原始造型。以 38° C 下脫水 4 小時，直到觸摸起來完全乾燥。

紅番茄粉

將牛番茄橫切為 0.2 公分的薄片，將它們排放於食物風乾機（Dehydrator）的托盤上，以 45℃下乾燥 7 小時。4 小時後將它們翻面，使另一側再乾燥 3 小時。完成後將番茄片冷凍 1 小時後，放入香料研磨機（Spice grinder）中研磨成粉。以細篩過濾，將大顆粒的番茄粉末篩除，將細緻的粉末放置於冰箱冷凍備用。在供餐上桌前，用小火加熱 10 毫升的日曬番茄乾浸漬油，然後取 2 茶匙番茄粉撒入鍋中。繼續乾煎，直到它們呈現出淡淡的金黃色澤並釋放出番茄香氣，完成後放置一旁冷卻備用。

綜合香料

將所有列出的成分混合，裝入容器中，攪拌混合即可。

薑酒醋香霧

從莖上取下薑花或球莖，將它們浸泡於白酒醋中 30 天，以釋放薑的風味。

點綴裝飾

將刷子浸入橄欖油中，甩去多餘油分，輕輕刷在乾燥的羽衣甘藍片上。完成後將它們放於餐盤上，每份餐點需要 3 片羽衣甘藍脆片。以微波爐加熱，每 10 秒作為間隔單位，直到葉片熟透並且呈現半透明。攪拌綜合香料，薄薄地撒在葉片形成薄層，並將葉片彼此堆疊。取 1 茶匙番茄粉碎屑點綴於羽衣甘藍片頂部。以可食用的花朵進行裝飾，並在花朵上噴兩下酒醋香霧，即可完成料理。

Pink Rose &
Berry Tea
peel
green tea

發酵果汁

主廚筆記：
在製作食譜中的發酵果汁前，首先得預先製作帶有活菌的發酵果汁基底。雖然果汁本身不用添加活菌，也能自己發酵。但是，加入發酵基底就能增加發酵時間的可控性，能在規範的時間完成提高各種果汁完成時間的一致性。我們在製作發酵果汁時，溫度也是必備條件：最合適果汁的發酵溫度約在 26 至 28° C。較低溫的環境則需要更長時間才能使果汁發酵。在發酵過程中，當細菌消耗並轉化糖時，會產生二氧化碳氣體。不同的發酵階段造就不同的果汁，但我所追尋的是所有糖都消耗殆盡後的終極產物。一份基礎的蘋果汁，可以通過榨取新鮮蘋果取得 500 克的蘋果汁。再將蘋果汁放入滅菌後的梅森罐中，以棉布覆蓋罐口並以橡皮筋固定。將它放置室溫發酵並持續觀察發酵過程。大約在 3-4 天後應該會出現碳酸氣泡，並在 8-10 天後果汁中的氣泡強度會增強。當泡沫消失，大約是在發酵過程的 14 天之後，果汁會飽和菌種。在室溫下再放置 3-4 天，使用前儲存於冰箱冷藏備用，可作為發酵基底使用，亦可作涼飲直接使用。

果汁之一 - 梨子洋甘菊

450 克 梨子
2 克 洋甘菊茶包
2 克 菊花
200 克 過濾水
0.3 克 抗壞血酸
10 克 帶活菌的蘋果發酵汁
（製程詳參筆記欄目）
50 克 葡萄籽油
2 滴 香水檸檬精油

製作方法

將梨子去皮，略切為小塊狀，投入榨汁機中進行榨汁，取得約 345 克的梨子汁，再加入抗壞血酸均勻混合。將 200 克水煮沸，並將菊花和洋甘菊茶包浸泡 5 分鐘。2 分鐘後先取出洋甘菊茶包，保留菊花繼續浸泡 3 分鐘。完成後過濾菊花茶，但保留菊花備用。取一個足夠容納菊花茶容量的梅森罐，並進行消毒殺菌。在 FEUILLE，我們使用的是容量為 1.2 公升的梅森罐，我們會放置於沸水中 2 分鐘加以消毒殺菌。將菊花茶與梨汁混合，並倒入梅森罐中，並加入預留的菊花和 10 克帶活菌的蘋果發酵汁。以棉布覆蓋罐口並以橡皮筋固定，讓溶液置於室溫發酵 20 天。20 天後將發酵液過濾，去除雜質。但請小心不要攪拌到沉積在罐底的沉澱物。完成後存放於冰箱冷藏，以停怠發酵過程。將香水檸檬精油滴入葡萄籽油中，然後裝入氣霧噴瓶中。於玻璃杯中噴兩下帶有香氣的噴霧，再倒入冰涼的發酵果汁。由於果汁是搭配 FEUILLE 供應的餐點設計，所以將果汁製作為偏酸風味。如果您覺得太酸，飲用時可斟酌加入一些蜂蜜調和。

果汁之二 - 玫瑰小紅莓

300 克 過濾水
20 克 綜合紅莓茶
10 克 玫瑰花瓣 / 花苞
400 克 蘋果汁
10 克 帶活菌的蘋果發酵汁
（製程詳參筆記欄目）

製作方法

取一只鍋將水加熱至 85° C，將綜合紅莓茶與粉紅玫瑰花瓣一起浸泡水中，熄火，蓋上鍋蓋悶 4 分鐘。4 分鐘結束後，加入蘋果汁，連同玫瑰花與綜合紅莓移入滅菌後的梅森罐中。將帶活菌的蘋果發酵汁加入梅森罐中，以棉布覆蓋罐口並以橡皮筋固定。在發酵過程中，玫瑰與綜合紅莓將持續釋放出風味。讓溶液置於室溫發酵 20 天。在發酵過程結束時，輕輕倒出發酵果汁並以細篩網過濾。完成後即可放入冰箱冷藏，停止發酵過程，並於 1 週內食用完畢。

搭餐享用

莓果發酵類型的果汁本身就很美味。可將它當成偏酸的紅酒，搭配您最喜歡的肉類餐點，例如炙烤牛排、蔬菜燉肉、辣椒燉肉或口味濃厚的奶酪，都非常適合搭配這類發酵果汁。我們將玫瑰小紅莓果汁搭配「秘境花園」這道餐點，以果汁的酸甜感柔和了乳酪布蕾的豐厚奶味，增進味蕾的輕盈感受。

果汁之三 - 黃瓜檸檬馬鞭草

380 克 黃瓜汁
10 克 新鮮馬鞭草葉
200 克 蘋果汁
10 克 帶活菌的蘋果發酵汁
（製程詳參筆記欄目）

製作方法

將整個黃瓜進行榨汁，直到取得 380 克的黃瓜汁。將馬鞭草葉洗淨並以紙巾拍乾吸除水分。將 7 克馬鞭草葉與黃瓜汁一起放入食物處理機（Food processor）中，略為攪打以釋放出馬鞭草葉的風味。將調理後的汁液移到完成滅菌的梅森罐中，加入蘋果汁以及剩餘的 3 克馬鞭草葉。再加入帶活菌的蘋果發酵汁，以棉布覆蓋罐口並以橡皮筋固定。讓溶液置於室溫發酵 20 天。在 20 天結束後，輕輕倒出發酵果汁，但小心不要攪拌到罐底的沉澱物。這類型的發酵果汁會呈現更酸的風味，視您需求可斟酌加入一些蜂蜜調和。完成後即可放入冰箱冷藏，停止發酵過程。

搭餐享用

您可以添加一些蜂蜜或花露、糖漿來平衡果汁的酸度。當果汁與橄欖油進行混合，便可作為提味用的醋醬；亦可冷凍作為冰沙，非常適合與生鮮海味搭配，像是牡蠣、海膽、象拔蚌或魷魚，都能點亮食材鮮味。

果汁之四 - 炙烤黃紅彩椒

300 克 過濾水
4 克 橘皮香草茶包
3 克 乾馬鬱蘭葉片
200 克 炙烤黃紅彩椒汁
大約 3 顆大的彩椒
120 克 鳳梨汁
10 克 帶活菌的蘋果發酵汁
（製程詳參筆記欄目）

製作方法

將彩椒放於瓦斯爐上直火烘烤，到表皮燒焦。去除皮層、去籽，然後置入榨汁機中榨汁，將榨汁機濾除的彩椒泥留取一半備用。將水煮沸，放入茶包、馬鬱蘭，熄火，蓋上鍋蓋浸泡 5 分鐘。時間到後先取出茶包，但留下馬鬱蘭葉，將茶液、彩椒汁與預留的彩椒泥，放入已完成消毒的梅森罐中，倒入鳳梨汁、帶活菌的蘋果發酵汁，以棉布覆蓋罐口並以橡皮筋固定。讓溶液置於室溫發酵 18 天。在發酵過程結束時，輕輕倒出發酵果汁，但避免底部的混濁沉澱物。保留果泥放置於細篩網上，讓發酵液在重力的幫助下自行過濾。完成後即可放入冰箱冷藏，停止發酵過程。視需求斟酌加入一些蜂蜜調和酸度。

搭餐享用

在 Feuille Next 活動期間，我們以炙烤黃紅彩椒果汁搭配「護花春泥」這道餐點。這類發酵果汁，特別適合搭配以番茄為基底的醬汁餐點，例如紅醬義大利麵、千層麵或番茄燉肉。其中青醬的羅勒香蒜或蘑菇湯，也非常適合與它搭配，別有一番風味。

果汁之五 - 油炸薯皮綠茶

200 克 過濾水
5 克 綠茶粉
360 克 蘋果汁
100 克 新鮮馬鈴薯皮
10 克 帶活菌的蘋果發酵汁
（製程詳參筆記欄目）

製作方法

使用蔬菜削皮刀，將新鮮馬鈴薯削皮，直到取得 100 克足量的馬鈴薯皮。起一油鍋加熱至 160° C，將馬鈴薯皮煎炸至金黃色澤，輕盈而酥脆。完成後以紙巾吸附多餘油分。將水加熱至 85° C，加入綠茶粉、油炸馬鈴薯皮，熄火蓋上鍋蓋，浸泡 5 分鐘。5 分鐘後掀蓋。將綠茶液與馬鈴薯皮一起移入已完成消毒的梅森罐中，加入蘋果汁、帶活菌的蘋果發酵汁，以棉布覆蓋罐口並以橡皮筋固定。讓溶液置於室溫發酵 20 天。在發酵過程結束時，輕輕倒出發酵果汁，但避免底部的混濁沉澱物，發酵果汁頂部的薄油膜，會為這份果汁添加特殊的風味。如果過酸，可視需求加入一些蜂蜜調和酸度。

搭餐享用

我們將這類發酵果汁搭配油炸餐點。在 FEUILLE NEXT 期間中，我們以油炸薯皮綠茶發酵果汁搭配「鵪鶉蛋」與「樹皮攀蕨」這兩道餐點。另外，它搭配燻製料理也非常合適，像是煙燻鮭魚、醃漬蔬菜甚至水煮蛋，都能更添風味。

展翅翱翔

IDEAS and POSSIBILITIES

Irrefutably, I am at a crossroad with myself.
無可否認的是，我正獨自站在繁忙的十字路口。

將在活動落幕後，一切逐漸回歸日常，我也忙碌於其他事務之中。但我始終無法接受 FEUILLE NEXT 停頓在剛萌芽的階段，宛如海面上探出頭的一角冰山，水面下暗藏著巨大量體；然而鐵達尼號沈沒的命運，可能也是我的命運。儘管她在世人面前僅是啼聲初試，但 FEUILLE 的根系早已如我的身體血管緊密共生，既無法分離也不容忽視。每天，我都試問自己，是否還願意再次一無反顧地展開下一場活動？逐日累積的懸念，一次比一次更加強烈，就像即將沸騰的壓力鍋，從洩壓閥不斷噴出蒸氣，從間歇到持續，最後噤聲但壓力隨指示線卻一段段升高，逼近壓力滿載。

我從來都對開餐廳的念頭不感興趣，因為那無可避免會產生太多瑣事，導致無法單純專注在投入製作一頓好的餐點。尤其是我的個性十分在意細節，在追求極致的要求上近乎貪婪，我期望一切都能「完美」、符合標準，並且精確落實執行，沒有半點猶豫的模糊地帶，小至碗盤要如何清潔、大至熟練烹飪流程，以及服務人員應能記住每一位顧客的長相、個別偏好，進而能與顧客互動，營造出令人欣然喜悅又親切友好的用餐氛圍，同時還需充分了解我的烹飪哲學以及餐點背後的故事。儘管得面臨這眾多挑戰，儘管不喜歡開餐廳，然而仍然只有餐廳的創造屬性能像科研實驗室般，整合起多種跨領域的項目，通過精巧設計與安排，才能營造出令人驚奇且永生難忘的用餐體驗。

但是，完美就像天邊閃著熠熠光輝的星辰，是現況仍無法輕易觸及的期望，特別是對於一切都還在開始、尚未建構完善的剛起步餐廳而言。這意味著我需要充分的好運，在對的時間招募到對的人，和我有相似的理念願景、志趣相同、熟悉烹飪技巧，以及為了目標能有犧牲奉獻的精神與承諾。更重要的是，趁這個聚合的機會，團隊中相互點燃對方的熱情、相互學習砥礪，著眼共同目標，就像一同呼吸的共體，踏著一致的步伐向前邁進！

我已能想見未來潛藏著多巨大的艱難，隨著 FEUILLE NEXT 活動已謝幕，我感受到深埋在體內的潘朵拉寶盒已經撬開，從縫隙中，萬丈絢光射穿我的身體，此刻我已攔不住想直奔向前的思緒，我還想完成很多事！卻不知如何實現這項宏偉瑰麗的項目。因此我告訴自己：「專注在料理」！事實上，我曾最不願意承認，我想打造一間擁有全新設備與花園溫室的嶄新用餐場所。但實際上，下一階段早已在幕後默默啟動，全新的菜單料理也早就在開發之中，她是「FEUILLE Rediscovery」。她不斷提醒、鞭策著我許下更深的承諾：為用餐者優化用餐環境與料理的深度、並提供量身打造的用餐管家服務。

用餐環境

我對 FEUILLE NEXT 的裝潢氛圍極不滿意，隨著我有時間能開始思考、探究我內心的深層渴望，對室內空間的陳設想法，將更深入、更具細節，覆蓋層面更廣。一直以來，我很享受聽著刀具撞擊餐盤、酒杯輕碰、溫和的閒聊絮語，交融為餐廳的背景音樂。想像一下這裡充滿可能性，收錄著各式各樣的人生場景以及實現夢想的場域，一場誠摯的交流或對話，甚至可能締結了交易或合約；或是一天中最令人期待的晚餐，調劑了困擾整天的煩悶、不順，讓心情被食物療癒而點亮光彩；又或是在此慶祝紀念日或是歡慶生日，甚至精心設計一場求婚驚喜。因此，我特別著迷於環境氣氛，特別是通過選用合宜的裝潢與裝飾，在空間中打造出令人舒緩的溫馨氛圍。

但無論裝潢如何盡所能的奢華，對我而言，餐廳卻永遠不如自己「家」一般的放鬆舒適。想像推開門，映入眼簾的是燃著暖焰的壁爐，隨手拿了一本文學著作配一杯飲品，或在露台上啜飲著手沖咖啡，享受眼前的莊園景緻與暖陽日照。空間中瀰漫著柴香、書香、咖啡香，將料理與田園和陽光，串成我腦海中的美好願景，也為 FEUILLE FOOD LAB 編寫了 DNA 2.0。我想在郊區實現 FEUILLE FOOD LAB 2.0，將她座落於一處被豐富植被與自然美景包覆的湖畔。從工作室望出去，能俯瞰湖畔景致與周遭的生態，與充滿活力的生態，融為一幅和諧而悠揚的景致。我甚至曾想像要在覆滿植被的草地上，鋪設高架木棧道以保護草地，路徑一路延伸進叢生密佈的蘆葦林，而入口就隱身其中，隨著風吹搖曳若隱若現著。

大扇的落地窗並排於建築物的兩側，將湖畔的美景盡收眼底。也許偶而會有調皮的水鳥到訪嬉戲、覓食，為寧靜的風景點綴上活潑的一抹漣漪。建築的外觀會像小木屋般樸實自然，部分保留未加修飾的紅磚與灰泥牆面，粗糙的磚牆與洗白而紋理溫潤的白橡木，形成鮮明的對比，牆上的壁爐溫暖而兼具煙燻食材的實用功能，用餐環境傳遞著舒緩輕鬆的氛圍。環境四周充滿著食用植物，空間的綠意從室外延伸進室內，天花板、層架懸掛著乾燥苔蘚、乾花、浮木與枯枝，空間擺飾在未來也會與盤中的餐點元素相互呼應。

廚房作為餐廳的心臟，它將不會被隔離於玻璃屏障後方，取而代之是全然開放。通過嶄新的室內空間規劃，廚房區與用餐區將完美融合，顧客可以自在探索、隨意漫步拍照留影，將廚房中感興趣畫面盡情收錄於記憶之中；而廚師們則可以隨時觀察、接收用餐者的反饋。以交流與互動，破除空間的隔閡，以透明分享，加深彼此的聯繫。廚房中島也將不再是冰冷的不鏽鋼，將改用紋路溫潤的木質素材，讓整體更加溫暖舒適，創造宛如回到家般溫馨體驗。

順著視野，甚至能發現廚師藏身在這些枝藤葉茂的植物中，這些植株生長在玻璃帷幕打造的溫室中，充滿著農業科技與現代感，還有花架，使整個植物區層次分明、錯落有致，溫室花園中也會擺設木製長凳，為駐足欣賞的顧客有歇腳休憩的空間。

量身打造的服務

「量身打造的服務是從謙卑出發的樸摯體貼，而謙卑正是餐廳的經營原則。」

談到服務，這是被高度討論的話題，而且人們往往對服務也有一定的期待。但服務是感性訴求，充斥著許多難以被量化或規範的行為準則。回顧在 FEUILLE NEXT 活動期間中的招募面試，多數應徵者不大能具體掌握服務的核心為何？甚至對工作本職中應力求完善的任務，錯當成服務精神的體現。每當我們談到「服務」，多半會直接聯想到餐飲服務業的規範準則，但如何以優質服務，提供顧客超越預期的期待？這是相當難拿捏的尺度，如何取得客戶角度的平衡點，是否還有更優的破題策略？

這些本質上的疑問經常困擾著我，特別是當我造訪過獲獎米其林的餐廳，並且有些被票選為世界頂級餐廳，我以用餐者的角度，觀察著餐廳人員在接待與應變上的處置。毫無疑問，共同點是都非常有禮貌，且對於餐廳背景或餐點知識乃至料理創意如數家珍，除了專業素養外，多數更保有個人獨特的服務風格。當然，每間餐廳各具差異，並非所有的用餐經驗都是特別愉悅的，或在整體感受與名聲不匹配的感受。有些就像自動機器人，除了基本的服務禮節外，多半呈現著被動狀態，服務人員會漫不經心或冷漠以對，人與人的互動相當疏遠，並且多半僅限於提供規範內的請求，如客人有額外需求往往不樂意提供協助。

多年來，我有幸造訪各家餐廳，並近距離仔細觀察服務環節。在 FEUILLE NEXT 的營運期間，我向自家服務人員解說優質服務應具備的要素與環節，可惜的是，我感覺實踐中仍有落差，我無法準確地轉述讓我的同仁理解。他們能正確執行服務工作的任務，但卻無法在進階的情感層面與客戶建立理解與聯繫。要做好完善的服務，從熟悉的舒適區跳脫至認知理解，過程漫長而充滿困惑與混亂。我就像陰雲低壓籠罩著地平線，苦等不到撥雲能見的日出令人失落而沮喪，對於服務的精神，我從未感到如此衝突掙扎，甚至強烈地想要編列成標準規範。當提到標準規範時，我霎那感到無力感，且看起來似乎如履薄冰知易行難，畢竟要在因人而異的價值觀上，樹立共同標準又談何容易。若非出於發自內心的真誠關懷、信仰或是同理作為支持，只是一昧強迫執行，不但流於表面形式更可能導致災難，前車之鑑就像我在 FEUILLE NEXT 中實際的執行經驗那樣。當我盡力在大眾已經熟悉的服務環節之外，進一步劃定量身打造的標準規範時，我深深感到困惑並迷失了方向，但卻又暗自期待能有一盞明燈會我指引出一條正確方向。

我永遠想像不到，答案曙光會是一間位於義大利摩德納的餐廳為我帶來啟發。這間餐廳在 2018 年底，我寫這篇文章時，已獲評為世界頂尖餐廳以及取得米其林三星的殊榮。由於風味評判有主觀因素，不在我探討的範圍中，在此我想分享的議題是關於我親身體驗、觀察到的服務，在某個寒冬的星期二夜裡，我踏入了這間入口堅固而隱密的餐廳。

那是一個獨具啟發的夜晚 — 共情或缺乏同理心乃是一切的幕後關鍵邏輯。

我提前於預定前 10 分鐘就抵達餐廳，我發現自己和其他用餐者，都在天寒地凍的街道上徘徊等待。餐廳顯然還沒打算開放大門迎接客人，窗戶被厚重的窗簾遮擋，無法一窺餐廳內部的動靜。唯一能探知內部狀態的途徑，只有那近在眼前卻不得其門而入，彷彿得穿過長廊越過戒備森嚴的守衛，才能到達的深鎖金屬大門前。門外的顧客頂著嚴寒，瑟縮著身體焦急踱步，反覆抬起手腕查看時間，等待著大門從內部解鎖打開。期間中，有些廚師工作人員從後門匆忙進出，趕著在今晚供餐前補齊欠缺的食材。我們的眼神對上了彼此，但廚師仍茫然地繼續前行，強烈地提醒暗示著各司其職的明確分工，招呼顧客是前台人員的職責，而不是廚師，廚師沒有義務要做出任何招呼、問候，哪怕僅僅是點頭示意而已。餐廳的大門短暫打開，能窺見幾位盛裝的服務人員準備待命，但隨大門重重闔上的瞬間，完美呼應了他們的服務意願，瞬間使流落街頭的我們，感覺氣溫又驟降了幾度，不禁打哆嗦。我的預定時間是 8 點，餐廳可能想準點營業吧。儘管後來時間都已到了 8：02，大門卻仍聞風不動的深鎖著。

此時，深鎖的大門終於開啟，8-10 位穿著整潔、裝束完美的服務人員排成一列縱隊，對我們投以歡迎夾雜著寒暄，連外套披掛的服務也顯得十分率性。確認預約大名資料後，經理作為這間高級餐廳代表，原本應藉此良機向顧客發表熱烈的迎賓致詞，但他卻藏身在電腦螢幕後面，屏蔽了與我們的視線交流。我和同行的用餐者被引導穿越長廊來到所屬的餐桌，為我們拉開椅子便於入座，然後我們便靜靜地等候、被迫欣賞著空蕩蕩的餐廳，沒有任何一位服務人員前來招呼或送上菜單。就在服務人員傾向優先服務我們旁邊的包廂房，裡頭坐著一群團客用餐者，8-10 分鐘就這樣過去。服務人員在指定的餐桌有明確的分屬，各自負責專屬的任務。我向服務人員提出索取菜單的需求，但因為對方不是我們這桌的負責人員，於是我的需求就被置之不理。而進一步詢問，才發現餐廳的政策有規定，同桌用餐成員只能選擇同一份品嘗菜單，而無法挑選其他種類的菜單。

通過我完成點餐後，彷彿插入鑰匙啟動服務系統，開啟後續一系列時間精準的「自動化」供餐服務。麵包是第一道送上的餐點。服務人員對每道餐點都進行解說，但以一種幾乎語焉不詳的聲音、事不關己的調性陳述著。他們整個晚上的身體語言和服務態度彷彿不斷在說著：「要嘛接受，要嘛離開，慢走不送」這種感受強烈到令人難以忽視。

我非常猶豫是否要提出疑問讓他們聽見顧客心聲，但就在他們不帶情感的背誦著餐點介紹下，我打消了念頭，無論是否說出口可能都不會有任何差別吧。其中有幾道餐點特別鹹，我完全難以下嚥，但即便服務人員多次收走大量殘存著料理的餐盤，卻始終沒有提出任何關切與詢問。當服務領班終於前來詢問我是否對今日餐點感到滿意時，情況變得極為尷尬，「很鹹！」我不禁脫口而出。這個答案似乎讓對方產生困惑，他們交頭接耳，沈寂幾秒後，領班以一種大受讚揚的姿態前來感謝我。我完全不知道他們是否誤解了我的意思，還是英語中的「鹹」在義大利語意有其他解釋？我只能無奈地默默聳肩，畢竟唯一可以確認的是，口腔裡的鈉，確實鹹到我需要立即拿水喝。

整個晚上大致就像如此。對員工而言，這又是照本宣科、例行演出的一晚，反覆念著介紹餐點的台詞、來回端餐收盤，可能偶而還會覺得了無趣味。在餐廳首次獲得殊榮、享譽國際，在世界的舞台佔有一席之地時，曾經在這餐廳散發出的榮耀喜悅與熱情，卻早已煙消雲散。與我這夜同在這裡用餐的人們，在用餐一結束便匆匆起身離開，不見任何滿足喜悅的痕跡，這是或許是人們發出的無聲抗議，洩漏出失望、掃興的心聲。回顧整晚的用餐感受，心寒的感覺，或許就跟此刻的氣溫一樣，使我們每口呼吸都能呵出白煙。

過去我同樣在其他獲米其林三星肯定的餐廳用餐，得到的經驗卻相反，服務人員傳遞出的專注與熱情溢於言表，營造出一份值得再三回味的美好用餐體驗。顯然，與我同時間用餐的顧客都有這般深刻的感受，這是溢於言表難以描述的滿足喜悅。對於是否不熟悉菜色中的項目或做法而顯得不專業沒關係，即使得反覆去向經理詢問再答覆也沒關係，甚至下一份餐點將會延誤幾分鐘也都不要緊，作為用餐者的我們，更在意與感激的是他們的努力盡責的心意，包含打從心裡接納我們是他們所歡迎的客人，並以衷心喜悅的展現熱情與禮貌、設身處地的關懷我們。客人與服務人員很容易就能建立連結，憑藉著溫暖的笑容能融化心防，從關注細節並在需要協助的時刻立即遞上溫暖，都能輕易讓顧客感受他們無私的奉獻精神。

另一個例子，一位米其林一星級的餐廳經理，在我到訪時張開雙臂熱情擁抱招呼著我，以真切誠摯的握手寒暄感謝我的到來。在享用餐點期間，經理的發言聰慧而簡短令人愉悅，遇到下道菜延遲出餐的插曲，他立即補上招待小點，作為延長客人等候時間的致歉表示。當下，經理不僅是服務主管，他還是說故事的人、編舞和指揮家，他舒緩了廚房的慌忙動盪，一面關注留意並不時安撫、提供用餐者適當的服務，維繫著舒適放鬆的用餐氛圍，確保大家享有美好而愉快的夜晚。在這一刻，這場指揮調度的攻防中，他就是陸海空三軍統帥，在動蕩的外交中進行了一場斡旋談判，通過他的努力不懈，再次成功免除了核爆威脅。

與之對比的反例，我回憶起一間位於丹麥哥本哈根的餐廳經理，由於我當時拒絕加點他推薦的餐後甜點，他的服務態度立即巨大轉變。他仍殷勤招待其他桌客人，對我們這桌的需求卻冷漠忽視，刻意迴避我餐桌，並不再為我們添加飲水。很快的我的水杯逐漸乾涸，在我啜飲杯底僅剩的幾滴水時，我看見遠處的他正目光如炬的直視著我，銳利而不友好的視線猶如一支箭，倏地命中我。

自從在義大利摩德納那間世界第一的餐廳用餐經驗後，我深切得到啟發，我體悟到為什麼「服務」總被高度討論，因為對用餐者而言，這不僅是建構難忘一餐的基礎，同時也是用餐者唯一的機會，將食物放入身體提升到緊密合而為一的層面。

服務，就像一份菜單，它本身就是一道餐點，甚至兼容了更多品嘗感受；服務是一道揭開序幕的前菜料理，在最一開始就淨化了味蕾、放開心胸，將我們為了保護自己，免除受世界的冷漠、偏見而堆築的內心城牆一一消融化解；服務是一道開胃菜，它向我們傳遞了悉心維繫的經營理念，即是詮釋著經營者在主人與客人的實質互動關係；服務是一道主菜，使我們沐浴在溫柔愛情的光輝之中，宛如兩個人從彼此陌生走向熟悉，共同分享、珍惜，從愛侶走向攜手共建家庭；服務是甜點上的糖霜、寒冬中的熱可可、咖啡裡的綿密奶泡，為人們增添了額外的芳醇與親切款待的溫度，好的服務是甜上心頭的滿足，遠遠不是甜點的甜度可以比擬。

依照米其林指南的說明資訊，星星是根據料理一致性與選用食材的品質作為評鑑標準，然而服務品質並沒有列在星級評鑑的系統中。因此，我真摯認為，能為這些已享譽盛名的餐廳帶來真正榮耀的是來自他們的顧客給予評鑑，依據體貼、共情同理，與照顧客人的服務熱忱作為評價標準。畢竟這些餐廳不乏絡繹不絕的登門顧客，且本身就精通料理，但下一層次的懇切問題是，這些知名餐廳期望如何採取並交付他們的核心價值觀，以此作為力量基礎與經營原則的一環去款待他們的賓客。

無論餐廳的經營形式為何，或是否獲得米其林殊榮，它的核心價值都必須存在，並將背後深層的體貼、同理，落實在經營理念與客情維繫傳遞給員工，因為以顧客角度而言，員工也代表著餐廳的主人。以我近期的用餐經驗為例，並通過體貼和同理的視角換位思考，便能一目瞭然並提供了反思的教誨。譬如在寒冷夜晚時，或許餐廳能提前 10 分鐘迎接顧客，並即時送上溫熱的開水或湯品為客人驅寒。而當廚房員工巧遇顧客時，也能主動向客人點頭致意。通過服務人員簡短的寒暄，親切地告知賓客，他們在就座之後大約會需要等待幾分鐘才會獻上菜單，免除空等造成的疑慮。而用餐期間，服務人員也能時刻留意顧客的用餐狀況，以確保對用餐環節是否滿意。這些僅僅是從體貼和同理的視角便獲得的啟發，但不僅能大幅提升客人的用餐體驗，同時也能對餐廳帶來正面形象。如果服務人員自身思慮周到且富有同理心，在經歷類似事件中能設身處地的換位思考，那麼便無需特別傳授或明文規範於標準作業流程之中了。

體貼出於理解、熱忱以及察覺各別的需求差異，提前預測潛在需求，對方最終也能接收到並發自內心誠摯感謝。例如為左利手的顧客將餐具備置在左側、如果客人看起來很冷就送上毛毯、或當兩位客人分享餐酒時，自動提供兩只酒杯、夜深也能為顧客提供夜間叫車服務並陪同等車；或是在用餐結束後，以電子郵件的感謝卡連繫顧客，期待未來某天還能有榮幸為他們服務。

如同料理技巧不斷追求著精益求精，量身打造的服務也將建立於基本規範與專業技能的基礎之上，但隨著體貼與同理心的核心價值鞏固，再不斷動態、流暢、延伸覆蓋其他服務標準，將價值理念擴展到所有的團隊成員中，包含清潔、洗碗人員。畢竟，每一位成員都代表餐廳，其形象也等同於餐廳，重要的是由衷認同我們所有的潛在顧客，通過無聲的基礎禮節便能分享、傳遞人與人之間真誠的互動。團隊的所有成員也將進行培訓，以恰如其分地展現基本職責，但加大鼓勵他們靈活運用這些強化的價值觀，不僅限於餐廳的服務場景中，以求深化與人們建立更深層次的情感交流。不過可想而知，這勢必需付出極大的努力形成方面的共識，並實行與調適員工端的波動值，從而發自內心誠摯感謝顧客的蒞臨。但在我想像中的畫面中，成員們會在量身打造的服務基礎下，不斷延伸擴展服務，對顧客一視同仁沒有偏見之心，毫無保留地張開雙臂，衷心喜悅地歡迎您的蒞臨，並發自內心在意您的喜好，全心投入不時以自己的立場為您設想，並預想您的潛在需求，甚至在您尚未察覺的情況下預先做足準備。

我發現，在義大利的咖啡文化中特別有趣，人們偏好在坐在吧台區啜飲著他們的濃縮咖啡，邊和咖啡師、朋友，甚至鄰座的陌生人隨意閒聊著一天趣聞。人們與咖啡師都非常習以為常，因為咖啡僅是「醉翁之意不在酒」的配件，人們更熱衷在人與人之間的情感交流。大型的吧台檯面相當寬闊，能容得下客人隨意擺放的皮夾、報紙與外套，進而親切地將大家凝聚一起。或許，理想中量身打造的體貼服務，本質上更貼近義大利的咖啡文化，那般毫無隔閡、最純粹自在的情感互動。

料理的深度

面向「FEUILLE Rediscovery」，我想更加關注在地食材的選擇，藉由一些長期被忽視但卻存在於日常生活中的技術來重塑它們。毫無疑問的，這些技術背後都有科學依據，值得進一步探討並深入了解箇中原理。例如令部分人聞之喪膽的皮蛋，是否能將皮蛋的製作方式應用於其他食材，譬如用在肉類？將會呈現出什麼樣貌呢？透過化學反應，在未經加熱下，蛋白就轉變成未凝固的半透明果凍狀態，如果用這方式運用在肉類，又會呈現什麼口感呢？

靈感總是豐富多元，因為我們每日的飲食，很多源於老祖先為我們建立的知識基礎。譬如酸白菜，後世發現它與豬肉的風味一拍即合，成了垂涎欲滴的酸菜白肉鍋，還有我母親曾做過醃漬的紅白蘿蔔條，並用這二重奏搭配北京烤鴨，然而實際上是乳酸菌賦予它們獨特的風味，也多虧了這些成就美食的細菌無名英雄。基於同樣概念，與鴨肉薄片搭配的甜麵醬也是細菌發酵的產物。我發現唯有北平烤鴨搭配上這樣的調味方式，它才是我童年記憶中認定的北平烤鴨風味，它的美味令人難以抗拒！當甜麵醬包覆著醃漬蘿蔔，交融著酸中帶甜的滋味，使我們瞬間落入鮮美的漩渦之中。

臭豆腐是另一個有趣的例子。我們天性本能可通過嗅覺判斷食物是否發臭、腐化，區分可不可食用。然而它的臭味，卻與它獨特誘人的吮指美味形成衝突對比。同樣地，它也是依靠細菌發酵而產生濃烈香氣，再搭配醃製泡菜均衡出絕妙口感。我想通過類似模式，創作一個綿密口感類似於乳酪蛋糕，當外觀香甜的蛋糕卻散發出陣陣濃郁的臭味，藉此向臭豆腐致敬，並闡述我想表達的創作理念是：腐壞也有利用的價值。

也有許多潛在食材在日常生活中被忽略，並未得到充分運用，且是本土特有，即使在極端氣溫下仍可自在生長。譬如蘆薈，儘管它藥用特性獲得廣泛使用，但作為食材時，多半只出現在罐裝飲料的底部當配料。經過妥善處理，蘆薈其實擁有非常清爽彈脆的口感，不僅可單獨食用還能做沙拉佐料。當蘆薈佐以發酵的蜂蜜酒，以乾燥牧草煙燻，配上炸得金黃酥脆的蟋蟀、生鮮甜蝦，滴上幾滴馬鞭草油，再配上稍微烘烤的蛋黃果切片，最後撒上一些黃白色的芝麻葉花和芝麻葉點綴，便完成了一份加倍美味的沙拉料理。

根莖類澱粉質地的蔬菜，例如芋頭與番薯，這兩種都是非常具有在地色彩的經典食材。相較於松露之於法國，我認為芋頭與番薯就是福爾摩沙島的驕傲。關鍵在於它們綿密的質地絕無僅有。特別是當它在口中慢慢化開時，鬆軟綿密的醇厚顆粒在口腔中崩解，使人深陷味覺的奢華體驗。十分適合作為餐後小點，當烹煮熟透呈現綿密質地，沾裹著墨西哥種的苦甜巧克力，再撒上少許茴香籽和切碎的台灣芹菜莖，口感兼容著滑順濃稠，卻帶著芹菜爽脆的咬勁。或是將番薯以窯烤加熱後的黏土掩埋覆蓋，藉餘溫將番薯逐漸悶熟，而黏土的特性更能使番薯釋放更多香氣與甜味，更重要的是，能完整保留其中鬆鬆綿綿的澱粉質地！

大約 1 個多月前，我們評估著可以通過跨領域合作，將料理與誇飾的諷刺藝術相結合。議題原先環繞著如何透過數位科技為用餐者提升進階體驗，當討論熱烈交鋒時，各種現代科技帶來的好處與壞處，無可避免地浮上檯面。隨著話題逐步深入，矛頭指向美食相關的外圍環節，由現代便利性所連帶產生的失控、失序昭然若揭—環境污染以及氣候變異。當我在進行採集靈感之旅時，就經歷過非常心痛的深沈體驗，因為海灘、山林或一些較為原始、人煙罕至的區域，居然隨處可見廢棄垃圾，特別是塑料。

一篇深具啟發的文章指出，我們的社會之所以能夠完善發展，正是由於地球提供了整體氣候的穩定性。我們才得以在餐桌上享用美食；在市場買到食品雜貨；還能輕易取得各式各樣的食材原料，全都仰賴氣候溫和才能獲取如此奢侈的便利，而我們卻幾乎遺忘了這關鍵。近年來氣溫屢創新高，世界各地接連發生嚴重洪水、極度乾旱，連颶風的侵害也越演越烈。氣候變遷造成天災頻傳，早已不是前幾年科學家在報章雜誌上的岌岌呼籲，而早已是每個人都能感受到危害的日常現象。

溫室氣體指數來到歷史新高，甚至超過了工業發展前，所有年份加總的數據。溫室氣體來自我們不斷聽聞甚至前所未聞的來源。像是生活中我們賴以使用的 PET 塑料瓶，除了形成塑膠微粒的型態，為我們的海洋帶來毀滅性的污染衝擊外，甚至已經進入食物鏈的循環，而暴曬於陽光之下的塑料，降解所產生的溫室氣體比甲烷氣體多更多。格林威治極地的冰帽正在融化，預計將使我們的海平面提高超過 3 米，這將會永久我們的地貌景觀無可逆轉，成千上萬的人將流離失所無家可歸。每次天災將逐年劇烈、頻繁，且一次比一次為人類帶來更加沉痛的衝擊。

氣候變異使糧食稀缺，所有我們曾經歷過便利、多元的生活，最終可能成為在記憶中遙想緬懷的故事。限制我們碳足跡的需求迫在眉睫，片刻不容緩。澳洲大堡礁富含美麗生物的多樣性，加拿大哥倫比亞省常駐現身的逆戟鯨，還有北極熊等眾多生物，可能很快都將不復存在。牠們的滅絕使我感到驚恐憂慮，特別是我們已意識到，卻只眼睜睜看它發生，現代世界中的每個人都扮演著促使他們滅絕的幫兇。如果我們持續再不關注，不就成了集體屠殺的共犯？無論您信或不信，我們的生活都早已蒙受侵害。我急切地想知道我能做些什麼努力，或許僅僅是一個微不足道的小動作，例如隨手關燈、汽機車熄火而不是怠速、不要浪費食物等都可以貢獻一己之力幫助這個問題。

雖然作為一間餐廳，為顧客提供最優質的服務、高質量的食物故為重要，但我們作為廚師，對食材可利用性與永續也肩負著重要的使命，無需贅言，因為食材出之於自然，並存在於脆弱的生態平衡系統裡。我的料理將遵循如同現代漫畫般，以畫面暗示、反思我們所推波助瀾創造污染的醜陋現實。這些現實的狀態，決定也影響了我們每天能端什麼上桌，因此，必須重新教育和重申，樹立我們每個人都體認到自己是生態系統中一環的共識。在道義上，我們欠自己一份承諾，我們應確保自己從環境所獲取的，必須兼顧其持續與永續的精神。作為人類，我們一直站在拿取的一方，現在，是時候該付出回饋了！

大眾對料理食材的偏好，對整體碳排放量有顯著影響。作為積極舉措，我想更深入地研究我們周遭擁有的在地食材、開發選購鄰近區域當季農產，並將這些農產呈現在餐桌之上；造訪市區周圍的山區，重振那些曾在老一輩記憶中的野生食物知識。食材供應可集中在以土地永續、可循環再生，為經營理念的農民，進而避免使用碳足跡綿延數千公里，跨州越洋才能來到工作室的食材。對食材要求美學的標準也應受質疑。許多農產依照美觀進行篩選，而低於外型標準的卻被丟棄。這樣的做法必須改變，包含既得利益的供應商與消費者兩端，進而使我們生活的這個世界—我們的家園，最終變得更好、更幸福。

在這世界上，我們都相互聯繫、唇齒相依，我們共享著無可辯駁的事實，便是我們是依靠著環境提供的生活所需，而我們能被培育與滋養的好壞程度，也是取決在整體環境的好壞程度。在這地球上的所有居民，每個人都有責任與道德義務，因為她是我們現在所僅有的。氣候變異、濫墾森林、海洋污染，正一步步對地球進行著暴力傷害，陷入越來越難以挽救的環境浩劫，最終人類也將導致自己陷入萬劫不復的滅絕。

美國太空總署 NASA，在 1977 年 9 月發射的航海家 1 號（Voyager1）太空船，完成其首要任務之際發出指令，讓太空船向後拍攝下探訪過行星的畫面，當中一張恰好將地球收錄其中。以下引述卡爾薩根（Cari Sagan）於 1994 年 10 月 13 日，在康乃爾大學發表的演說內容點到一些事實，此刻也非常值得我們反思與深省。「我們的星球只是在這被漆黑包裹的宇宙裡，一粒孤單的微粒而已。正因我們如此不起眼，在這浩翰之中，沒有一絲線索顯示，除了我們自己，還有誰能拯救我們…它強調了我們應該更加友善和同理地對待身邊的每一個人，以及更加珍惜與愛護這顆暗淡藍點，這泛著蒼白藍光的小點是我們目前所知唯一的家。」- 卡爾薩根（Cari Sagan）1994 年。

美女＆野獸

BEAUTY and the BEAST

美麗的女主人以自豪驕傲的自信，優雅地引導用餐者來到他們所屬的餐桌就座，這背後潛藏著多年經驗的積累。她為賓客拉開坐椅的時機巧妙而精準，以專業俐落的服務讓客人輕鬆入座。宛如一台流暢而效能優異的全自動機器般，使每個服務環節都無縫接軌，讓用餐者浸盈在精心安排的用餐節奏中，感受空氣中瀰漫著舒緩、殷勤令人迷醉的氛圍。

首先端上了一份光澤閃耀的碎冰。近看發現裡頭擺著嬌嫩纖細的甜蝦。恰如視覺呈現出的精巧雅致，還沒入口便能直覺聯想到它鮮美欲滴的風味。正當伸手觸碰到蝦時，似乎觸動了牠危機的警急開關，甜蝦猛然甦醒；求生欲望點燃，用盡全身氣力扭動掙扎爭取每次呼吸，直到最後苟延殘喘地被放入口中，在齒臼研磨之間，了斷它最後一絲的生命氣息。殘忍驚慌的衝突，突兀地劃破了悉心維繫所創造的舒緩氛圍，揭露出每一天擺在餐桌上那經過精心組裝的雅緻餐點，背負的是如此赤裸、灰暗、血腥殘忍的野蠻行為。

我們所享受的用餐經驗，其實包含了食物鏈與生命週期中，最黑暗、無情且令人焦慮不安的現實。砧板、菜刀—空氣中還充斥著剛被宰殺的牲畜那刺鼻而諷刺的血腥味；將肢解的殘骸肉塊烹煮成鮮美濃郁的高湯；趁藍鰭金槍魚還鮮活時一刀劃開充分放血，進能取得它純淨無雜質的風味。「餐飲，關乎生死。是將能量從一個物質，移轉至另一個物質的過程。」出自 NOMA 主廚 Rene Redzepi（Porcelli et al. 12），這句話濃縮了餐飲過程中如此貼切的陳述。

廚師們扮演的角色就像天秤對立的兩端。他們是美女，同時也是野獸。兩者間卻有如白天之於黑夜，衝突對立，卻無法缺一而獨立存在。所有廚師們都承受著這類劇烈而震撼的人格分裂，並接受顧客期盼地傳遞出令人愉悅的奢華饗宴，這本質上是殘酷的。廚師的人格也有多種面向：「獵人、供應者、轉化者、老饕或是美食家」（Atala 66）雖然文字描述看似富有文學性的浪漫感，但廚師每日的烹飪任務，實際上是極其嚴肅而肩負著神聖使命的。

從某個層面來說，廚師掌握著的是某個生物的生殺大權。這些生命與我們無異，都生長在同一個地球、甚至同一塊土地生長，感知著環境、呼吸著同一份空氣，但在某一刻，牠們的生命因我們的需求，直接或間接地嘎然中止，這卻是不爭的事實。凡生物都有求生的意願，為了存活，就像身為雜食動物的人類一樣，我們需要終止其它生物的生命。這也促使我們變得自私、貪婪、血腥，成了一名謀殺者。但原住民卻意識到了這層嚴峻的關係，因此他們將文化與教育緊緊連繫，世代相承的教育著對大地的敬畏與尊重，只取所需的東西與數量，並默禱著感恩大地與對生靈的奉獻點頭致意，餵養自己生命的同時也保持著對大地永續的維繫。

生為人類，我們生活在矛盾中。在這生活水平躍進的世代，人類變得更富有文化修養，也越來越依賴社會群體，卻也理所當然的將我們與自然環境、原始棲地的連繫幾乎脫節。走進餐廳，我們期待著食物有如魔法般，直接變成一道佳餚出現在餐桌，為我們省去了髒亂而繁複 的處理過程；來到超市，我們在冷藏架上選購著一份份包裝整齊、符合衛生規範的肉類商品，以及冷凍庫中那些已看不出原始肉類的加工商品。這些勞動分工和商業行為，將人們與真實世界對生命的認知離間開來，通過包裝上的商品標示，我們無法直覺聯想他們是什麼動物，不是我們曾親眼看見那活生生充滿覺知、靈巧的牛、雞、鴨、鵝等動物，牠們時而啄食著小蟲或稻穀，時而將頭深入池塘深處，覓食著藻類的真實生活樣貌。

當我們目擊著動物被屠宰的畫面，特別是頭、四肢被懸吊或擺放在攤位上，混雜著血水的液體在腳邊流竄，空氣中瀰漫著血腥的鐵鏽氣味，我們不免感到殘忍、厭惡，甚至想要加速迴避。但我們卻十分樂於選購那些已經將內臟處理乾淨、包裝妥當的雞胸、羊腿、牛排，鵝肝等各個部位。由於我們的祖父母輩食物資源有限，他們也擁有不得不親手宰殺雞豬的經驗，這是他們那輩將牲畜端上餐桌謝神、節慶的必要過程；一段如此神聖而無可避免的程序，人們因此更加重視珍惜、感恩這份生命的奉獻價值，不會隨意浪費。

不幸的是，這些價值觀正在逸失。無數生命，因搭上了話題與奢華遭到無情掠奪，動、植物全都在劫難逃，掠取的數量更遠超出我們所必需，於此同時，世界上還有很多不幸飽受著飢荒所苦的人。農產評選標準還得兼顧美感，一旦不符美觀資格，儘管營養依舊、美味不減，仍會面臨被淘汰丟棄的命運。我們仍貪得無厭地持續向環境索取一切所需。隨著人類總量日益增長，其他物種卻在迅猛減少甚至部分已經滅絕。我們已經破壞了生態系統維繫的精密平衡，現今人口總量超過 77 億，我們就是造就失衡與失控的物種。科學家不斷預警，我們的捕撈行為以及對海洋的污染將導致氣候變異。如果我們仍一意孤行，在能力範圍之內仍不願改變，那麼我們仰賴的、理所當然認為還擁有多元物種的浩瀚海洋，到 2050 年時，多數物種都將滅絕消失殆盡。而下一個滅亡的就是人類。

根據 Alex Atala 的觀點，我們必須重新衡量需、索之間的關係，並重新審視從環境提取食物的行為、重新理解料理行為與衡量日常所需的飲食習慣。隨著人類展現出很強的學習力與科技躍進，我們大幅改善了生活水平。我們同時具備了充足的知識與能力，能去重塑自我的原則與價值觀，為我們的環境實現一個能永續發展以及公平的明天。推動重塑的解決方案是回歸，重新聯繫與自然的連結，從文化角度轉變我們對自然的看法，並重新省思整個地球是環環相扣的閉環，不能再陷入教科書帶來的思考誤區，我們並非食物鏈的頂端，人類只是循環系統中的一個節點。當循環的平衡遭受破壞，環環相扣的鎖鏈便會啟動，直到反噬人類自己。

正如 Alex Atala 在 D.O.M 中提出的建議：「我們應將自己視為自然的一份子，就像株雜草，建構環境與我們的關聯。」從這個意義上，人文社會的興起曾使人們對食物的情感、價值、理解與認知變得疏遠，然而通過回歸食物的取材、備製以及烹飪，或許才有一絲絲機會重拾更好的明天。

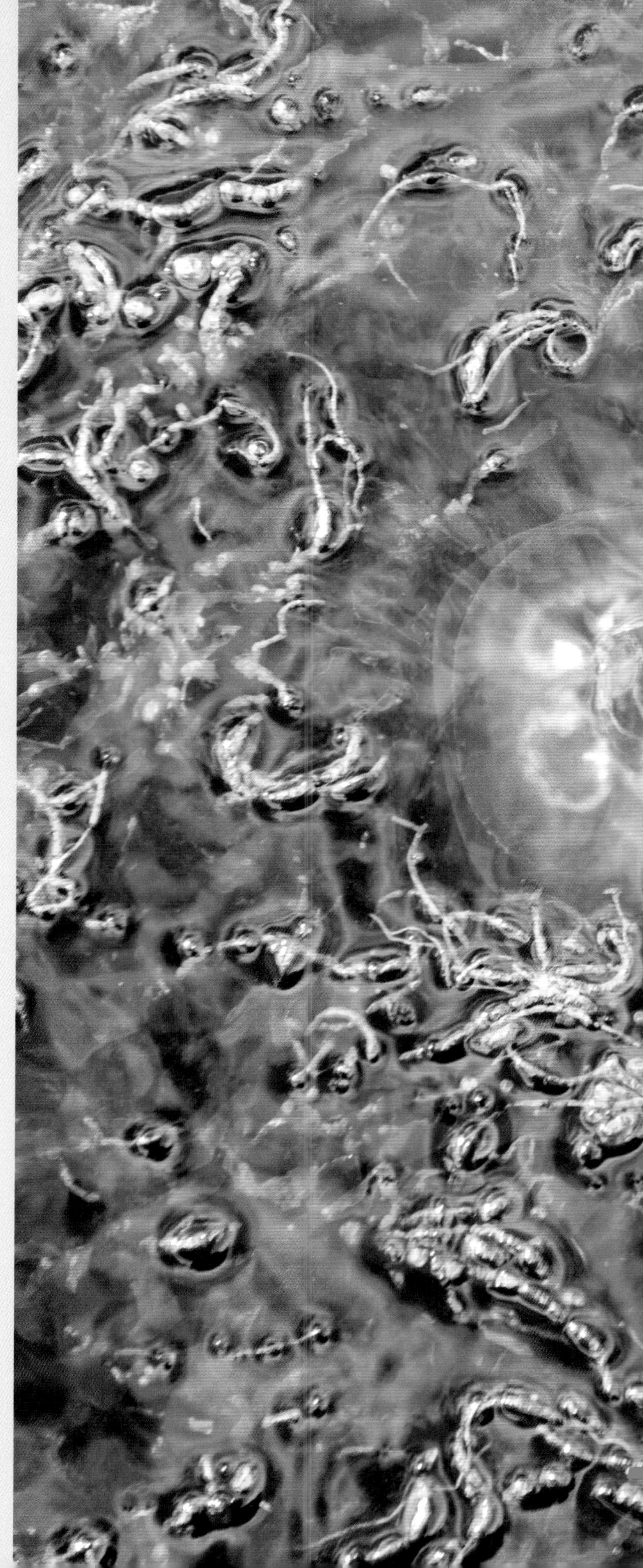

引文出自：

Atala，Alex。《Rediscovering Brazilian Ingredients》（重新發現巴西原料），2013 年 Phaidon 出版。

Porcelli, Alessandro。《Cook It Raw》（鮮食烹製），2013 年 Phaidon 出版。

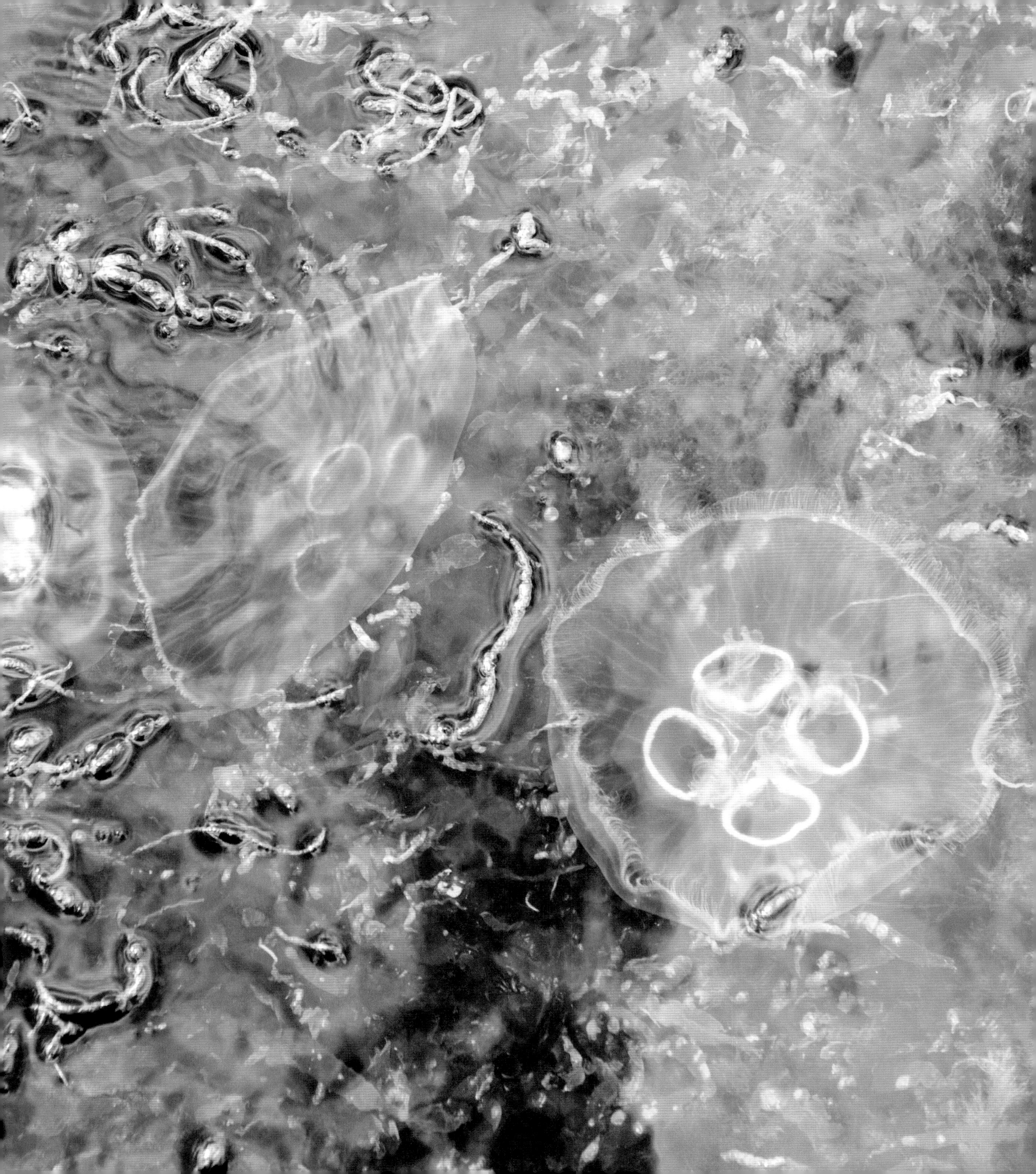

設備

Equipments

Anova 溫控恆煮機（Anova thermal immersion circulator）
— 能加熱並通過馬達使水循環，以確保恆溫的電子裝置。溫度是通過電子精確控溫。

食物處理機（Food processor）
— 透過各種形狀的刀片，能將食材快速切片或切細、切碎的電動裝置。

手持式調理棒（Handheld immersion blender）
— 刀片式的調理棒，置入預備料理的容器中，能將食材混合或磨碎攪打成泥。

多功能料理機（Vorwerk Theorie）
— 本質上是攪拌機，但由於馬達強勁，兼具加熱、攪拌和研磨的功能。內建秤重功能便於操作使用。

高效能調理機（Vita-Mix）
— 功能強大的攪拌機，能夠研磨乾燥的食材，或將濕式的固體食材攪打成泥。

冰磨機（Pacoiet）
— 一台可以將冷凍食材無需解凍，就能直接研磨成顆粒細緻甚至綿密果泥質地的機器。

液態氮（Liquid nitrogen）
— 基本上是氮氣，當它在 -196° C 的極度低溫中是呈現為液態。能快速將液體或固體冷卻，呈現出結凍口感或便於做其他運用。

真空保鮮機（Vacuum sealer）
— 能將食物置入袋中，吸除空氣達成真空密封包裝的機器。設有多種抽氣速度模式可進行多種不同應用。

香料研磨機（Spice grinder）
— 可將較大的固體顆粒研磨成細緻粉末的研磨機。

食物風乾機（Dehydrator）
— 可將食物設定在特定溫度下進行烘乾的機器。部分機型設有托盤，可一次同時烘乾大量食材。

食品級矽膠（Food grade silicone）
— 一種容易塑形的矽膠，可製作成各種物體形狀的模具，由於是食品級矽膠，故與食品接觸是安全無虞的。有些是矽膠呈液體狀態；有些則是像是黏土狀。

奶油槍（iSi Gourmet Whip）
— 藉由氣體和壓力作用，在幾分鐘內不到 1 小時，就能創造出澎鬆綿密帶有空氣感的醬汁、清湯或泡沫狀慕斯的工具。

N-Zorbit M 麥芽糊精（Tapioca maltodextrin）
— 由木薯粉衍生的澱粉類，通常用作穩定劑使用。由於其光滑的質地和中性風味，通常使用在甜點、乳酪產品和冰淇淋中，作為脂肪的替代品。N-Zorbit M 是能將油脂適度轉換為粉末的特定品牌。

關華豆膠（Guar gum）
— 一種多用途的增稠劑和穩定劑，在 PH 值 5-7 之間表現穩定。作用在冷水中或是與玉米糖膠混合，能更增加它的黏稠程度。

玉米糖膠（Xanthan gum）
— 用於增加醬汁稠度或是防止冰淇淋在製作過程中產生冰晶化的素材。

海藻酸（Sodium alginate）
— 從褐藻中萃取，可作為冰淇淋、優格、奶油和乳酪的穩定劑。也可以作為沙拉、布丁、果醬和番茄汁的增稠劑。透過鈣和酸的媒介作用下可以結成凍狀物質，無須通過加熱就能成為膠狀，通常運用在分子料理中的晶球化作用。

洋菜粉（Agar-agar）
— 從鮮紅色的紅藻中萃取，用於許多加工食品中作為極佳的膠凝劑和增稠劑。

明膠片 / 吉利丁（Gelatin sheets）
— 一種增稠劑，與液體融合加熱時會形成凝膠狀。不同級數的吉利丁片能形成不同濃度、硬度的效果。可以通過加熱恢復為液態，熔點接近體溫。

HM 果膠 / 黃色果膠（HM Pectin/Yellow Pectin）
— 作為食品中的凝膠劑、增稠劑和穩定劑。通常運用在增加果醬或果凍的凍狀稠度，多半用於甜的果汁類。最佳作用效果是在 PH 值 2.8 到 3.2 之間。

NH 果膠（NH Pectin）
— 用作凝膠劑和增稠劑，也是食品中的穩定劑。用在增加果醬或果凍的凍狀稠度。也適用於穩定的乳酸飲品，如優酪乳。可以通過加熱恢復為液態，NH 果膠本身含鈣，所以不需額外添加鈣來使其凝固。

LM 果膠（LM Pectin）
— 用作膠凝劑和增稠劑，也是食品中的穩定劑。但會因鈣的含量而影響凝膠程度，每克果膠中須添加 30-50 毫克的鈣。與刺槐果膠能產生協同作用，通常使用於含糖量較低的低卡路里果凍中。

Franco-Louise 穩定劑 2000（Franco-Louise Stabilizer 2000）
— 葡萄糖和水膠體的混合物，作為冰淇淋的增稠劑和穩定劑，防止在製作過程形成冰晶以確保光滑的質地。

轉麩醯胺酶（Transglutaminase）
— 從植物、動物和細菌中所產生的天然酶，這些酶可充當黏合蛋白質的膠水。

羥丙基甲基纖維素（Hydroxypropylmethycellulose/HPMC）
— 可作為增稠劑、分散劑、乳化劑和成膜劑等

六偏磷酸鈉（Sodium Hexametaphosphate/SHMP）
— 螯合劑，協助膠凝劑在更低溫度下進行水合作用。

二氧化矽（Silicon dioxide）
— 避免結塊的防結塊劑。

氧化鈣（Calcium oxide）
— 俗稱生石灰，鹼性。溶解於水中時，其鈣離子會果實中天然存在的果膠進行反應，形成凝膠狀。

蒟蒻粉（Konjac gum）
— 由魔芋根所製成，可以製作高黏度的果凍，用於各種食品的增稠劑和膠凝劑。

低酰基結冷膠（Low acyl gellan gum）
— 水溶性的水膠體，形成堅硬、脆性、非彈性和流體凝膠。它可以單獨使用或與其他產品組合使用，以產生多樣的質地。一旦凝固，即使加熱也可以保持穩定狀態。

高酰基結冷膠（High acyl gellan gum）
— 水膠體，形成柔軟、有彈性、不易碎的凝膠。 它可溶於熱水，加熱則會融化。

大豆卵磷脂（Soy lecithin）
— 部分水溶性，它是一種乳化劑，可以將脂肪和水融合一起。普遍用法是乾燥食材約使用 1.0%或油類總體的 1.0%。

維生素 C（Ascorbic acid）
— 天然存在具有抗氧化特性的化合物和一種維生素 C（Ascorbic acid），存在於柑橘類水果，甜瓜和莓果中。它通常用於防止綠色蔬菜氧化，以幫助維持鮮綠色澤。

巴糖醇（Isomalt sugar）
— 天然甜味劑和糖的替代品，熱量只有砂糖的一半。 它絕佳的延展性是製作裝飾糖的理想品，具有更高的耐濕性與耐熱性，在達到 190° C 之前不會變色。

甘露醇粉 （Mannitol powder）
— 它的甜度是蔗糖的 60%，但每克僅含 2.6 卡路里。能有效地保持食材內的水分。

致謝

Acknowledgement

我很好奇，除了實際參與的人之外，是否有人會閱讀到書中這篇致謝？這篇放在書籍的最後，就像電影來到劇終的跑馬字幕，台下觀眾多半已人去樓空，字幕無聲地播放，無人留意到那些珍貴而至關重要的人，他們所付出的精神與努力，因為沒有他們，一切都不會憑空發生。猶如文章的質量定義了讀者面前的書籍一般；這份致謝文章揭露了顯為人知的幕後辛勞，點點滴滴都無比珍貴，充斥著矛盾衝突與高潮，直到落入文字催生出這本書籍。但是，這個過程還沒走完。它才剛開始蛻變為更深度、更繁複、更具紀念意義的宏偉旅程。

最終的蛻蛹而出的環節是最錯綜復雜的過程，因為唯有所有事項都能恰如其分地，落在正確環節時，才能確保最終脫胎出期盼已久、閃耀著光芒的斑斕彩蝶。任何成員，無論他們涉及的程度如何，在一定層面上都起到了不可或缺的作用，使我們有機會比上一刻、甚至比前一分鐘都更加進步。最後，撰寫一篇「致謝」是我唯一能對他們的積極貢獻，獻上最誠摯深沉的感激途徑，而不只是說聲「謝謝您」就足以表達的。雖說言語是有重量的，但在落於紙上，它將是永恆不朽的流傳。

我要對以下這些，伴我走過最孤單漫長旅程的人們，表達我最由衷的感激：感謝 NANNAN GOODS 的 Shasha 胡，她就是那位熱愛旅行沈迷美食美酒的 A 小姐。她不只一路伴我同行，更在旅程中的每個艱辛路口都對我伸出援手！並且心甘情願為我接手管理者的職位，多年來一直回應著我的需求與期望。目前，她肩負著最具考驗的環節：「向全世界介紹與推廣 FEUILLE FOOD LAB」。包含成立以及維護我們的部落格、協助行政庶務、活動策劃，並協助找尋撰寫新聞稿的文案人員，以及在各式媒體中宣傳 FEUILLE 的相關資訊。我相信她工作項目的清單將會持續增加！她經營著囡囡同時又承接著 FEUILLE 的繁重任務，許多日子都得忙到凌晨，對於她的奉獻，我再次致上最深切感謝！

感謝 NANNAN GOODS 的 Mi 潘。我經常聽說有人能「將創意具體實現」，但從沒能真實遇見，直到我在潘身上看見這個可能！她富有創意、雙手靈巧，能將平凡轉化為不凡。我對她投以最誠摯、充滿讚嘆的欣賞與感謝！她是動手派的職人，負責製作 FEUILLE 用餐體驗中需要的情境道具與素材，只要創意想法湧現，她總能具體創造出來。潘以強大的熱情與執行力回應著我的要求，連我也相當佩服！

感謝 NANNAN GOODS 的 Fish 葉。她具備了能精準捕捉細節、預測需求，並即時調整步調讓雙方合作無間的特質。如果遇到能委任他人並需要按部就班進行的重要任務，她一定是我的首選之一。過去我曾有機會與她共事，她在我忙得不可開交時，主動協助排練與監督廚房的準備工作，多虧有她存在使廚房運作更加流暢。我同時要對潘小姐與葉小姐表達再次感謝，因為 FEUILLE 佔據 A 小姐大量的時間精力，兩位必然得分攤更多工作負荷，謝謝兩位的包容與諒解。

Cris，她是一位有抱負的藝術家，不由自主地接下繪製 FEUILLE NEXT 廚師插圖的任務。我不得不讚嘆她真的做得相當不錯！由於她非專職於繪畫或漫畫素描，但她發揮源源不絕的想像力為我創作更傳神的畫作，每當看到成品我總特別驚喜。聽說她將有其他規劃離開囡囡，儘管未來的路會減少交集，但我默默為她許下誠摯祝福，預祝一切順利。

蔡女士，她是一位才智兼備的女性，也為 FEUILLE NEXT 活動分析洞見，促進我們做得更加完善。一路以來她也一直是最支持、最欣賞我的人，認識她是我極大的榮幸！她傳授給我的提點，猶如牛頓第一運動定律的必然，也適用任何企業，這項金科玉律是：「成功，唯有通過積極行動，才有機會推動連鎖效應。」

在撰寫此書的起初，我們尚未擁有正式人員來為我們編輯成書，然而人與人的協力，總能創造出更多潛能！我們結合不同背景的人力資源，打開一張逐漸增大的協作網絡，彌補我們的不足也保持著事物能有新的進展！ Chen Wang Yu 是囡囡最新招募的成員，精通服裝設計並擔任編輯一職，協助了版面佈局、插畫剪貼與小冊翻譯等任務。

Jing Kuan 小姐，又稱 Zoe 或 Phoenix，正如 Phoenix 象徵著浴火鳳凰的內涵，她的文章充滿了淬鍊的能量，能繞過表象的遮蔽直指內心深處，她的文字強大、細膩、引人深省，我始終沉醉於她的文筆之下。在溝通時交換的細節，從不會被忽略遺漏，她將細節紀錄並加以轉化，塑造出更意味深長的內涵，在她的轉述後有助於讀者理解並傳遞啟發。她目前負責協助 FEUILLE NEXT 媒體公關與活動策劃，並為我詮釋餐點。

永遠不要低估傻瓜相機的功能，尤其當它落入靈巧的人手中。感謝我的妹妹何云競，她擁有能在平凡無奇中覺察到美景的心眼。譬如磚牆堆砌形成的粗糙紋理、火車悠悠地駛入園野、我們摯愛的太陽穿透雲層撒下的光影，以及對比於這廣闊的世界背景下，我的淡漠、無精打采而弱不經風的身軀，通過她的相機鏡頭，捕捉到最鮮明、稍縱即逝的美麗與歡樂瞬間，揭露出每一幅靜止畫面背後所隱藏的故事秘密與濃郁情感。我在這本書中收錄了幾張她捕捉的畫面，來自她經年累月在旅程中累積的畫面，也形塑了她心靈的視野。從某種意義而言，她的一些作品也成了滋潤我靈感的來源，期盼也能為我親愛的讀者帶來相同的啟發。同時也感謝我另一位姊姊，她挖掘優質新餐館的效率總令我大開眼界！她分享的美食永遠是我的心靈撫慰，同時她也替我餵養了另外兩人的轆轆飢腸，讓我擁有幾次難得的機會停下腳步，靜靜聆聽內心深處的聲音。

最後，但不意味著排在最後不重要，而是壓軸，感謝我內心最深處的摯愛，如果今生我能擁有任何成就，那這份成就是歸屬於同樣愛我的父母。在我有記憶以來，我的母親總是伴隨著病痛與不適，但她仍用她的一生，呵護、鼓舞並傾聽著我們的心聲。即便是在她生命的最後時刻，她仍然將我們的健康視作第一優先；她強打起精神竭盡全部的力氣與勇氣，毫無畏懼的面對死亡威脅。沒有一絲卻縮，她竭盡所能地堅持抵抗，讓我在她逐漸沉睡，離我遠去之前，能擁有最後一次機會，為她按摩著飽受病魔折磨的身體。她長久以來一直夢想著開一家屬於自己的麵包店，但或許她為了照顧好我們，犧牲放棄了所有的夢想。媽，這本 FEUILLE NEXT 是獻給您的，或許我無法為您開一間麵包店，但是我會用自己的雙手，親手為您打造下一份最好的成果奉獻給您。我是多麼期盼您有機會能坐在我工作室的餐桌，讓我親手為您端上我用雙手所創作出的料理，但，這已是我永遠無法彌補的遺憾了。

也感謝我的父親對我母親以及我們的愛，儘管他失去了陪伴 30 多年的結髮妻子，同樣感到悲痛，但他仍試圖延續著母親對我們的關愛，不斷叮嚀囑咐要我們照顧好身體健康。

擁有一個想法很簡單，它隨時能在我們大腦靈光一現，由我們高效的身體提供動力、將營養轉化爲能量，靈感幾乎不花費任何成本就能輕易建構、或是拆解，甚至升級成完整的構想，從而完善更多細節或讓想法天馬行空恣意飛翔。但是，唯有集結很多人的努力工作與付出，才能將虛無的靈感完全變成真實。這份致謝絕對不意味著就這樣而已。且由於我的微渺，必然承蒙許多人的關照與幫忙，才能讓這過程得已成書。我想藉此機會，感謝曾幫助過我卻被我遺漏的人們，獻上最誠摯的感謝並致上歉意。

最後，朋友們、家人、顧客、讀者、陌生人或是人生中短暫擦身的過客，我正呼喚著您，請聽我說，我要獻上十二萬分的感謝，謝謝所有人。

索引

INDEX

【ㄚ】＿＿＿

【ㄜ】＿＿＿

【ㄠ】＿＿＿

【ㄢ】＿＿＿

【其他】＿＿＿

食譜說明

※ 書籍中的食譜已按比例減量，便於製作 4-8 人適用的餐點。

※ 由於部分素材在前置作業中，雖然已使用了最小用量比例，但在某些餐點的食譜中，仍可能會導致產生超出需求的數量。

※ 部分食譜須仰賴先進的食品科技與專業設備的協助，配合專業的烹飪經驗，才能製作出與書中相同的餐點體驗。

※ 關於食譜中的烹飪時間僅供參考，如使用一般的家用烤箱，則請參照廠商對烤箱溫控的說明規範。由於傳統烤箱與對流烤箱，在暖風循環的原理不同，可能導致並非書中所列的全部食譜都能通用，請依實際狀況稍做調整。

※ 部分食譜採用低於一般烹飪溫度的方式料理雞蛋、肉類、魚類，可能不適合老年人、嬰幼兒、孕婦或任何免疫系統受損的人食用，敬請留意。

※ 在進行涉及高溫的製作程序時，例如油炸、爆香、沸水川燙等，請高度謹慎，並適時穿戴應有的防護。

※ 所有的生食的香草、嫩芽嫩葉、食用花卉等，都請使用從可靠來源取得，並採集使用新鮮的植蔬，以確保食用安全性。特別提醒，由於部分香草可能外型相似，但並非所有植物都可食用，食用前請多加留意。

※ 當食譜中沒有特別標示出規定數量時（尤其是前置準備作業中），必要時可自由評估用量或斟酌替換。

※ 除非有額外標註，否則食譜中使用的鹽，均為「細緻海鹽」。

【作者．TIM Y. T. HO 何以廷】
芾飲食實驗室創辦人

FB 粉絲專頁：
https：//www.facebook.com/FEUILLE.food

電子郵件：
FEUILLEfood@gmail.com

【譯者．小六工作室】

這輩子，我們不一定能經營一間餐廳。但這輩子，我們有機會「經歷」一間餐廳。從理念、自我追尋、實際展開的現實面、刻苦點、甜蜜點，主廚 Tim 於書中自白。

他是餐廳，一間 alive 的餐廳，實際就存在於台中，你能參與他的成長養成。但他又不是餐廳，像是一個生態一個雨林、又像一個藝廊。

那裡的夥伴，圍繞主廚 Tim 為中心思想，餐盤裡塑造出一幅幅森林畫作，如虛擬實境般，卻不用帶上虛擬眼鏡，能看到、想像，餐點縮影出的生態環境，正在呼吸。

你可欣賞他，靠近一點。亦可將他吃光殆盡。跟食物合為一體的同時，食物複製了他的記憶授與你存取，你終於能回顧，回想起，人類源起時，長達萬年的積累、深埋於我們 DNA 中，那曾跟自然如此靠近的熟悉。

翻譯？不，我更像是中文導遊，走！考究之旅出團，沿著主廚 Tim 的記載、記錄文獻，尋味「芾飲食實驗室」，就從這開始。

INTO FEUILLE NEXT · 秘境之森：一場以食為名的感官探險之旅

作　　者　TIM Y. T. HO 何以廷
譯　　者　小六工作室
攝　　影　Cobain Liu 和 Yun-Ching Ho
封面設計　Nannangoods x 雲手美術
美術編輯插畫　Ginnie Yang
內頁排版　關雅云
印務　黃禮賢、李孟儒

出版總監　黃文慧
副總編　梁淑玲、林麗文
主編　蕭歆儀、黃佳燕、賴秉薇
行銷總監　祝子慧
行銷企劃　林彥伶、朱妍靜

社長　郭重興
發行人兼出版總監　曾大福

出版　幸福文化 / 遠足文化事業股份有限公司
地址　231 新北市新店區民權路 108-1 號 8 樓
粉絲團　https://www.facebook.com/Happyhappybooks/
電話　(02) 2218-1417
傳真　(02) 2218-8057

發行　遠足文化事業股份有限公司
地址　231 新北市新店區民權路 108-2 號 9 樓
電話　(02) 2218-1417
傳真　(02) 2218-1142
電郵　service@bookrep.com.tw
郵撥帳號　19504465
客服電話　0800-221-029
網址　www.bookrep.com.tw
法律顧問　華洋法律事務所 蘇文生律師

印製　凱林彩印股份有限公司
地址　114 台北市內湖區安康路 106 巷 59 號
電話　(02) 2794-5797

初版一刷　西元 2020 年 6 月
Printed in Taiwan

國家圖書館出版品預行編目 (CIP) 資料

INTO FEUILLE NEXT · 秘境之森：一場以食為名的感官探險之旅 / Tim Y.T. Ho 何以廷著 . -- 初版 . -- 新北市：幸福文化 , 2020.06
面；　公分 . -- (食旅 ; 6)
ISBN 978-986-5536-01-5(精裝)
1. 烹飪 2. 飲食

427　　109006451

幸福
文化

幸福
文化